高等职业教育“双高”建设成果教材

高职数学系列新形态教材

总主编 郑玫

高等数学

（下 册）

主 编 彭丽娟 石 磊 吴雪莎

副主编 李娇娜 伍春江 刘 红 陆 海

高等教育出版社·北京

内容简介

本套高职数学系列新形态教材是高等职业教育“双高”建设成果，是根据教育部印发的《高等学校课程思政建设指导纲要》的要求，结合最新教学改革的精神编写的，包括《高等数学（上册）》《高等数学（下册）》《线性代数与概率统计》三本主教材及两本练习册，涵盖了高职各专业所需的基本数学知识。《高等数学（上册）》包括预备知识，极限与连续，导数与微分，导数的应用，不定积分与定积分；《高等数学（下册）》包括常微分方程，空间解析几何，多元函数微分学，多元函数积分学，级数；《线性代数与概率统计》包括线性代数初步，概率论，数理统计基础。

教材内容采用模块化、项目式设计，每个项目按照“教学引入”“理论学习”“实际应用”“习题拓展”展开，文中设有“教师寄语”“感悟”“思考”等栏目，其中的“教师寄语”，根据数学知识点引入人生哲理、国家方针政策、数学家精神品格、中华民族传统美德等内容。书中配有二维码链接的教学资源，不仅是内容的自然有益的扩充，更是立体阅读的体验，也为教师教学提供了丰富的素材。

本书适合高等职业教育专科、本科院校作为教材使用，也可供应用型本科院校选用或工程、经管类专业技术人员参考。

图书在版编目（CIP）数据

高等数学. 下册 / 郑玫总主编 ; 彭丽娟, 石磊, 吴雪莎主编. -- 北京 : 高等教育出版社, 2021.11

ISBN 978-7-04-057153-0

Ⅰ. ①高… Ⅱ. ①郑… ②彭… ③石… ④吴… Ⅲ. ①高等数学-高等职业教育-教材 Ⅳ. ①O13

中国版本图书馆 CIP 数据核字(2021)第 207157 号

GAODENG SHUXUE

策划编辑 崔梅萍　责任编辑 崔梅萍　封面设计 张　楠　版式设计 王艳红
插图绘制 于　博　责任校对 刁丽丽　责任印制 朱　琦

出版发行 高等教育出版社
社　　址 北京市西城区德外大街4号
邮政编码 100120
印　　刷 三河市骏杰印刷有限公司
开　　本 787 mm× 1092 mm　1/16
印　　张 13.25
字　　数 320 千字
购书热线 010-58581118
咨询电话 400-810-0598
网　　址 http://www.hep.edu.cn
http://www.hep.com.cn
网上订购 http://www.hepmall.com.cn
http://www.hepmall.com
http://www.hepmall.cn
版　　次 2021 年 11 月第 1 版
印　　次 2021 年 11 月第 1 次印刷
定　　价 31.00 元

物 料 号　57153-00

序

高等职业教育的特色决定了高等数学课程应突出其实用性,但如何在高等数学教育中把握文化性与实用性,始终是备受关注和有争议的问题。高等数学作为培养大学生理性思维的重要载体,对培养学生理性思维的发展起着重要的作用,这个问题值得认真地思考和研究。由重庆电子工程职业学院郑玫教授主编的高职数学类系列新形态一体化教材,在这方面进行了积极的探索,该系列教材具备以下的特色。

1. 不仅将思政元素有机地融入高等数学教材中,润物无声地滋润学生,意义深远,而且,把数学与人生哲理、心理和职业规划的内容融合在一起,相得益彰。

2. 该书通过二维码,大大地扩展了教材的内容,同时实现了网络化、数字化与一体化,方便学生随时学习;同时将数学软件融入高等数学教学,非常有价值。

3. 基于学生基础水平,该书以多种形式的问题引入学习内容,深入浅出地讲解,论证简明,系统完整,易于教,便于学。很多实际应用问题涉及古今中外,与教学内容相辅相成,对生活、工作中的实际情景问题的解答,颇具启发性和趣味性,都是本书的亮点。

4. 配套练习、习题册安排恰当,全方位准确检查学生课前预习、课中学习、课后复习的真实情况。尤其是知行合一习题的安排,很有特色,可以全面检查学生理论联系实际,应用数学知识解决实际问题的能力。

总之,本系列教材一改传统数学教材的刻板印象,给人耳目一新的感觉。希望经过教学实践,在作者和出版社的共同努力下,将本书打造成高职教育的精品教材。

2021 年 4 月于重庆

前　言

高等数学、线性代数和概率统计是高等职业教育各类专业的重要的公共基础必修课。通过数学课程的学习,学生理解并掌握包括函数、极限与连续、导数与微分、导数的应用、定积分与不定积分、常微分方程、空间解析几何、多元函数微分学、多元函数积分学、无穷级数与拉普拉斯变换、线性代数和概率统计以及各种数学软件包及其应用的基本概念、基本理论、基本运算,并初步具备用数学思维方法概括问题的能力、逻辑推理能力以及综合运用所学知识及数学软件分析问题、解决问题的能力。

改革是永恒的主题,高等数学、线性代数和概率统计作为高等职业教育的基础课,由于生源的多元性,导致教师教学难度大,学生学习困难多,教学改革举步维艰。为了更好贯彻习近平总书记"守好一段渠,种好责任田"的指示精神,适应高等职业教育高等数学课程教学改革的需要,重庆电子工程职业学院和多所兄弟院校的20多位教师进行了努力的探索和研究,历时多年,终于完成这套教材的编写,期盼能为高等数学、线性代数和概率统计教学方式、学习方法、评价体系的改革起到一定的作用。

本套教材内容采用模块化、项目式设计。每个模块、项目的内容既自成体系,又彼此关联。不同学校、不同专业、不同教师、不同学生,可以根据自己的需要灵活选择学习内容。希望通过内容的模块化、项目化设计将教学评价细化到每个内容,让教学评价体现在每个教学活动中,无论是课前的预习,课中的学习,还是课后的复习,都能全方位地考察每个学生的学习情况,让学生能真正地全身心投入到平时的学习中,去体会学习的乐趣和进步的快乐。

本系列教材具备以下特色。

1. 课程思政与教材内容深度融合

习近平总书记指出:"要用好课堂教学这个主渠道,思想政治理论课要坚持在改进中加强,提升思想政治教育亲和力和针对性,满足学生成长发展需求和期待,其他各门课都要守好一段渠、种好责任田,使各类课程与思想政治理论课同向同行,形成协同效应。"如何打破长期以来思想政治教育与专业教育相互隔绝的"孤岛效应",将立德树人贯彻到高校课堂教学全过程、全方位、全员之中,推动思政课程与课程思政协同前行、相得益彰,构筑育人大格局,是新时代中国高校面临的重要任务之一。

进入新时代,培养什么人、怎样培养人、为谁培养人成为中国高等教育必须回答的根本问题。高校作为人才培养的主阵地,只有坚定贯彻党的教育方针,坚持社会主义大学办学方向,遵循教育为人民服务、为中国共产党治国理政服务、为巩固和发展中国特色社会主义制度服务、为改革开放和社会主义现代化建设服务的基本要求,才能承担起培养担当民族复兴大任的时代新人的历史使命和时代责任。

基于将思想政治工作贯穿整个高等数学学科体系,以德智体美劳五育并举统领课程思政的目标,本系列教材在传授知识的基础上引导学生将所学到的知识和技能转化为内在德性和素养,注重将学生个人发展与社会发展、国家发展结合起来,把家国情怀自然渗入教材内容中,激发学生为国家学习、为民族学习的热情和动力,让思政元素像"春在花,盐化水"润物无声地滋润学生,使他们成为有理想、有本领、有担当的新时代大学生。

2. 依托教材用多元评价体现课程效果

由于长期以来唯数量化的评价导向,对课程的评价主要通过考试成绩来体现,评价标准单一。为认真贯彻落实教育部关于"破五唯"的各项要求,回归教育的本质和初心,为推进课程思政营造良好的制度环境,就需要将学生的认知、情感、价值观等内容纳入其中,体现评价的人文性、多元性。本系列教材的编写思路和方法为实现这一目标提供了实现的路径。

除配备了与教学内容相关的课堂练习题,检验学生课堂学习情况外,还配备了专门的练习册,通过课前习题检查了解学生课前预习情况;通过课后练习掌握学生课后复习的情况。每个模块还配备了基础测试题和提高测试题,通过每个模块学习结束后的模块测试,掌握学生对整个模块的学习情况。通过这些环节的检查对每个学生的学习情况有了整体的了解,再通过配备的知行合一的实际应用题,检查学生应用所学数学知识解决实际问题的能力。这样一个学期的学习结束,学生的学习情况一目了然,教师对学生的学习效果也有一个准确、综合的评价。期末考试成绩只作为评定学生成绩的一个参考数据,促使学生把主要的精力集中在认真学习的过程中,而不是"临阵磨枪"的考试上,实现改革评价方式实质性的突破。

3. 理论与实际有机结合

教材紧密结合专业需求,站在专业的前沿,密切联系实践。在讲解基础、成熟并有广泛应用的高等数学知识的基础上,适当引入相关专业的新知识、新方法、新技术。用学生在生活、工作中遇到的真实情景的"实际问题"作为教材实际应用的例题,让学生通过学习能用数学知识解决实际问题,激发学习热情,挖掘学习潜力。

4. 满足不同专业、不同层次需求

兼顾学生的不同需求,教材内容在满足教学基本要求的同时,考虑到某些专业和部分学生的需要,适当地增加了某些模块教学内容的深度和广度,为适应部分学校“分层教学”的需求和部分学生“专升本”继续学习的需要,在例题和习题的安排上用☆、☆☆和☆☆☆设置了由易到难的梯度。

5. 与高中和中职知识自然衔接

通过模块一预备知识,将学习高等数学要用到的初等数学知识进行了系统的梳理。帮助学生通过复习初等数学知识,能够顺利学习高等数学内容。

6. 数字化、一体化设计

借助强大的技术优势,加强了数字化、一体化设计,部分知识点、例题、习题提供了讲解视频,读者可扫描二维码随时学习,同时在“智慧职教”平台开通了在线课程,配备了与教材配套的教学 PPT,实现了教材的网络化、数字化与一体化。

7. 高等数学与数学实验相结合

随着计算机的广泛应用和数学软件的日趋完善,为激发学生的学习兴趣,提高学生利用计算机解决数学问题的意识和能力,将高等数学的教学与数学软件的使用相结合,并通过二维码链接的资源详细介绍 MATLAB 及 Lingo 等数学软件的使用方法,提高学生的能力素质。

本系列教材包括《高等数学(上册)》《高等数学(下册)》和《线性代数与概率统计》,共三册书,配备了《高等数学练习册》和《线性代数与概率统计练习册》,主要适用于高等职业教育各专业,也可作为“专升本”及各类学历文凭考试的教材或参考书。

承蒙国际系统与控制科学院院士、重庆师范大学杨新民教授为本书作序。杨教授认真审阅了书稿,从整体框架到内容细节等,提出了许多宝贵的意见和建议。

参加系列教材编写的有重庆电子工程职业学院、重庆化工职业学院、重庆医药高等专科学校和重庆工商职业学院的资深教师和骨干教师。本系列教材在实际应用案例的收集整理中,得到了重庆皇朝园林景观规划设计建设有限公司、深圳市科脉建筑工程有限公司、广州卓欣信息技术有限公司的专家、工程师们的大力支持和指导;在编写过程中得到了高等教育出版社崔梅萍编辑的大力支持,参考了相关的文献和教材,并得到了相关院校领导及同行的支持和帮助,在此一并致以诚挚的谢意!

由于我们的经验和水平有限,书中不当和疏漏之处在所难免,敬请广大读者批评指正。

郑玫
1668072281@qq.com
2021 年 8 月

目　录

模块六　常微分方程 …… 1
项目一　常微分方程的概念 …… 1
教学引入 …… 2
理论学习 …… 2
实际应用 …… 5
习题拓展 …… 6
项目二　可分离变量的微分方程 …… 6
教学引入 …… 6
理论学习 …… 7
一、可分离变量的微分方程(7)　二、齐次方程(8)
实际应用 …… 10
习题拓展 …… 14
项目三　一阶线性微分方程 …… 15
教学引入 …… 15
理论学习 …… 15
一、一阶齐次线性微分方程$\frac{dy}{dx}+P(x)y=0$的求解(16)
二、一阶非齐次线性微分方程$y'+P(x)y=Q(x)$的求解(16)
三、可降阶高阶微分方程(18)
实际应用 …… 19
习题拓展 …… 23
项目四　二阶常系数线性微分方程 …… 23
教学引入 …… 23
理论学习 …… 24
一、二阶线性微分方程解的性质及通解结构(24)　二、二阶常系数齐次线性微分方程的解法(25)
三、二阶常系数非齐次线性微分方程的解法(28)
习题拓展 …… 31
项目五　拉普拉斯变换 …… 32
教学引入 …… 32
学习任务 …… 32

一、拉普拉斯变换(32) 二、拉普拉斯变换的逆变换(36)
三、微分方程初值问题的拉普拉斯变换解法(38)
实际应用 …… 40
习题拓展 …… 41
项目六 微分方程模型 …… 41
习题六 …… 49
模块七 空间解析几何 …… 53
项目一 空间直角坐标系 …… 53
教学引入 …… 53
理论学习 …… 54
习题拓展 …… 57
项目二 向量 …… 57
理论学习 …… 57
一、向量的概念(57) 二、向量的线性运算(58) 三、向量的坐标(60)
四、向量的模、方向余弦(63) 五、向量的数量积(65) 六、向量的向量积(67)
习题拓展 …… 70
项目三 平面与直线 …… 70
理论学习 …… 70
一、平面(70) 二、直线(74) 三、平面、直线间的夹角(77)
实际应用 …… 80
习题拓展 …… 82
项目四 曲面与空间曲线 …… 82
教学引入 …… 82
理论学习 …… 83
一、曲面方程的概念(83) 二、二次曲面(86) 三、空间曲线(90)
四、空间曲线在坐标面上的投影(91)
实际应用 …… 93
习题拓展 …… 94
习题七 …… 94
模块八 多元函数微分学 …… 97
项目一 多元函数的基本概念 …… 97
教学引入 …… 97
理论学习 …… 97
一、区域(97) 二、多元函数的概念(99) 三、多元函数的极限(101) 四、多元函数的连续性(103)
习题拓展 …… 104
项目二 偏导数与全微分 …… 104
教学引入 …… 104

理论学习 …… 105

一、多元函数的偏导数(105) 二、高阶偏导数(109) 三、全微分与多元复合函数求导(110)

四、偏导数在经济学中的应用(115)

实际应用 …… 119

习题拓展 …… 120

项目三 多元函数的极值与最值 …… 121

教学引入 …… 121

理论学习 …… 121

一、二元函数的极值(121) 二、二元函数的最值(124) 三、条件极值、拉格朗日乘数法(125)

实际应用 …… 127

习题拓展 …… 130

习题八 …… 130

模块九 多元函数积分学 …… 133

项目一 二重积分的概念与性质 …… 133

教学引入 …… 133

理论学习 …… 135

一、二重积分的概念(135) 二、二重积分的性质(136)

习题拓展 …… 138

项目二 二重积分的计算 …… 138

理论学习 …… 139

一、直角坐标系下二重积分的计算(139) 二、极坐标系下二重积分的计算(145)

实际应用 …… 147

习题拓展 …… 148

项目三 重积分的应用 …… 148

一、平面薄板的质量和转动惯量(149) 二、质心(150) 三、曲面面积(151)

习题九 …… 152

模块十 无穷级数 …… 155

项目一 无穷级数的概念与性质 …… 155

教学引入 …… 155

理论学习 …… 157

一、级数的概念(157) 二、级数的基本性质(160)

答疑解惑 …… 162

实际应用 …… 163

习题拓展 …… 165

项目二 常数项级数审敛法 …… 165

教学引入 …… 165

理论学习 …… 166

一、正项级数及其审敛法(166) 二、交错级数及其审敛法(170) 三、绝对收敛与条件收敛(172)
习题拓展 …… 173
项目三 幂级数 …… 174
教学引入 …… 174
理论学习 …… 174
一、函数项级数的概念(174) 二、幂级数及其收敛性(175)
实际应用 …… 181
习题拓展 …… 182
项目四 幂级数展开 …… 182
教学引入 …… 182
理论学习 …… 182
一、泰勒级数(182) 二、函数展开成幂级数(184)
实际应用 …… 187
习题拓展 …… 188
项目五 傅里叶级数 …… 188
教学引入 …… 188
理论学习 …… 189
一、三角级数与三角函数系的正交性(189) 二、函数展开成傅里叶级数(190)
三、正弦级数和余弦级数(193) 四、周期为 $2l$ 的函数展开成傅里叶级数(194)
习题拓展 …… 196
习题十 …… 196
参考文献 …… 198

模块六
常微分方程

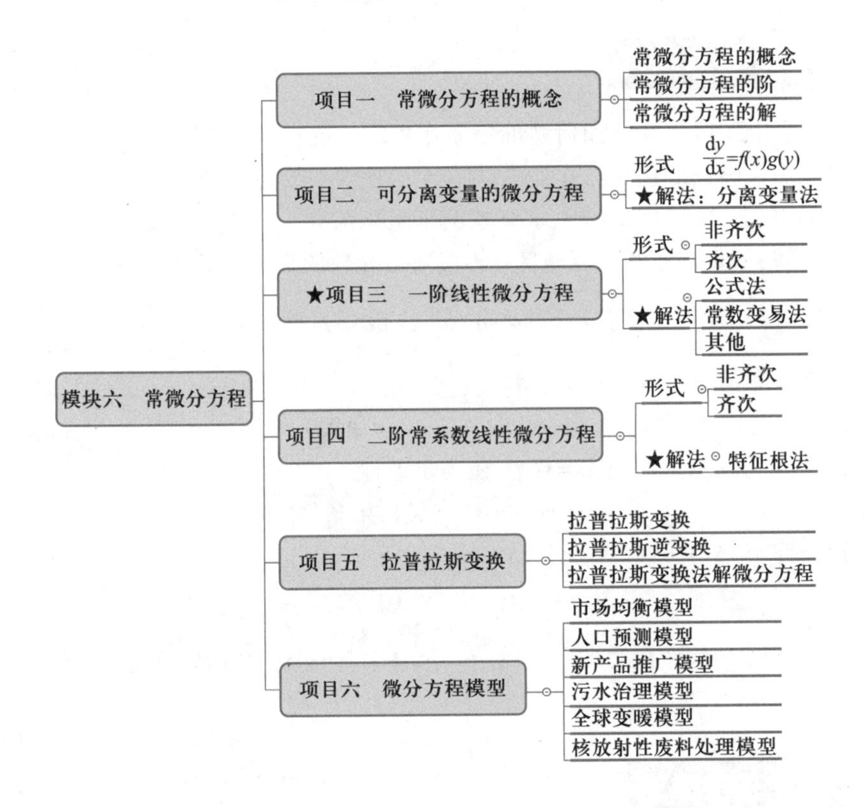

6.1　模块六思维导图

项目一　常微分方程的概念

6.2　常微分方程的起源与发展

6.3　项目一知识目标及重难点

在工程实际和经济管理问题中，人们常根据问题的条件寻找变量间的函数关系．然而许多问题，虽然不能直接找出所研究问题的函数关系，但可以列出所研究的函数及其导数之间的关系式，这种关系式就是本模块将要讨论的微分方程．

微分方程是伴随着微积分的产生和发展而成长起来的一门学科．从诞生之日就显示出在天体力学和其他力学领域的巨大功能．1846 年 9 月 23 日，数学家与天文学家合作，通过微分方程求解，发现了一颗新星——海王星，成为科学界的一段佳话. 1992 年，科学家在阿尔卑斯山发现一个肌肉丰满的冰人，根据躯体所含碳原子消失程度，通过微分方程求解，推断出这个冰人大约在 5 000 年以前遇难.

如今微分方程在自然科学、社会科学领域都有广泛应用，如地球椭圆轨道的计算、弹道轨道的定位、大型机械振动的分析、自动控制的设计、气象数据预报、人口宏观预测等. 微分方程已成为当今数学中最有活力的分支之一，是人们研究科学技术、解决实际问题不可缺少的有力工具.

教学引入

【引例 1】 高铁如何精准停靠在指定位置？

假设高铁沿直线轨道前进，刹车时的速度函数为 $v(t)=18-6t$（m/s），当 $t=0$ 时，刹车距离 $s=0$，求高铁刹车距离函数.

解： 设刹车距离函数为 $s=s(t)$，由导数的物理意义建立方程

$$\frac{\mathrm{d}s}{\mathrm{d}t}=v(t)=18-6t \quad （微分方程）. \tag{1}$$

根据导数的逆运算关系，易得

$$s=18t-3t^2+C \quad （通解）, \tag{2}$$

其中 C 为任意常数，且 $s=s(t)$ 还满足条件

$$t=0 \text{ 时}, s=0 \quad （初始条件）, \tag{3}$$

把条件(3)式代入(2)式，得

$$s=18t-3t^2 \quad （特解）. \tag{4}$$

引例 1 中的关系式 $\frac{\mathrm{d}s}{\mathrm{d}t}=18-6t$ 含有未知函数的导数，称之为微分方程.

理论学习

定义 6.1 微分方程

含有未知函数的导数（或微分）的方程称为微分方程. 若微分方程中的未知函数是一元函数，则称这种方程为常微分方程；若微分方程中的未知函数是多元函数，则称这种方程为偏微分方程.

引例 1 中的(1)式就是常微分方程. 本模块主要讨论常微分方程.

定义 6.2 微分方程的阶

微分方程中出现的未知函数的导数的最高阶数，称为微分方程的阶.

【例 1☆】 下列式子中，哪些是微分方程？若是微分方程，微分方程的阶是多少？

(1) $x^2y'+xy''$;　　　　(2) $x^2+y^2=1$;

(3) $xy^3+x^2(y')^4+2x=0$；　　(4) $y'''+x^3\dfrac{d^{(4)}y}{dx^4}+x^2=0$；

(5) $xdy-ydx=0$.

解：(1) $x^2y'+xy''$不是方程，所以更不是微分方程；

(2) $x^2+y^2=1$ 不是微分方程，因为不含未知函数的导数或微分；

(3) $xy^3+x^2(y')^4+2x=0$ 是微分方程，且是一阶微分方程；

(4) $y'''+x^3\dfrac{d^{(4)}y}{dx^4}+x^2=0$ 是微分方程，且是 4 阶微分方程；

(5) $xdy-ydx=0$ 是微分方程，且是一阶微分方程.

【练 1☆】

1. 下列等式中哪些是微分方程？是微分方程的指出其阶数.

(1) $xy'+\cos x=1$；

(2) $y^2+x+5=0$；

(3) $\dfrac{d^2y}{dx^2}-\left(\dfrac{dy}{dx}\right)^5+12xy=0$；

(4) $\left(\dfrac{dy}{dx}\right)^2+x\dfrac{dy}{dx}-3y^2=0$；

(5) $dy+xdx=1$；

(6) $\dfrac{d^2s}{dt^2}-\cos t=0$.

2. 下列式子中，(　　)是二阶微分方程.

A. $\dfrac{dy}{dx}=3xy^2+2$　　B. $x(y'')^2-2y'-3$

C. $\dfrac{d^2y}{dx^2}+2x\dfrac{dy}{dx}=3$　　D. $\dfrac{d^3s}{dt^3}=s^4-s+t$

使方程成立的未知数的值叫方程的解. 同理，使微分方程成立的函数称为微分方程的解.

定义 6.3　微分方程的解

如果将某个函数及其导数代入微分方程中，使该方程左边恒等于右边，则称此函数为微分方程的解.

如果方程的解中所含相互独立的任意常数的个数与方程的阶数相等，这样的解称为微分方程的通解.

如果方程通解中不含任意常数，这样的解称为微分方程的特解.

用来确定通解中任意常数 C 取特定值的附加条件，称为初始条件.

如，引例 1 中的函数(2)是一阶微分方程(1)的解，且含有 1 个任意常数 C，这个解称为(1)的通解.

一般地，一阶微分方程的初始条件为 $y(x_0)=y_0$ 或 $y\big|_{x=x_0}=y_0$.

二阶微分方程的初始条件为

$$\begin{cases} y(x_0)=y_0, \\ y'(x_0)=y_1, \end{cases} \text{或} \begin{cases} y\big|_{x=x_0}=y_0, \\ y'\big|_{x=x_0}=y_1, \end{cases}$$

其中 x_0, y_0, y_1 为已知数.

定义 6.4 积分曲线 积分曲线族

微分方程解的图形称为此方程的积分曲线. 由于通解中含有任意常数,所以它的图形是具有某种共同性质的积分曲线族.

【例 2☆☆】 判别下列函数是否为所给微分方程的特解.

(1) $xy'-2y=0, y=Cx^2$; (2) $y\mathrm{d}x+x\mathrm{d}y=0, y=\dfrac{1}{x}$;

(3) $xy'=x, y=\dfrac{1}{2}x$.

解:(1) 由 $y=Cx^2$ 得 $y'=2Cx$,将 y,y'代入微分方程 $xy'-2y=0$ 中得到 $x\cdot(2Cx)-2Cx^2=0$,等号恒成立,所以 $y=Cx^2$ 是 $xy'-2y=0$ 的解. 因为 $xy'-2y=0$ 是一阶微分方程,C 是任意常数 ,所以 $y=Cx^2$ 是 $xy'-2y=0$ 的通解,不是特解.

(2) 由 $y=\dfrac{1}{x}$得 $y'=-\dfrac{1}{x^2}, \mathrm{d}y=-\dfrac{1}{x^2}\mathrm{d}x$,代入微分方程 $y\mathrm{d}x+x\mathrm{d}y=0$ 中有

$$\frac{1}{x}\mathrm{d}x+x\left(-\frac{1}{x^2}\right)\mathrm{d}x=\frac{1}{x}\mathrm{d}x-\frac{1}{x}\mathrm{d}x=0,$$

等号恒成立,所以 $y=\dfrac{1}{x}$是微分方程 $y\mathrm{d}x+x\mathrm{d}y=0$ 的一个特解.

(3) 由 $y=\dfrac{1}{2}x$ 得 $y'=\dfrac{1}{2}$,将 y,y'代入微分方程 $xy'=x$ 中,

$$x\left(\frac{1}{2}\right)=\frac{1}{2}x\neq x,$$

等式不成立,所以 $y=\dfrac{1}{2}x$ 不是 $xy'=x$ 的解,也不是特解.

【例 3☆☆】 验证 $y=C_1\cos x+C_2\sin x$ 是方程 $y''+y=0$ 的通解,并求此方程满足初始条件 $y\left(\dfrac{\pi}{4}\right)=1, y'\left(\dfrac{\pi}{4}\right)=-1$ 的特解,其中 C_1, C_2 是常数.

解:由 $y=C_1\cos x+C_2\sin x$,所以

$$y'=(C_1\cos x+C_2\sin x)'=-C_1\sin x+C_2\cos x,$$

$$y''=(-C_1\sin x+C_2\cos x)'=-C_1\cos x-C_2\sin x,$$

代入 $$y''+y=0,$$

$$\text{左边}=-C_1\cos x-C_2\sin x+C_1\cos x+C_2\sin x=0=\text{右边},$$

且 y 中含有 2 个任意常数,所以 $y=C_1\cos x+C_2\sin x$ 是方程 $y''+y=0$ 的通解.

将初始条件 $y\left(\dfrac{\pi}{4}\right)=1, y'\left(\dfrac{\pi}{4}\right)=-1$ 代入通解,得以下方程组

$$\begin{cases}\dfrac{\sqrt{2}}{2}C_1+\dfrac{\sqrt{2}}{2}C_2=1,\\ -\dfrac{\sqrt{2}}{2}C_1+\dfrac{\sqrt{2}}{2}C_2=-1,\end{cases}\text{解出}\begin{cases}C_1=\sqrt{2},\\ C_2=0.\end{cases}$$

所求特解为 $y=\sqrt{2}\cos x$.

【练 2☆☆】 验证函数 $y=C_1+C_2e^{-2x}+\dfrac{1}{3}e^x$（$C_1,C_2$ 为任意常数）是微分方程 $y''+2y'=e^x$ 的通解，并求满足初始条件 $y|_{x=0}=0$ ，$y'|_{x=0}=1$ 的特解.

【例 4☆☆】 一条曲线通过点(0,1)，且该曲线上任意一点 $M(x,y)$ 处的切线斜率为 $3x^2$，求这条曲线的方程.

解：设该曲线的方程为 $y=f(x)$，由导数的几何意义建立微分方程

$$\frac{dy}{dx}=3x^2, \tag{1}$$

根据导数的逆运算，直接得

$$y=x^3+C\quad(\text{通解}), \tag{2}$$

其中 C 为任意常数. 且 $y=f(x)$ 满足初始条件

$$x=0\text{ 时},y=1, \tag{3}$$

将(3)式代入(2)式得 $1=0+C\Rightarrow C=1$.

把 $C=1$ 所代入(2)式，即得曲线方程

$$y=x^3+1(\text{特解}). \tag{4}$$

实际应用

【例 1☆】 细菌繁殖问题

由实验知，在一定条件下某种细菌繁殖的速度与当时已有的数量 A_0 成正比，即 $v=kA_0$（k 为常数，且 $k>0$），问经过时间 t 以后细菌的数量是多少？

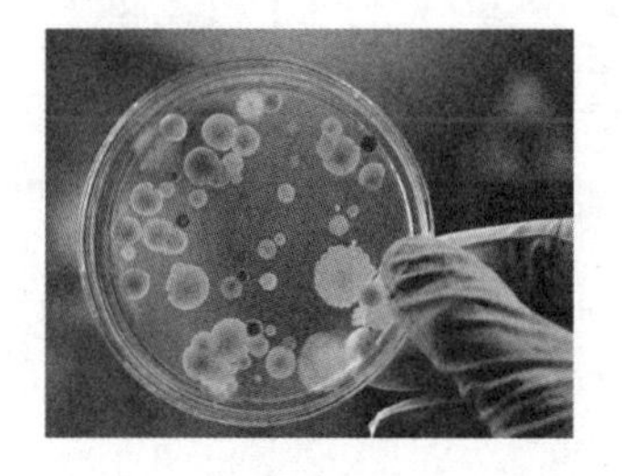

解：设 t 时的细菌总数是 $Q(t)$，建立微分方程模型

$$\frac{dQ}{dt}=kQ.$$

根据导数及不定积分的互逆运算关系，直接得通解

$$Q=Ce^{kt}.$$

将初始条件 $Q|_{t=0}=A_0$ 代入上式，得 $C=A_0$，所以特解为

$$Q=A_0e^{kt}.$$

即经过时间 t 以后细菌的数量是 A_0e^{kt}.

教师寄语

辩证唯物主义认为：一般与特殊是辩证的统一体. 任何特殊都包含

着一般，一般存在于每一特殊之中. 微分方程的求解是从通解到特解的转化，体现了从一般到特殊的这种辩证关系，启示我们：在我们日常的学习、生活、工作中，都应善于对问题进行从一般到特殊的转化，以及从特殊再到一般的归纳.

习题拓展

【基础过关☆】

指出下列式子是否为微分方程，若是，请指明微分方程的阶数及通解有几个任意常数.

(1) $\frac{dy}{dx}=3x^2y+2$；　　(2) $x(y'')^2-2y'-3$；

(3) $\frac{d^2y}{dx^2}+2x\frac{dy}{dx}=3$；　　(4) $\frac{d^3s}{dt^3}=s^4-s+t$.

【能力达标☆☆】

求出下列微分方程的通解与在初始条件下的特解.

(1) $\frac{dy}{dx}+3x=0$,　$y|_{x=1}=0$；

(2) $y'=\cos 2x$,　$y|_{x=\frac{\pi}{2}}=1$.

【应用拓展☆☆☆】

（探照灯反射镜面的形状）在制造探照灯的反射镜面时，总是要求将点光源射出的光线平行地反射出去，以保证探照灯有良好的方向性，试用微分方程建立反射镜面的几何形状的数学模型.

6.4 项目一习题拓展答案

6.5 项目二知识目标及重难点

项目二　可分离变量的微分方程

教学引几

?思考　此微分方程与项目一求解的微分方程有什么区别与联系，该如何求解呢?

【引例1】 由热学冷却定律知，温度 Q，在温度 Q_0 的环境中冷却时，冷却的速度与温度差 $Q-Q_0$ 成正比. 现将 80 ℃ 的热水放到 20 ℃ 的恒温室中冷却，探讨热水温度变化的规律，什么时间喝温度合适呢？

解：设温度 Q 与时间 t 的函数关系为 $Q=Q(t)$，建立微分方程模型

$$\frac{dQ}{dt}=-k(Q-20),k>0,$$

由于温度随时间增大而减小，所以右端取负号.

项目一例4研究的微分方程 $\frac{dy}{dx}=3x^2$ 只含有未知函数的导数和自

变量,可通过导数逆运算求解,而引例 1 中$\frac{dQ}{dt}=-k(Q-20)$的微分方程含有未知函数导数和未知函数,用前面的方法无法求解. 观察发现可以将含 Q 和含 t 的项分离到等式两端,方程变形为

$$\frac{dQ}{-k(Q-20)}=dt.$$

一、可分离变量的微分方程

定义 6.5　可分离变量的微分方程

若一阶微分方程能写成

$$g(y)dy=f(x)dx \tag{1}$$

的形式,则称原方程为可分离变量的微分方程. 把方程变形为方程(1)的过程称为分离变量.

方程(1)的特点是,等号的一边与 dy 相乘的函数只含变量 y,另一边与 dx 相乘的函数只含变量 x. 假设 $f(x)$ 和 $g(y)$ 是连续函数,方程(1)的求解方法是(1)式两边同时积分,即

$$\int g(y)dy=\int f(x)dx.$$

积分后得到的函数族便是方程(1)的通解.

【例 1☆】　求微分方程$\frac{dy}{dx}=e^{x-y}$的通解.

解:此方程化简得$\frac{dy}{dx}=e^{x}\cdot e^{-y}$,分离变量得到

$$e^{y}dy=e^{x}dx.$$

方程两边同时积分,得

$$\int e^{y}dy=\int e^{x}dx,$$

计算得 $e^{y}=e^{x}+C$,即 $y=\ln(e^{x}+C)$为原方程的通解.

【例 2☆☆】　求方程 $y^2dx+ydy=x^2ydy-dx$ 的通解.

解:方程变形为 $ydy-x^2ydy=-y^2dx-dx$,即

$$y(1-x^2)dy=-(y^2+1)dx.$$

进行变量分离得　$$\frac{y}{1+y^2}dy=\frac{1}{x^2-1}dx,$$

两边积分得　$$\ln(1+y^2)=\ln\left|\frac{x-1}{x+1}\right|+C_1 ①,$$

① 以后为方便计算,计算过程中不加绝对值,不影响结果.

所以通解为 $$y^2+1=\frac{C(x-1)}{x+1}\ (C=\pm e^{C_1}).$$

【练 1☆】 求微分方程 $\frac{dy}{dx}=2xy$ 的通解.

【例 3☆☆】 求微分方程 $y'=\frac{x}{y}$满足初始条件 $y|_{x=0}=1$ 的特解.

解:$y'=\frac{x}{y}$即$\frac{dy}{dx}=\frac{x}{y}$. 分离变量得到

$$ydy=xdx,$$

两边同时积分得 $$\int ydy=\int xdx,$$

求积分得$\frac{y^2}{2}=\frac{x^2}{2}+\frac{C}{2}$,所以通解为

$$y^2-x^2=C.$$

再将 $x=0$ 时,$y=1$ 代入得到 $C=1$,所以特解为

$$y^2-x^2=1.$$

【练 2☆☆】 求$(1+e^x)y'=\frac{e^x}{y}$在 $y|_{x=0}=0$时的特解.

可分离变量的微分方程的求解步骤归纳为

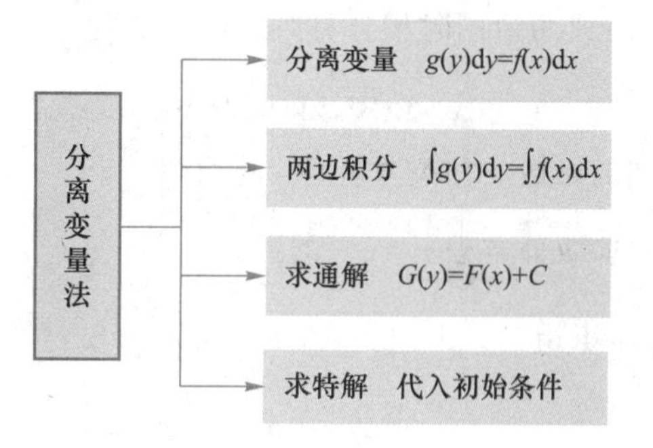

二、齐次方程

定义 6.6 齐次方程

如果一阶微分方程$\frac{dy}{dx}=f(x,y)$中的函数$f(x,y)$可化为$f\left(\frac{y}{x}\right)$,则称此方程为齐次方程. 齐次方程可利用分离变量法求解.

【例 4☆☆】 求微分方程 $y'=\frac{y}{x}+\csc\frac{y}{x}$的通解.

解:令 $u=\frac{y}{x}$得 $y=ux$,$\frac{dy}{dx}=x\frac{du}{dx}+u$,代入原方程得

$$x\frac{du}{dx}+u=u+\frac{1}{\sin u},$$

即
$$x\frac{\mathrm{d}u}{\mathrm{d}x}=\frac{1}{\sin u},$$

分离变量得 $\sin u\mathrm{d}u=\frac{1}{x}\mathrm{d}x$,

两边积分得 $\int\sin u\mathrm{d}u=\int\frac{1}{x}\mathrm{d}x$,
$$-\cos u=\ln x+\ln C=\ln Cx,$$

回代得 $-\cos\frac{y}{x}=\ln Cx$,即 $\mathrm{e}^{-\cos\frac{y}{x}}=Cx$,可得原方程的通解为
$$\mathrm{e}^{-\cos\frac{y}{x}}=Cx.$$

【例 5☆☆】 求微分方程 $y\mathrm{d}x+(x+y)\mathrm{d}y=0$ 满足 $y(1)=1$ 的特解.

解:原方程可改写为 $\frac{\mathrm{d}y}{\mathrm{d}x}=-\frac{y}{x+y}=-\frac{\frac{y}{x}}{1+\frac{y}{x}}$.

令 $u=\frac{y}{x}$ 得 $y=ux$, $\frac{\mathrm{d}y}{\mathrm{d}x}=x\frac{\mathrm{d}u}{\mathrm{d}x}+u$,代入得
$$x\frac{\mathrm{d}u}{\mathrm{d}x}+u=-\frac{u}{1+u},$$

整理得
$$x\frac{\mathrm{d}u}{\mathrm{d}x}=-\frac{u^2+2u}{1+u},$$

分离变量得
$$\frac{1+u}{u^2+2u}\mathrm{d}u=-\frac{1}{x}\mathrm{d}x,$$

两边积分得
$$\int\frac{1+u}{u^2+2u}\mathrm{d}u=-\int\frac{1}{x}\mathrm{d}x,$$
$$\frac{1}{2}\ln(u^2+2u)=-\ln x+\ln C_1,$$

得 $u^2+2u=Cx^{-2}$,即 $(u^2+2u)x^2=C$.

回代得原方程的通解为 $y^2+2xy=C$.

将 $y(1)=1$ 代入得 $C=3$,则所求原方程满足 $y(1)=1$ 的特解为
$$y^2+2xy=3.$$

齐次微分方程的求解步骤如下:

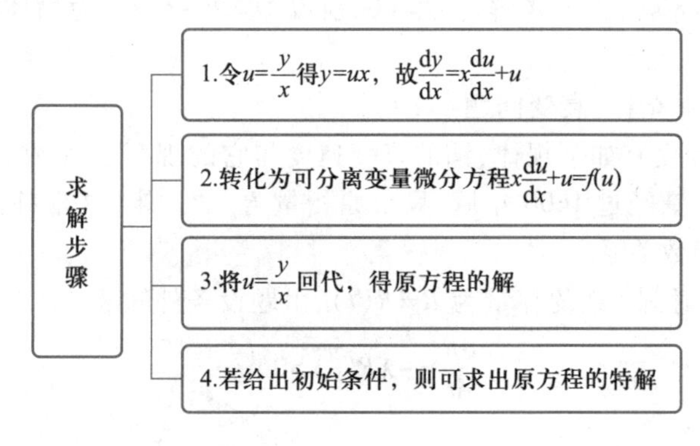

【练 3☆☆】 求解微分方程 $y'=\frac{x}{y}+\frac{y}{x}, y|_{x=1}=2$.

实际应用

【例 1☆☆】 伤口愈合

医学研究发现，刀割伤口表面恢复的速度为

$\frac{dA}{dt}=-5t^{-2}(1\leqslant t\leqslant 5)$ （单位 cm^2/天，其中 A 表示伤口的面积），假设 $A(1)=5$，问受伤 5 天后该病人的伤口表面积为多少？

解：由 $\frac{dA}{dt}=-5t^{-2}$，得：$dA=-5t^{-2}dt$，两边积分得

$$A(t)=\int(-5t^{-2})dt=-5\int t^{-2}dt=\frac{5}{t}+C \ (C \text{ 为常数}).$$

将 $A(1)=5$ 代入得 $C=0$，所以 $A(t)=\frac{5}{t}$，5 天后该病人的伤口表面积 $A(5)=1$.

【例 2☆☆】 引例 1 解析

由热学冷却定律知，温度 Q，在温度 Q_0 的环境中冷却时，冷却的速度与温度差 $Q-Q_0$ 成正比. 现将一个加热到 80 ℃的物体，放在 20 ℃的恒温室中冷却，求物体温度变化的规律.

解：设温度 Q 与时间 t 的函数关系为 $Q=Q(t)$，得微分方程

$$\frac{dQ}{dt}=-k(Q-20),\ k>0,$$

由于温度随时间增大而减小，所以右端取负号.

分离变量，得 $$\frac{dQ}{Q-20}=-kdt,$$

两边积分，得 $$\int\frac{dQ}{Q-20}=\int(-k)dt,$$

得通解为 $$\ln(Q-20)=-kt+C_1,$$

化简得 $Q-20=e^{-kt+C_1}$. 令 $C=e^{C_1}$，通解可化为

$$Q=20+Ce^{-kt}.$$

将 $t=0, Q=80$ 代入上式解得 $C=60$，所以 $Q=20+60e^{-kt}$ 为物体温度变化的规律.

6.6 镭元素的介绍

【例 3☆☆】 衰变问题

镭的衰变有如下规律：镭的衰变速度与它的现存量 R 成正比，由经验材料知，镭经过 1600 年后，只余原始量 R_0 的一半，试求镭的量 R 与时间 t 的函数关系.

解：设时刻 t 镭的存量为 $R=R(t)$，由题设条件知

$$\frac{dR}{dt}=-\lambda R\ (\lambda>0).$$

可以判断这是一个可分离变量的微分方程，根据分离变量法求解.

分离变量 $$\frac{\mathrm{d}R}{R}=-\lambda\,\mathrm{d}t,$$

两边积分 $$\int\frac{\mathrm{d}R}{R}=-\int\lambda\,\mathrm{d}t,$$

得到通解 $\ln R=-\lambda t+C_1$，即 $R=C\mathrm{e}^{-\lambda t}$. $t=0$ 时，$R=R_0$，故 $C=R_0$. 所以特解为

$$R=R_0\mathrm{e}^{-\lambda t}$$

将 $t=1\ 600$，$R=\frac{1}{2}R_0$ 代入上式，即得 $\frac{1}{2}R_0=R_0\mathrm{e}^{-1\ 600\lambda}$，于是得

$$\lambda=\frac{\ln 2}{1\ 600}=0.000\ 433,$$

故 $$R=R_0\mathrm{e}^{-0.000\ 433t}\text{（时间以年为单位）}.$$

【例 4☆☆☆】 电路问题

设 RC 充电电路如图 6-1 所示，若合闸前，电容器上电压 $U_C=0$，求合闸后电压 U_C 的变化规律.

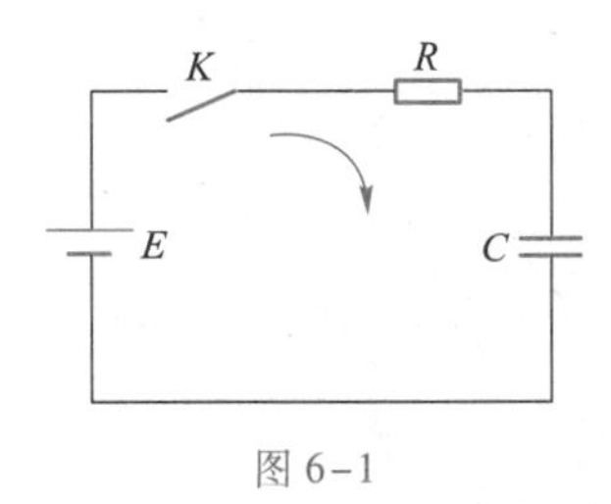

图 6-1

解：(1) 建立微分方程

由电学基本公式得

$$U_R+U_C=E\text{（串联回路电压公式）},$$

$$i=\frac{\mathrm{d}q}{\mathrm{d}t}=\frac{U_R}{R}\text{（电流公式）},$$

所以 $$U_R=R\frac{\mathrm{d}q}{\mathrm{d}t}.$$

$q=CU_C$（电容电量 = 电容×电压），$\mathrm{d}q=C\mathrm{d}U_C$，所以 $U_R=RC\frac{\mathrm{d}U_C}{\mathrm{d}t}$，代入回路电压公式中得

$$RC\frac{\mathrm{d}U_C}{\mathrm{d}t}+U_C=E.$$

(2) 利用分离变量法解微分方程

$$RC\frac{\mathrm{d}U_C}{\mathrm{d}t}=E-U_C,\ \frac{\mathrm{d}U_C}{E-U_C}=\frac{1}{RC}\mathrm{d}t,$$

$$-\ln(E-U_C)=\frac{1}{RC}t-\ln m\ \ (m>0,m\in\mathbf{R}).$$

将 $t=0$，$U_C=0$ 代入得 $-\ln E=\frac{1}{RC}\times 0-\ln m$ 解得 $m=E$，所以

$$\ln E-\ln(E-U_C)=\frac{1}{RC}t,$$

即 $U_C=E(1-\mathrm{e}^{-\frac{1}{RC}t})$.

【例 5☆☆☆】 飞机着陆

(1) 一架重 4.5 t 的歼击机以 600 km/h 的速度着陆，在减速伞的作用下滑跑 500 m 后速度减为 100 km/h，通常情况下空气对伞的阻力

与飞机的速度成正比,问减速伞的阻力系数是多少?

(2) 若9 t的轰炸机以700 km/h的速度着陆,机场跑道为1 500 m,问轰炸机着陆是否安全?

解:(1) 设飞机质量为 m,着陆速度为 v_0,滑跑距离为 $s(t)$.

由牛顿第二定律有 $$m\frac{\mathrm{d}v}{\mathrm{d}t}=-kv(t),$$

分离变量得 $$m\frac{\mathrm{d}v}{v(t)}=-k\mathrm{d}t,$$

两边积分得 $$m\int\frac{\mathrm{d}v}{v(t)}=-k\int\mathrm{d}t, \text{即 } m\ln v(t)=-kt+C_1,$$

解得 $$v(t)=\mathrm{e}^{-\frac{kt}{m}+\frac{C_1}{m}}=\mathrm{e}^{-\frac{kt}{m}}\mathrm{e}^{\frac{C_1}{m}}=C\mathrm{e}^{-\frac{kt}{m}}.$$

由 $v(0)=v_0$ 得 $C=v_0$. 故

$$v(t)=v_0\mathrm{e}^{-\frac{kt}{m}},$$

即 $$s(t)=\int_0^t v(u)\,\mathrm{d}u=v_0\int_0^t \mathrm{e}^{-\frac{k}{m}u}\mathrm{d}u=-\frac{v_0m}{k}\int_0^t \mathrm{e}^{-\frac{k}{m}u}\mathrm{d}\left(-\frac{k}{m}u\right)$$

$$=-\frac{v_0m}{k}\mathrm{e}^{-\frac{k}{m}u}\Big|_0^t=\frac{v_0m}{k}(1-\mathrm{e}^{-\frac{k}{m}t})=\frac{m}{k}v_0-\frac{m}{k}v(t).$$

把 $m=4.5\ \text{t}=4\ 500\ \text{kg}, v_0=600\ \text{km/h}, v(t)=100\ \text{km/h}, s=0.5\ \text{km}$ 代入上式可得 $k=4.5\times10^6\ \text{kg/h}$.

(2) 把 $v_0=700\ \text{km/h}, m=9\ \text{t}=9\ 000\ \text{kg}, v(t)=0$ 代入公式

$$s(t)=\frac{m}{k}v_0-\frac{m}{k}v(t),$$

求得 $s=1.4\ \text{km}=1\ 400\ \text{m}$,所以安全着陆距离为 $1\ 400\ \text{m}<1\ 500\ \text{m}$,所以轰炸机可以安全着陆.

【例 6☆☆☆】 案发时间的推算

某地发生了一起谋杀案,警察下午4点到达现场. 如图6-2所示,法医测得尸体温度为30 ℃,室温20 ℃. 已知尸体温度在最初2小时降低了2 ℃,请推算谋杀案发生的时间.

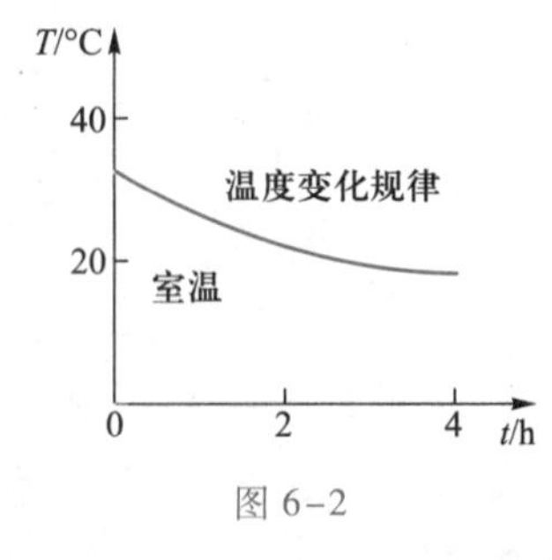

图 6-2

解:设 $T(t)$ 表示尸体在时刻 t 的温度,则 $T_1=37$ ℃,

$T_2=35$ ℃(尸体在最初2小时降低了2 ℃),

$T_0=20$ ℃(环境温度).

由牛顿冷却定律得 $-\frac{\mathrm{d}T}{\mathrm{d}t}=k(T-T_0)$,分离变量得

$$\frac{\mathrm{d}T}{T-20}=-k\mathrm{d}t,$$

两边积分得

$$\int\frac{\mathrm{d}T}{T-20}=-\int k\mathrm{d}t\Rightarrow\int\frac{\mathrm{d}(T-20)}{T-20}=-k\int\mathrm{d}t\Rightarrow\ln(T-20)=-kt+C_1,$$

$$T=20+C\mathrm{e}^{-kt}(C=\mathrm{e}^{C_1}).$$

将 $T_1=37$ ℃代入上式得

$$37=20+C\mathrm{e}^{-k\times 0}\Rightarrow C=17,$$

故 $T=20+17\mathrm{e}^{-kt}$.

又 $T_2=20+17\mathrm{e}^{-k\times 2}=35$ 得 $\mathrm{e}^{-2k}=\frac{15}{17}=\mathrm{e}^{\ln\frac{15}{17}}$，解得 $k=\ln\sqrt{\frac{17}{15}}\approx 0.062\,6$.

再由 $T=20+17\mathrm{e}^{-kt}=30$ 得 $\mathrm{e}^{-kt}=\frac{10}{17}=\mathrm{e}^{\ln\frac{10}{17}}$，解得 $t=-\frac{\ln\frac{10}{17}}{k}=\frac{\ln\frac{17}{10}}{k}\approx 8.5$.

故作案时间约为早上 7 点 30 分.

【例 7☆☆☆】 减肥问题

某女士每天摄入含有 2 500 卡[①]热量的食物，1 200 卡用于基础新陈代谢（即自动消耗），并以每千克体重消耗 16 卡用于日常锻炼，其他的热量转化为身体的脂肪（假设 10 000 卡可转换成 1 kg 脂肪）. 在星期天晚上她的体重是 57.152 6 kg，周四她没有控制饮食，摄入了含有 3 500 卡热量的食物. 试估计她在周六时的体重；为了不增加体重，每天她的食物摄入量最多是多少？

解：设该女士的体重为 $\omega(t)$，时间 t 从周日晚上开始计时，建立微分方程为

热量与体重的关系

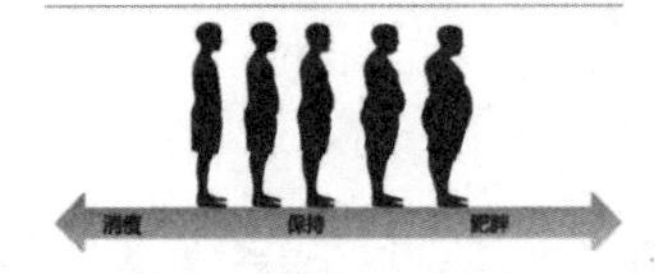

$$\frac{\mathrm{d}\omega}{\mathrm{d}t}=\frac{1\,300-16\omega}{10\,000},\omega(0)=57.152\,6,$$

分离变量得

$$\frac{\mathrm{d}\omega}{1\,300-16\omega}=\frac{\mathrm{d}t}{10\,000},\omega(0)=57.152\,6,$$

其中 1 300 = 2 500 − 1 200. 解微分方程，其解为

$$\omega(t)=81.25-24.079\,4\mathrm{e}^{-0.001\,6t}. \tag{1}$$

假设时间 t 以天为单位，记 $\omega(3)$ 为周三晚上的体重. 把 $t=3$ 代入(1)式得 $\omega(3)=57.268\,0$.

记 β 为每天纯摄入量，在 $t=4$ 时，摄入量已发生变化，这时 $\beta=2\,300$，其微分方程为

$$\frac{\mathrm{d}\omega}{\mathrm{d}t}=\frac{2\,300-16\omega}{10\,000},\omega(3)=57.268\,0,$$

分离变量得

$$\frac{\mathrm{d}\omega}{2\,300-16\omega}=\frac{\mathrm{d}t}{10\,000},\omega(3)=57.268\,0.$$

解此微分方程得

$$\omega(t)=143.75-86.898\,1\mathrm{e}^{-0.001\,6t}. \tag{2}$$

把 $t=4$ 代入(2)式得 $\omega(4)=57.406\,3$.

① 1 卡≈4.184 J.

在 $t>4$ 时，摄入量又改变为 $\beta=1\ 300$，再建立微分方程为

$$\frac{\mathrm{d}\omega}{\mathrm{d}t}=\frac{1\ 300-16\omega}{10\ 000},\omega(4)=57.406\ 3,$$

即 $\frac{\mathrm{d}\omega}{1\ 300-16\omega}=\frac{\mathrm{d}t}{10\ 000},\omega(4)=57.406\ 3.$

解微分方程得

$$\omega(t)=81.25-23.991\ 8\mathrm{e}^{-0.001\ 6t}. \tag{3}$$

把 $t=6$ 代入(3)式得 $\omega(6)=57.482\ 7$.

所以这位女士在周六的体重为 57.482 7.

若不想增加体重，即 $\beta-16\omega(0)=0$，食物的摄入量 β 为

$$\beta=1\ 200+16\times57.152\ 6=2\ 114.$$

由此说明，减肥不可盲目，要合理饮食，科学理性地减肥.

【例 8☆☆☆】 胰脏检查

为检查某人的胰脏是否正常，医生给他注射了 0.3 g 示踪染色，观察染色被胰脏吸收的情形，假定注射 t 分钟后，染色留在胰脏的含量为 $N(t)$，$N(t)$ 对 t 的变化率与 $N(t)$ 成正比(比例系数为 0.4)，求 $N(t)$ 与 t 的函数关系式.

解：据题意， $$\frac{\mathrm{d}N}{\mathrm{d}t}=-0.4N,$$

分离变量得 $$\frac{\mathrm{d}N}{N}=-0.4\mathrm{d}t,$$

方程两边积分得 $$\int\frac{\mathrm{d}N}{N}=-\int0.4\mathrm{d}t,$$

即 $$\ln N=-0.4t+\ln C,$$

得 $$N=C\mathrm{e}^{-0.4t}.$$

由已知条件知 $N(0)=0.3$，代入得 $C=0.3$. 于是

$$N(t)=0.3\mathrm{e}^{-0.4t}.$$

教师寄语

微分方程是局部的性态，微分方程的解是整体性态，求微分方程解的过程是累积积分，溯源整体的过程. 我们在微分方程中体会到大自然是局部与整体的统一，整体是由局部构成的，当我们抓住了局部的性质特征，便能还原整体的信息，大至天体运动，小到尘粒飞扬，尽在掌握之中.

习题拓展

6.7 习题拓展解答

【基础过关☆】

求 $y'=y\sin x$ 的通解.

【能力达标☆☆】

求下列微分方程在给定条件下的特解：

(1) $xy'-y=0$,$y(1)=2$;

(2) $(t^2-1)x'+2tx^2=0, x|_{t=0}=1$.

【应用拓展☆☆☆】 名画鉴定

6.8　视频：用可分离变量法鉴别世界名画

著名的物理学家卢瑟夫的结论是：物质的放射性正比于现存物质的原子数. 建立方程$\frac{dy}{dt}=-\lambda y+r$. 如果我们知道了 $y(t_0)=y_0$，就可以求出t_0时刻的放射物质的原子数. 专家对《埃牟斯(Emmaus)的信徒们》一幅名画的测定分析和结果如下表.

画名	钋-210 每克每分钟衰变原子数	镭-226 每克每分钟衰变原子数
Emmaus(埃牟斯)的信徒们	8.5	0.82

请鉴别这幅名画的真伪.

项目三　一阶线性微分方程

教学引入

6.9　项目三知识目标及重难点

【引例 1】 某汽车公司在长期的运营中发现每辆汽车的总维修成本 y 对汽车大修时间间隔 x 的变化率等于$\frac{2y}{x}-\frac{81}{x^2}$，已知当大修时间间隔 $x=1$(年)时，总维修成本 $y=27.5$(百元). 试求每辆汽车的总维修成本 y 对大修的时间间隔 x 的函数关系.

设时间间隔 x 以年为单位，根据导数的意义建立微分方程

$$\frac{dy}{dx}=\frac{2y}{x}-\frac{81}{x^2}.$$

此方程不是可分离变量微分方程. 此方程特点：一阶线性的. 下面我们来探讨这类方程的解法.

? 思考　此方程是可分离变量微分方程吗？ 这个方程有什么特点，应该如何求解呢？

理论学习

定义 6.7　一阶线性微分方程

形如

$$y'+P(x)y=Q(x)\text{或}\frac{dy}{dx}+P(x)y=Q(x) \tag{1}$$

的微分方程称为一阶线性微分方程，简称一阶线性方程，其中 $P(x)$ 和 $Q(x)$ 是已知连续函数. 一阶线性方程的特点是方程中 y 和 y'都是一次的.

当 $Q(x)=0$ 时,方程(1)变为

$$y'+P(x)y=0, \tag{2}$$

方程(2)称为一阶齐次线性微分方程,而方程(1)则称为一阶非齐次线性微分方程.

先求一阶齐次线性微分方程(2)的通解.

一、一阶齐次线性微分方程 $\frac{dy}{dx}+P(x)y=0$ 的求解

观察发现一阶齐次线性微分方程 $\frac{dy}{dx}+P(x)y=0$ 就是可分离变量微分方程.

(1) 分离变量 $\frac{1}{y}dy=-P(x)dx$;

(2) 两端积分 $\ln|y|=-\int P(x)dx+C_1$,

所以通解公式为

$$y=Ce^{-\int P(x)dx}\ (C=\pm e^{C_1}). \tag{3}$$

【例 1☆】 求微分方程 $y'-2xy=0$ 的通解.

解:所给方程为一阶齐次线性微分方程,其中 $P(x)=-2x$,代入通解公式

$$y=Ce^{-\int P(x)dx}=Ce^{\int 2xdx}=Ce^{x^2}.$$

【练 1☆】 求微分方程 $y'+y\cos x=0$ 的通解.

二、一阶非齐次线性微分方程 $y'+P(x)y=Q(x)$ 的求解

我们使用常数变易法(将常数变易为待定函数的方法)来求非齐次线性方程(1)的通解.

将一阶齐次线性微分方程 $\frac{dy}{dx}+P(x)y=0$ 的通解中的常数 C 换成 x 的未知函数 $u(x)$,即作变换

$$y=u(x)e^{-\int P(x)dx}, \tag{4}$$

两边求导得 $\frac{dy}{dx}=u'e^{-\int P(x)dx}-uP(x)e^{-\int P(x)dx}$,

把上两式代入方程(1)得 $u'=Q(x)e^{\int P(x)dx}$,

两边积分得 $u=\int Q(x)e^{\int P(x)dx}dx+C$,

把上式代入(4)式,于是得到非齐次线性方程(1)的通解为

$$y=e^{-\int P(x)dx}\left(\int Q(x)e^{\int P(x)dx}dx+C\right). \tag{5}$$

将它写成两项之和：$y=e^{-\int P(x)dx}\int Q(x)e^{\int P(x)dx}dx+Ce^{-\int P(x)dx}$.

观察后不难发现

(1) 通解的第一项是非齐次线性方程(1)的一个特解；

(2) 通解的第二项是对应的齐次线性方程的通解.

由此可推测一阶非齐次线性方程通解的结构：

非齐次方程的通解 = 对应的齐次方程的通解+非齐次方程的一个特解.

这种将$\frac{dy}{dx}+P(x)y=0$的通解中的C变为$u(x)$而得到$y'+P(x)y=Q(x)$的通解的方法叫常数变易法.

【例 2☆☆】 求微分方程$xy'+y=x\sin x$的通解.

解：原方程变形为$y'+\frac{1}{x}y=\sin x$，这是一阶非齐次线性微分方程. 其中$P(x)=\frac{1}{x}$，$Q(x)=\sin x$，代入通解公式

$$\begin{aligned}y&=e^{-\int P(x)dx}\left[\int Q(x)e^{\int P(x)dx}dx+C\right]\\&=e^{-\int\frac{1}{x}dx}\left(\int\sin xe^{\int\frac{1}{x}dx}dx+C\right)\\&=e^{-\ln x}\left(\int x\sin xdx+C\right)\\&=\frac{1}{x}\left(-x\cos x+\int\cos xdx+C\right)\\&=\frac{1}{x}(\sin x-x\cos x+C).\end{aligned}$$

6.10　常数变易法思想的理解和应用

【练 2☆☆】 求微分方程$y'+y\cos x=\cos x$的通解.

【例 3☆☆】 求解微分方程$y'-\frac{2}{x+1}y=(x+1)^3$.

解：显然　　$P(x)=-\frac{2}{x+1}$，$Q(x)=(x+1)^3$.

代入公式　　$y=e^{-\int P(x)dx}\left(\int Q(x)e^{\int P(x)dx}dx+C\right)$，

其中$\int\frac{2}{x+1}dx=2\ln(x+1)+C$，

$$e^{-\int P(x)dx}=e^{\int\frac{2}{x+1}dx}=e^{2\ln(x+1)}=(x+1)^2,$$

$$\int Q(x)e^{\int P(x)dx}dx=\int(x+1)^3(x+1)^{-2}dx=\int(x+1)dx=\frac{x^2}{2}+x+C,$$

所以通解为$y=(x+1)^2\left(\frac{x^2}{2}+x+C\right)$.

【例 4☆☆】 求微分方程：$x\frac{dy}{dx}-2y=x^3e^x$，$y|_{x=1}=0$的特解.

解:原方程化为$\frac{dy}{dx}-\frac{2}{x}y=x^2e^x$,故 $P(x)=-\frac{2}{x}, Q(x)=x^2e^x$.

通解 $y=e^{-\int P(x)dx}\left(\int Q(x)e^{\int P(x)dx}dx+C\right)$

$$=e^{-\int\left(-\frac{2}{x}\right)dx}\left[\int x^2e^xe^{\int\left(-\frac{2}{x}\right)dx}dx+C\right]=e^{2\ln x}\left(\int x^2e^xe^{-2\ln x}dx+C\right)$$

$$=x^2\left(\int x^2e^x\frac{1}{x^2}dx+C\right)=x^2\left(\int e^xdx+C\right)=x^2(e^x+C).$$

将 $y|_{x=1}=0$ 代入得 $0=1\times(e+C)\Rightarrow C=-e$,
故原方程的特解为 $y=x^2(e^x-e)$.

【练 3☆☆】 曲线在点(x,y)处的切线斜率等于$3x+y$,且通过原点,求此曲线的方程.

三、可降阶高阶微分方程

1. $y^{(n)}=f(x)$ 型微分方程

该类型方程只要通过 n 次积分就可得到通解.

【例 5☆☆】 求微分方程 $y'''=\cos x$ 的通解.

解:依次积分得 $y''=\int\cos x dx=\sin x+C_1$,

$$y'=\int(\sin x+C_1)dx=-\cos x+C_1x+C_2,$$

$$y=\int(-\cos x+C_1x+C_2)dx=-\sin x+\frac{1}{2}C_1x^2+C_2x+C_3.$$

【例 6☆☆】 求微分方程 $y''=x^2+e^x$ 满足 $y(0)=1, y'(0)=1$ 的特解.

解:积分得 $y'=\int(x^2+e^x)dx=\frac{1}{3}x^3+e^x+C_1$,

由 $y'(0)=1$ 得 $C_1=0$,于是 $y'=\frac{1}{3}x^3+e^x$.

继续积分得 $y=\int\left(\frac{1}{3}x^3+e^x\right)dx=\frac{1}{12}x^4+e^x+C_2$,

由 $y(0)=1$ 得 $C_2=0$,于是 $y=\frac{1}{12}x^4+e^x$.

2. $y''=f(x,y')$ 型微分方程

该类型方程的特点是不显含未知函数.

令 $y'=p(x)$,则

$$y''=p'(x)=\frac{dp}{dx}.$$

代入 $y''=f(x,y')$得$\frac{dp}{dx}=f(x,p)$,再按一阶微分方程的类型求解即可.

【例 7☆☆☆】　求微分方程 $(1+x^2)y''=2xy'$ 满足 $y(0)=1, y'(0)=3$ 的特解.

解:原方程变形为 $y''=\dfrac{2xy'}{1+x^2}$,令 $y'=p(x)$,则

$$y''=p'(x)=\frac{\mathrm{d}p}{\mathrm{d}x}.$$

代入原方程得
$$\frac{\mathrm{d}p}{\mathrm{d}x}=\frac{2xp}{1+x^2},$$

分离变量得
$$\frac{\mathrm{d}p}{p}=\frac{2x}{1+x^2}\mathrm{d}x,$$

两边积分得 $\ln p=\ln(1+x^2)+\ln C_1=\ln C_1(1+x^2)$,即

$$p=C_1(1+x^2)=\frac{\mathrm{d}y}{\mathrm{d}x}=y'.$$

由 $y'(0)=3$ 得 $C_1=3$,故 $\dfrac{\mathrm{d}y}{\mathrm{d}x}=3(1+x^2)$,再积分得

$$y=3x+x^3+C_2.$$

由 $y(0)=1$ 得 $C_2=1$,所以原方程的特解为 $y=3x+x^3+1$.

实际应用

【例 1☆☆☆】　汽车大修问题(引例 1 解析)

某汽车公司在长期的运营中发现每辆汽车的总维修成本 y 对汽车大修时间间隔 x 的变化率等于 $\dfrac{2y}{x}-\dfrac{81}{x^2}$,已知当大修时间间隔 $x=1$(年)时,总维修成本 $y=27.5$(百元). 试求每辆汽车的总维修成本 y 对大修的时间间隔 x 的函数关系.

解:设时间间隔 x 以年为单位,根据导数的意义建立微分方程模型

$$\frac{\mathrm{d}y}{\mathrm{d}x}=\frac{2y}{x}-\frac{81}{x^2},\quad 即\quad \frac{\mathrm{d}y}{\mathrm{d}x}-\frac{2}{x}y=\frac{81}{x^2}.$$

根据一阶非齐次线性微分方程通解公式(或常数变易法)得通解

$$\begin{aligned}y&=\mathrm{e}^{\int\frac{2}{x}\mathrm{d}x}\left[\int-\frac{81}{x^2}\mathrm{e}^{-\int\frac{2}{x}\mathrm{d}x}\mathrm{d}x+C\right]\\&=\mathrm{e}^{2\ln x}\left[\int-\frac{81}{x^2}\mathrm{e}^{-2\ln x}\mathrm{d}x+C\right]\\&=x^2\left(\int-\frac{81}{x^4}\mathrm{d}x+C\right)\\&=x^2\left(\frac{27}{x^3}+C\right)=\frac{27}{x}+Cx^2.\end{aligned}$$

由 $y|_{x=1}=27.5$ 可得 $C=\dfrac{1}{2}$. 因此 $y=\dfrac{27}{x}+\dfrac{1}{2}x^2$.

又 $y'=-\frac{27}{x^2}+x$，令 $y'=0$，得 $x=3$（负根舍去）.

$$y''=\frac{54}{x^3}+1, y''(3)>0.$$

因此，$x=3$ 是 y 的极小值点，从而也是最小值点，即每辆汽车 3 年大修一次，可使每辆汽车的总维修成本最低.

【例 2☆☆☆】 溶液浓度问题

溶液浓度问题是工农业生产和治理环境污染中经常遇到的问题，现有一桶盐水 100 L，含盐 50 g，今以浓度 2 g/L 的盐水注入桶中，其流速为 3 L/min. 若使桶内的新盐水和原有盐水因搅拌而能在顷刻间成为均匀的溶液，此溶液又以 2 L/min 的速度流出，求在 30 min 时桶内所存的盐.

解：设在 t 分钟，桶内有盐 y 克，则每分钟流进盐 6 g，液体增加 1 L，第 t 分钟时桶内有液体 $(100+t)$ 升，溶液的浓度为 $\frac{y}{100+t}$，此时每分钟流出盐 $\frac{2\times y}{100+t}$ 克，从而增加了盐 $6-\frac{2\times y}{100+t}$ 克，由导数的意义（导数是单位自变量下函数值的增量）得到

$$y'=6-\frac{2\times y}{100+t}，即 y'+\frac{2\times y}{100+t}=6，其中 P(t)=\frac{2}{100+t}, Q(t)=6.$$

则通解为

$$\begin{aligned} y &= e^{-\int\frac{2dt}{100+t}}\left[\int 6e^{\int\frac{2dt}{100+t}}dt+C\right]=e^{-2\ln(100+t)}\left[6\int e^{2\ln(100+t)}dt+C\right] \\ &=\frac{1}{(100+t)^2}\left[6\int(100+t)^2dt+C\right] \\ &=\frac{1}{(100+t)^2}\left[\frac{6\times(100+t)^3}{3}+C\right] \\ &=2(100+t)+\frac{C}{(100+t)^2}. \end{aligned}$$

将 $(0,50)$ 代入得 $50=200+\frac{C}{100^2}$，解得 $C=-100^2\times 150$. 该问题的特解方程为

$$y=2(100+t)-\frac{100^2\times 150}{(100+t)^2}.$$

将 $t=30$ 代入得

$$y(30)=2\times 130-\frac{100^2\times 150}{130^2}\approx 171 \text{ g}.$$

即在 30 min 时桶内所存的盐大约为 171 g.

【例 3☆☆☆】 汽车滑行

设汽车质量为 m，行驶速度为 v_0，打开离合器自由滑行. 路面摩擦

力为 G,空气阻力与速度成正比.求:

(1) 汽车滑行速度与时间的关系;

(2) 汽车能滑行多长时间?

解:(1) 根据牛顿第二定律 $F=ma$ 及 $a=\frac{dv}{dt}$,又知汽车滑行中受摩擦阻力 G 和空气阻力 kv(k 为比例系数)的作用,方向与速度方向相反,故有

$$m\frac{dv}{dt}=-G-kv,\text{即}\frac{dv}{dt}+\frac{k}{m}v=-\frac{G}{m}.$$

解得通解为

$$v(t)=e^{-\int\frac{k}{m}dt}\left[\int\left(-\frac{G}{m}\right)e^{\int\frac{k}{m}dt}dt+C\right]=e^{-\frac{k}{m}t}\left(\int\left(-\frac{G}{m}\right)e^{\frac{k}{m}t}dt+C\right)$$

$$=e^{-\frac{k}{m}t}\left(-\frac{G}{k}e^{\frac{k}{m}t}+C\right)=Ce^{-\frac{k}{m}t}-\frac{G}{k}.$$

将初始条件 $v(0)=v_0$ 代入得

$$C=v_0+\frac{G}{k}.$$

于是所求速度与时间的关系为

$$v(t)=\left(v_0+\frac{G}{k}\right)e^{-\frac{k}{m}t}-\frac{G}{k}.$$

(2) 当 $v=0$ 时,汽车停止滑行.

$$\left(v_0+\frac{G}{k}\right)e^{-\frac{k}{m}t}-\frac{G}{k}=0\Rightarrow e^{\frac{k}{m}t}=\frac{G+kv_0}{G}\Rightarrow t=\frac{m}{k}\ln\frac{G+kv_0}{G}.$$

【例4☆☆☆】 矿井通风问题

煤炭是重要的能源物资,煤炭开采的安全问题非常重要.为减少井下瓦斯含量,必须进行通风换气,以保证井下作业安全.设某井下作业面的体积为 V,空气中含有 $b\%$ 的瓦斯(当瓦斯浓度≥3%时遇火就会燃烧或者爆炸),假设新鲜空气中瓦斯的含量为0.04%,如果每分钟向井下注入 a m^3 的新鲜空气,假设井下不再产生瓦斯,问需要多少时间才能将井下瓦斯的含量从 $b\%$ 降到0.06%.

解:假设注入新鲜空气的开始时刻为 $t=0$,$x(t)$ 为 t 时刻井下瓦斯浓度.初始时刻井下瓦斯浓度为 $x(0)=b\%$,则在 $[t,t+\Delta t]$ 时间内,向井下注入的瓦斯为 $a0.04\%\Delta t$,排出的瓦斯总量为 $ax(t)\Delta t$,那么在时间间隔 Δt 井下瓦斯的增量为:

$$a0.04\%\Delta t-ax(t)\Delta t.$$

又在 $[t,t+\Delta t]$ 时间内,井下瓦斯总增量为

$$V\Delta x=V[x(t+\Delta t)-x(t)]=Vdx.$$

所以 $Vdx=a0.04\%dt-ax(t)dt=a[0.04\%-x(t)]dt$,

即
$$\frac{dx}{x-0.04\%}=-\frac{a}{V}dt.$$

两边积分得$\int\frac{\mathrm{d}x}{x-0.04\%}=\int\left(-\frac{a}{V}\right)\mathrm{d}t$,即

$$\ln(x-0.04\%)=-\frac{a}{V}t+C.$$

解得$x(t)=\mathrm{e}^{-\frac{a}{V}t+C}+0.04\%$,即

$$x(t)=C_1\mathrm{e}^{-\frac{a}{V}t}+0.04\%.$$

代入初始条件:$x(0)=b\%$,$C_1=b\%-0.04\%$,即

$$x(t)=(b\%-0.04\%)\mathrm{e}^{-\frac{a}{V}t}+0.04\%,$$

解得

$$t=-\frac{V}{a}\ln\frac{x(t)-0.04\%}{b\%-0.04\%}.$$

当$a=1\ 000\ \mathrm{m}^3$,$V=12\ 000\ \mathrm{m}^3$,$x=0.000\ 6$,$b\%=0.015$时,

$$t=-\frac{12\ 000}{1\ 000}\ln\frac{0.000\ 6-0.000\ 4}{0.015-0.000\ 4}=51.7\ \mathrm{min}.$$

这只是问题的简化解答,实际中井下的瓦斯总是在不停地产生. 假设瓦斯以一定速度产生时该问题如何解答?

【例5☆☆☆】 多少大学生就业当高校教师合适

每年大学毕业生中都有一些学生留在高校充实教师队伍,其余就业到国民经济其他部门从事科技和管理等工作. 设t年教师人数为$x_1(t)$,科学技术和管理人员数为$x_2(t)$;又设一个教师每年培养a个大学毕业生,每年从教育、科技和管理岗位上退休、死亡或调出人员的比例为$\lambda(0<\lambda<1)$,每年大学毕业生中充实教师队伍的比例为$\mu(0<\mu<1)$,则

$$\frac{\mathrm{d}x_1}{\mathrm{d}t}=a\mu x_1-\lambda x_1=(a\mu-\lambda)x_1, \tag{1}$$

$$\frac{\mathrm{d}x_2}{\mathrm{d}t}=a(1-\mu)x_1-\lambda x_2. \tag{2}$$

方程(1)的通解为:$x_1(t)=C_1\mathrm{e}^{(a\mu-\lambda)t}$.

设$x_1(0)=x_{10}$,则$C_1=x_{10}$,于是(1)的特解为

$$x_1(t)=x_{10}\mathrm{e}^{(a\mu-\lambda)t}, \tag{3}$$

代入(2)式得

$$\frac{\mathrm{d}x_2}{\mathrm{d}t}+\lambda x_2=a(1-\mu)x_{10}\mathrm{e}^{(a\mu-\lambda)t},$$

(2)式的通解为

$$x_2(t)=C_2\mathrm{e}^{-\lambda t}+\left(\frac{1-\mu}{\mu}\right)x_{10}\mathrm{e}^{(a\mu-\lambda)t}.$$

设$x_2(0)=x_{20}$,则$C_2=x_{20}-\left(\frac{1-\mu}{\mu}\right)x_{10}$,于是得特解

$$x_2(t)=\left[x_{20}-\left(\frac{1-\mu}{\mu}\right)x_{10}\right]\mathrm{e}^{-\lambda t}+\left(\frac{1-\mu}{\mu}\right)x_{10}\mathrm{e}^{(a\mu-\lambda)t}. \tag{4}$$

(3)式和(4)式分别表示在初始人数分别为 $x_1(0)$，$x_2(0)$ 的情况下，对应于 μ 的取值，在 t 年教师队伍的人数与科技和管理人员数. 从结果看成，如果 $\mu=1$，即毕业生全部留在教育部门工作，则当 $t\to\infty$ 时，由于 $a>\lambda$，必有 $x_1(t)\to\infty$，而 $x_2(t)\to 0$，这说明教师队伍将迅速增加，科技和管理人员不断减少，势必影响国民经济发展，反过来也会影响教育的发展；如果 $\mu\to 0$，则 $x_1(t)\to 0$，$x_2(t)\to 0$. 这说明如果不保证适当比例的毕业生充实教师队伍，将影响人才的培养，最终导致两支队伍全部萎缩，因此，选择好比例 μ 关系到两支队伍的建设以及整个国民经济发展的大局.

习题拓展

6.11　软件操作

6.12　项目三习题拓展解答

【基础过关☆】

判定下列方程是否是一阶线性微分方程.

(1) $tx'+e^t x=e^x$；

(2) $(x+y)dx+xdy=0$；

(3) $xy'+2y=x^2$；

(4) $xy'+y=e^x$.

【能力过关☆☆】

求下列微分方程满足所给初始条件的特解.

(1) $y'+3x^{-1}y=2x^{-3}$，$y|_{x=1}=1$；

(2) $\dfrac{dy}{dx}+3y=8$，$y|_{x=0}=2$.

项目四　二阶常系数线性微分方程

教学引入

6.13　项目四知识目标及重难点

【引例1】　夹钱游戏

游戏者将手放在一张人民币100元的下端边缘，当看到松开钱时刻立刻夹，是否能夹到钱呢？

分析下落的位移 $s(t)$ 是时间 t 的一元函数，由牛顿第二运动定律 $F=ma$，这里 $F=mg$.

由导数的物理意义知

$$g=\frac{d^2s}{dt^2},\qquad\text{(二阶常微分方程)}$$

g 是一个常数，什么函数的二阶导数为一个常数呢？二次多项式. 故

$$s(t)=\frac{1}{2}gt^2+C_1t+C_2 \qquad (通解)$$

已知 $s|_{t=0}=0, s'|_{t=0}=0$,所以

$$s(t)=\frac{1}{2}gt^2. \qquad (特解)$$

纸币长约 0.155 m,即 $s=0.155$ m,经计算,人民币经过双指的时间不超过 0.18 s. 一般人反应时间大于等于 0.2 s,所以一般人是夹不住的.

理论学习

在自然科学及工程技术中,线性微分方程有着广泛的应用.

定义 6.8 二阶常系数线性微分方程

形如

$$y''+P(x)y'+Q(x)y=f(x) \qquad (1)$$

的微分方程,称为二阶线性微分方程. 方程右端的 $f(x)$ 称为自由项.

当 $f(x)\equiv 0$ 时,方程(1)为

$$y''+P(x)y'+Q(x)y=0, \qquad (2)$$

称为二阶齐次线性微分方程.

当 $f(x)\neq 0$ 时,方程(1)称为二阶非齐次线性微分方程.

当系数 $P(x)$,$Q(x)$ 分别为常数 p,q 时,方程

$$y''+py'+qy=0 \qquad (3)$$

称为二阶常系数齐次线性微分方程.

类似地,方程

$$y''+py'+qy=f(x) \quad (f(x)\neq 0) \qquad (4)$$

称为二阶常系数非齐次线性微分方程.

为了求解二阶常系数线性微分方程,我们先讨论二阶齐次线性微分方程解的性质和通解结构.

一、二阶线性微分方程解的性质及通解结构

定理 6.1 如果 $y_1=y_1(x)$ 与 $y_2=y_2(x)$ 是齐次线性微分方程(2)的两个解,那么

$$y=C_1y_1(x)+C_2y_2(x) \qquad (5)$$

也是(2)的解,其中 C_1,C_2 是任意常数.

定理 6.2 (二阶齐次线性方程通解的结构定理)

如果函数 $y_1=y_1(x)$,$y_2=y_2(x)$ 是二阶齐次线性微分方程(2)的两个线性无关(即 $\frac{y_1}{y_2}\neq C$)的特解,则方程(2)的通解为

$y=C_1y_1(x)+C_2y_2(x)$,其中 C_1,C_2 为任意常数.

6.14 定理 6.2 证明

二阶非齐次线性微分方程的一般形式是

$$y''+P(x)y'+Q(x)y=f(x). \tag{1}$$

下面我们研究方程(1)的性质.

定理 6.3　若 $y^*=y^*(x)$ 是非齐次方程(1)的一个特解,$Y=Y(x)$ 是方程(1)对应的齐次方程 $y''+P(x)y'+Q(x)y=0$ 的通解,则 $y=Y(x)+y^*(x)$ 就是非齐次方程(1)的通解.

方程(1)的通解结构为

$$y=Y(x)+y^*(x), \tag{6}$$

其中 $y^*(x)$ 是方程(1)的一个特解,$Y(x)$ 是方程(1)对应的齐次线性方程的通解.

二、二阶常系数齐次线性微分方程的解法

现在我们研究二阶常系数齐次线性微分方程(3),即

$$y''+py'+qy=0$$

的解法. 该如何求方程(3)的两个线性无关的特解呢? 我们知道,指数函数 $y=e^{rx}$(r 为常数)的各阶导数仍为指数函数 e^{rx} 乘以一个常数. 而且方程(3)的系数是常数,因此,要使方程(3)的左端 $y''+py'+qy$ 为零,可以设方程(3)的一个特解为 $y=e^{rx}$,其中 r 为待定常数.

将 $y=e^{rx}$ 代入方程(3),得

$$(e^{rx})''+p(e^{rx})'+qe^{rx}=0.$$

因 $y'=re^{rx}$,$y''=r^2e^{rx}$,故 $(r^2+pr+q)e^{rx}=0$,由于 $e^{rx}\neq 0$,有

$$r^2+pr+q=0. \tag{7}$$

这就是说,只要待定常数 r 满足方程(7),所得到的函数 $y=e^{rx}$ 就是微分方程(3)的解. 我们称一元二次方程(7)为微分方程(3)的特征方程,特征方程(7)的根 r 称为方程(3)的特征根.

由于特征方程(7)是一元二次方程,它的根为 $r_{1,2}=\dfrac{-p\pm\sqrt{p^2-4q}}{2}$,所以特征根 r_1,r_2 就有三种不同的情形,现讨论如下.

1. 当 $p^2-4q>0$ 时,特征方程(7)有两个不相等的实根 $r_1\neq r_2$

这时方程(3)有两个特解 $y_1=e^{r_1x}$,$y_2=e^{r_2x}$,且 y_1,y_2 线性无关$\left(\dfrac{y_1}{y_2}=e^{(r_1-r_2)x}\neq C\right)$,则方程(3)的通解为

$$y=C_1e^{r_1x}+C_2e^{r_2x}\text{(其中 } C_1 \text{ 和 } C_2 \text{ 为任意常数)}.$$

【例 1☆】　求微分方程 $y''-2y'-3y=0$ 的通解.

解:微分方程的特征方程为 $r^2-2r-3=0$,其特征根为 $r_1=-1$,$r_2=3$. 因此所求通解为

$$y=C_1e^{-x}+C_2e^{3x}(\text{其中 }C_1,C_2\text{ 为任意常数}).$$

【例 2☆】 求微分方程 $y''+2y'-3y=0$ 的通解.

解:特征方程为 $r^2+2r-3=0$,两个特征根 $r_1=-3,r_2=1$. 因此方程的通解为

$$y=C_1e^{-3x}+C_2e^{x}(\text{其中 }C_1\text{ 和 }C_2\text{ 为任意常数}).$$

【练 1☆】 求微分方程 $y''+y'-2y=0$ 的通解.

2. 当 $p^2-4q=0$ 时,特征方程(7)有两个相等的实根 $r_1=r_2$

这时方程(3)只有一个特解 $y_1=e^{r_1x}$,还要找出与 y_1 线性无关的另一个特解 y_2(即满足 $\frac{y_1}{y_2}\neq C$ 的 y_2).

设 $y_2=u(x)e^{r_1x}$(这时 $\frac{y_2}{y_1}=u(x)\neq C$)是方程(3)的另一个解.

$$y_2'=u'(x)e^{r_1x}+r_1u(x)e^{r_1x}=e^{r_1x}[u'(x)+r_1u(x)],$$

$$y_2''=r_1e^{r_1x}[u'(x)+r_1u(x)]+e^{r_1x}[u''(x)+r_1u'(x)]$$

$$=e^{r_1x}[u''(x)+2r_1u'(x)+r_1^2u(x)],$$

将 y_2,y_2',y_2'' 代入方程(3),得

$$e^{r_1x}[u''(x)+2r_1u'(x)+r_1^2u(x)+pu'(x)+pr_1u(x)+qu(x)]=0,$$

整理得

$$u''(x)+(2r_1+p)u'(x)+(r_1^2+pr_1+q)u(x)=0.$$

因为 r_1 是特征方程(7)的重根,所以有 $2r_1+p=0,r_1^2+pr_1+q=0\left(r_1=-\frac{p}{2}\right)$,于是

$$u''(x)=0.$$

对上式积分两次,得 $u=C_1x+C_2$,其中 C_1,C_2 是任意常数. 因为只需找出一个与 y_1 线性无关的特解,也就是找出一个不为常数的 $u(x)$,所以可以令 $C_1=1,C_2=0$,取 $u(x)=x$ 即可,由此得到方程(3)的另一个特解为

$$y_2=xe^{r_1x}.$$

故当特征根 $r_1=r_2$ 时,方程(3)的通解为

$$y=C_1e^{rx}+C_2xe^{rx}=(C_1+C_2x)e^{rx},\text{其中 }C_1,C_2\text{ 为任意常数}.$$

【例 3☆】 求微分方程 $y''-6y'+9y=0$ 的通解.

解:特征方程为 $r^2-6r+9=0$,特征根 $r_1=r_2=3$. 因此所求通解为

$$y=(C_1+C_2x)e^{3x},\text{其中 }C_1,C_2\text{ 为任意常数}.$$

【例 4☆】 求微分方程 $y''-5y'+\frac{25}{4}y=0$ 的通解.

解:特征方程为 $r^2-5r+\frac{25}{4}=0$,特征根 $r_1=r_2=\frac{5}{2}$. 因此方程的通解为

$$y=(C_1+C_2x)e^{\frac{5}{2}x},\text{其中 }C_1,C_2\text{ 为任意常数}.$$

【例 5☆☆☆】 求微分方程 $y''-4y'+4y=0$ 的通解,并求 $y(0)=e$,

$y'(0)=0$ 时的特解.

解：微分方程 $y''-4y'+4y=0$ 的特征方程为 $\lambda^2-4\lambda+4=0$，特征根为 $\lambda_1=\lambda_2=2$. 所求微分方程的通解为

$$y=(C_1+C_2x)e^{2x}.$$

由于 $y'=C_2e^{2x}+2e^{2x}(C_1+C_2x)$，将 $y(0)=e, y'(0)=0$ 代入 y 与 y' 中得

$$\begin{cases}e=C_1,\\0=C_2+2e\end{cases}\Rightarrow\begin{cases}C_1=e,\\C_2=-2e.\end{cases}$$

因此所求的特解为 $y=(e-2ex)e^{2x}$.

【练 2☆】　求微分方程 $4y''-20y'+25y=0$ 的通解.

3. 当 $p^2-4q<0$ 时，特征方程(7)有一对共轭复根 $r_1=\alpha+i\beta, r_2=\alpha-i\beta(\beta\neq 0)$

这时，$y_1=e^{(\alpha+i\beta)x}, y_2=e^{(\alpha-i\beta)x}$ 是方程(3)的两个复值函数的特解，使用起来不方便，为了得出实值函数形式的特解，根据欧拉公式

$$e^{i\beta}=\cos\beta+i\sin\beta,$$

将 y_1 与 y_2 改写为

$$y_1=e^{(\alpha+i\beta)x}=e^{\alpha x}e^{i\beta x}=e^{\alpha x}(\cos\beta x+i\sin\beta x),$$
$$y_2=e^{(\alpha-i\beta)x}=e^{\alpha x}e^{-i\beta x}=e^{\alpha x}(\cos\beta x-i\sin\beta x).$$

取方程(3)的另外两个特解

$$\bar{y}_1=\frac{1}{2}(y_1+y_2)=e^{\alpha x}\cos\beta x, \bar{y}_2=\frac{1}{2i}(y_1-y_2)=e^{\alpha x}\sin\beta x,$$

$$\frac{\bar{y}_2}{\bar{y}_1}=\frac{e^{\alpha x}\sin\beta x}{e^{\alpha x}\cos\beta x}=\tan\beta x\neq C,$$

即 $\overline{y_1}$ 与 $\overline{y_2}$ 线性无关，从而得到当特征根 r_1 与 r_2 为一对共轭复根时，方程(3)的通解为 $y=e^{\alpha x}(C_1\cos\beta x+C_2\sin\beta x)$，其中 C_1, C_2 为任意常数.

教师寄语

6.15　欧拉的故事

扫一扫，读读欧拉的故事.

我们都应该向欧拉学习，像他那样爱学习，爱思考，不畏权威；像他那样有严谨的治学态度和锲而不舍的探索精神；像他那样具有顽强的毅力，孜孜不倦的奋斗精神. 也正是欧拉从细微的事情中发掘数学的道理，发现问题的存在，并在兴趣的引导下，凭借执着的研究精神、顽强的毅力、孜孜不倦的奋斗精神，才引领数学科学向前发展. 欧拉让我们明白：任何问题都是由浅入深的，只要有去探索的勇气，加上顽强的毅力和科学的方法，再难的问题也可以解决.

【例 6☆☆】　求微分方程 $y''-2y'+3y=0$ 的通解.

解：特征方程为 $r^2-2r+3=0$，其根为 $r_{1,2}=1\pm\sqrt{2}i$，即 $\alpha=1, \beta=\sqrt{2}$. 因

此所求通解为

$$y=e^{x}(C_1\cos\sqrt{2}x+C_2\sin\sqrt{2}x)\text{，其中 }C_1,C_2\text{ 为任意常数.}$$

【例 7☆☆】 求微分方程 $y''+2y'+5y=0$ 的通解.

解：特征方程为 $r^2+2r+5=0$，两个共轭复根 $r_1=-1+2i$，$r_2=-1-2i$，即 $\alpha=-1$，$\beta=2$. 因此方程的通解为

$$y=e^{-x}(C_1\cos 2x+C_2\sin 2x)\text{，其中 }C_1,C_2\text{ 为任意常数.}$$

【练 3☆☆】 求微分方程 $y''-4y'+13y=0$ 的通解.

综上所述，求二阶常系数齐次线性微分方程 $y''+py'+qy=0$ 的通解的步骤如下：

（1）写出特征方程 $r^2+pr+q=0$；

（2）求出特征根 r_1,r_2；

（3）按表 6-1 写出微分方程的通解.

6.16 软件实操

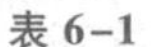

表 6-1

特征方程 $r^2+pr+q=0$ 的两个根 r_1,r_2	微分方程 $y''+py'+qy=0$ 的通解
两个不相等的实根 r_1,r_2	$y=C_1e^{r_1x}+C_2e^{r_2x}$
两个相等的实根 $r_1=r_2=r$	$y=C_1e^{rx}+C_2xe^{rx}=e^{rx}(C_1+C_2x)$
一对共轭复根 $r_{1,2}=\alpha\pm i\beta$	$y=e^{\alpha x}(C_1\cos\beta x+C_2\sin\beta x)$

三、二阶常系数非齐次线性微分方程的解法

设二阶常系数非齐次线性方程为

$$y''+py'+qy=f(x). \tag{4}$$

前面已经解决了如何求二阶常系数齐次线性方程 $y''+py'+qy=0$ 的通解. 由定理 6.3，为了求解二阶常系数非齐次线性方程，只需解决如何求特解 y^* 的问题.

下面只介绍当方程(4)中的 $f(x)$ 取两种常见形式时求特解 y^* 的方法. 这种方法的特点是不用积分就可以求出 y^* 来，通常称为待定系数法.

1. $f(x)=e^{\lambda x}P_m(x)$ 型

设方程(4)的右端 $f(x)=e^{\lambda x}P_m(x)$，其中 λ 是常数，$P_m(x)$ 是一个已知的 x 的 m 次多项式

$$P_m(x)=a_0+a_1x+a_2x^2+\cdots+a_mx^m.$$

这时，方程(4)为

$$y''+py'+qy=P_m(x)e^{\lambda x}. \tag{8}$$

我们知道，方程(8)的特解 y^* 是使方程(8)成为恒等式的函数. 由于方程(8)的右端是多项式与指数函数 $e^{\lambda x}$ 的乘积，而多项式与指数函数乘积的各阶导数仍是多项式与指数函数的乘积，根据方程(8)左端各

项的系数均为常数的特点,可以设想方程(8)的特解为某个多项式 $Q(x)$ 与 $e^{\lambda x}$ 的乘积. 设方程(8)的特解为

$$y^*=e^{\lambda x}Q(x),$$

则
$$(y^*)'=\lambda e^{\lambda x}Q(x)+e^{\lambda x}Q'(x)=e^{\lambda x}[\lambda Q(x)+Q'(x)],$$
$$(y^*)''=e^{\lambda x}[\lambda^2Q(x)+2\lambda Q'(x)+Q''(x)],$$

代入方程(8)得

$$e^{\lambda x}[(\lambda^2+\lambda p+q)Q(x)+(2\lambda+p)Q'(x)+Q''(x)]=e^{\lambda x}P_m(x),$$

约去 $e^{\lambda x}$,得

$$(\lambda^2+\lambda p+q)Q(x)+(2\lambda+p)Q'(x)+Q''(x)=P_m(x). \tag{9}$$

下面分三种情况讨论:

(1) 如果 λ 不是方程(8)的特征根,则 $\lambda^2+p\lambda+q\neq 0$,而方程(9)的左端的最高次幂项在 $Q(x)$ 内,要使(9)式两端恒等,$Q(x)$ 必须与 $P_m(x)$ 是同次多项式,即 $Q(x)$ 应为 m 次多项式,因此可设方程(8)的一个特解为

$$y^*=e^{\lambda x}Q_m(x),$$

其中 $Q_m(x)=b_0x^m+b_1x^{m-1}+\cdots+b_{m-1}x+b_m$($b_0,b_1,\cdots,b_m$ 是待定系数).

将 y^*,$(y^*)'$,$(y^*)''$代入方程(8)中,比较等式两端 x 的同次幂的系数,即可定出系数 $b_0,b_1,\cdots,b_m$,从而得到方程(8)的特解 y^*.

(2) 如果 λ 是方程(8)的特征方程的单根,则 $\lambda^2+p\lambda+q=0$,而 $2\lambda+p\neq 0$,这时(9)式变成 $Q''(x)+(2\lambda+p)Q'(x)=P_m(x)$,要使此式两端恒等,$Q'(x)$ 与 $p_m(x)$ 必须是同次多项式,即 $Q'(x)$ 应为 m 次多项式,因此,可设方程(8)的一个特解为 $y^*=xQ_m(x)e^{\lambda x}$. 求出$(y^*)'$,$(y^*)''$,代入方程(8),经化简整理后,使用与情形(1)中类似的方法求出 $Q_m(x)$ 中的待定系数,即可得到特解 y^*.

(3) 如果 λ 是方程(8)的特征方程的重根,则有 $\lambda^2+p\lambda+q=0$ 及 $2\lambda+p=0$,这时(9)变成 $Q''(x)=P_m(x)$,要使此式两端恒等,要求 $Q''(x)$ 与 $P_m(x)$ 是同次多项式,即 $Q''(x)$ 是 m 次多项式,因此, 可设方程(8)的一个特解为

$$y^*=x^2Q_m(x)e^{\lambda x}.$$

求出$(y^*)'$,$(y^*)''$后,把它们代入方程(8),用前面类似的方法可求出 $Q_m(x)$ 中的待定系数,即可得到特解 y^*.

综上所述,对于二阶常系数非齐次线性方程(8),可假设特解为

$$y^*=x^kQ_m(x)e^{\lambda x}, \tag{10}$$

其中 $Q_m(x)$ 与 $P_m(x)$ 是同次多项式,而 k 的取值为

$$k=\begin{cases}0, & \lambda \text{ 不是特征方程的根;}\\ 1, & \lambda \text{ 是特征方程的单根;}\\ 2, & \lambda \text{ 是特征方程的重根.}\end{cases}$$

特殊情形,当 $\lambda=0$ 时,$f(x)=P_m(x)e^{\lambda x}$ 化为 $f(x)=P_m(x)$,可设特解为

$$y^*=x^kQ_m(x), \tag{11}$$

其中 $Q_m(x)$ 与 $P_m(x)$ 是同次多项式,k 的取值与(10)相同.

当 $P_m(x)$ 为常数 a 时,$f(x)=P_m(x)e^{\lambda x}$ 化为 $f(x)=ae^{\lambda x}$,可设特解为

$$y^*=bx^ke^{\lambda x}, \tag{12}$$

其中 k 的取值与(10)相同.

【例 8☆☆】 求微分方程 $y''+4y'+3y=x-2$ 的一个特解.

解:对应的特征方程为 $r^2+4r+3=0$,特征根为 $r_1=-1,r_2=-3$.

原方程右端不出现 $e^{\lambda x}$,但可以把它看作是 $(x-2)e^{0\cdot x}$,即 $\lambda=0$.

因为 $\lambda=0$ 不是特征方程的根,所以设该微分方程的特解为

$$y^*=b_0x+b_1,$$

代入原方程,得

$$4b_0+3b_1+3b_0x=x-2,$$

于是

$$b_1=-\frac{10}{9},b_0=\frac{1}{3}.$$

故该方程的特解为 $y^*=\frac{1}{3}x-\frac{10}{9}$.

【例 9☆☆】 求 $y''-5y'+6y=xe^{2x}$ 的通解.

解:特征方程为 $r^2-5r+6=0$,特征根为 $r_1=2,r_2=3$. 齐次方程的通解为 $Y=C_1e^{2x}+C_2e^{3x}$.

因为 $\lambda=2$ 是特征单根,所以,设非齐次方程的特解为

$$y^*=x(b_0x+b_1)e^{2x},$$

则

$$(y^*)'=[2b_0x^2+(2b_0+2b_1)x+b_1]e^{2x},$$

$$(y^*)''=[4b_0x^2+(8b_0+4b_1)x+2b_0+4b_1]e^{2x}.$$

将上述三式代入原方程,得

$$(-2b_0x+2b_0-b_1)e^{2x}=xe^{2x},$$

比较恒等式两端的系数,得

$$\begin{cases}-2b_0=1,\\2b_0-b_1=0\end{cases}\Rightarrow\begin{cases}b_0=-\dfrac{1}{2},\\b_1=-1.\end{cases}$$

因此 $y^*=-x\left(\frac{1}{2}x+1\right)e^{2x}$.

所以方程的通解为

$$y=Y+y^*=C_1e^{2x}+C_2e^{3x}-x\left(\frac{x}{2}+1\right)e^{2x}.$$

【练 4☆☆】 求微分方程 $y''-3y'+2y=xe^{2x}$ 的通解.

2. $f(x)=A\cos\omega x+B\sin\omega x$ 型

如果二阶常系数非齐次线性方程(4)的右端为

$$f(x)=A\cos\omega x+B\sin\omega x,$$

其中 A,B,ω 为实数,这时方程(4)成为

$$y''+py'+qy=A\cos\omega x+B\sin\omega x. \tag{13}$$

显然,这种类型的三角函数的一阶、二阶导数仍为三角函数. 可以证明方程(13)的特解为

$$y^*=x^k(a\cos\omega x+b\sin\omega x), \tag{14}$$

其中 a 和 b 是待定常数,k 是整数,

(1) 当 $\omega\mathrm{i}$ 不是特征根时,$k=0$;

(2) 当 $\omega\mathrm{i}$ 是特征根时,$k=1$.

【例 10☆☆】 求微分方程 $y''+3y'+2y=20\cos 2x$ 的通解.

解:所给方程是二阶常系数非齐次线性方程,对应的齐次线性方程的特征方程为 $r^2+3r+2=0$,特征根为 $r_1=-1,r_2=-2$,故对应的齐次线性方程的通解为 $Y=C_1\mathrm{e}^{-x}+C_2\mathrm{e}^{-2x}$.

因为 $\omega\mathrm{i}=2\mathrm{i}$ 不是特征方程的根,所以设特解

$$y^*=a\cos 2x+b\sin 2x,$$

求导得

$$(y^*)'=-2a\sin 2x+2b\cos 2x,(y^*)''=-4a\cos 2x-4b\sin 2x,$$

代入原方程,得

$$(-2a+6b)\cos 2x+(-2b-6a)\sin 2x=20\cos 2x,$$

比较两端同类项的系数,有

$$\begin{cases}-2a+6b=20,\\-2b-6a=0,\end{cases}\text{求得}\begin{cases}a=-1,\\b=3.\end{cases}$$

于是,所求特解为 $y^*=-\cos 2x+3\sin 2x$.

故原方程的通解为 $y=C_1\mathrm{e}^{-x}+C_2\mathrm{e}^{-2x}-\cos 2x+3\sin 2x$.

【练 5☆☆】 求微分方程 $y''+y'=4\sin x$ 的通解.

习题拓展

【基础过关☆】

求下列微分方程的通解

(1) $\dfrac{\mathrm{d}^2x}{\mathrm{d}t^2}+4\dfrac{\mathrm{d}x}{\mathrm{d}t}+4x=0$;

(2) $y''-4y'+3y=0$.

【能力过关☆☆】

求 $y''+y'-2y=0$ 在初始条件 $y(0)=3,y'(0)=-1$ 下的特解.

【应用拓展☆☆☆】

由 $y''+4y'+4y=0$ 确定的一条曲线与直线 $y-x=2$ 相切于 $M(2,4)$,求曲线方程.

6.17 项目四习题拓展解答

项目五 拉普拉斯变换

6.18 项目五知识目标及重难点

教学引入

拉普拉斯(Laplace)变换是以法国著名的数学家和天文学家拉普拉斯名字命名的积分变换.为了把复杂的运算转化为较简单的运算,在数学中常采用变换的方法.拉普拉斯变换就是其中一种.拉普拉斯变换最早是用于解决电力工程计算中遇到的一些基本问题,后来逐渐地在电学、力学、控制工程等系统分析中得到了广泛的应用,是研究以输入—输出描述的连续线性时不变系统的强有力工具.

在讨论求解常系数线性微分方程(组)的初值问题时,拉普拉斯变换是一个有力的工具.

学习任务

一、拉普拉斯变换

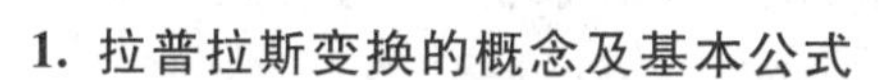

1. 拉普拉斯变换的概念及基本公式

定义 6.9 拉普拉斯变换

设函数 $f(t)$ 当 $t\geqslant 0$ 时有定义,且积分 $\int_0^{+\infty} f(t)\mathrm{e}^{-pt}\mathrm{d}t$ 在 p 的某一域内收敛,则由此积分所确定的函数可写为

$$F(p)=\int_0^{+\infty} f(t)\mathrm{e}^{-pt}\mathrm{d}t. \tag{1}$$

称(1)式为函数 $f(t)$ 的拉普拉斯变换式(简称拉氏变换式). 记为

$$F(p)=L[f(t)].$$

$F(p)$ 称为 $f(t)$ 的拉普拉斯变换(或称为像函数).

【例 1☆】 求函数 $f(t)=\mathrm{e}^{at}(t\geqslant 0, a$ 是常数)的拉普拉斯变换.

解: $F(p)=L[f(t)]=\int_0^{+\infty}\mathrm{e}^{at}\mathrm{e}^{-pt}\mathrm{d}t=\int_0^{+\infty}\mathrm{e}^{-(p-a)t}\mathrm{d}t$

$$=\frac{1}{-(p-a)}\int_0^{+\infty}\mathrm{e}^{-(p-a)t}\mathrm{d}[-(p-a)t]=\left.\frac{\mathrm{e}^{-(p-a)t}}{-(p-a)}\right|_0^{+\infty},$$

此反常积分在 $p>a$ 时收敛,且 $\int_0^{+\infty}\mathrm{e}^{-(p-a)t}\mathrm{d}t=\frac{1}{p-a}$,

所以 $L[\mathrm{e}^{at}]=\frac{1}{p-a}\ (p>a)$.

【练 1☆】　求函数 $f(x)=a$ 的拉普拉斯变换.

【例 2☆☆】　设 $\delta_\tau(t)=\begin{cases}0, & t\leqslant 0,\\ \dfrac{1}{\tau}, & 0<t<\tau,\\ 0, & t\geqslant\tau,\end{cases}$其中 τ 是很小的正数. 当 $\tau\to 0$ 时,$\delta(t)=\lim\limits_{\tau\to 0}\delta_\tau(t)$,称为狄拉克(Dirac)函数,简称为 δ 函数. 求 δ 函数的拉普拉斯变换.

解:由拉普拉斯变换的定义得

$$L[\delta(t)]=\int_0^{+\infty}\lim_{\tau\to 0}\delta_\tau(t)\mathrm{e}^{-pt}\mathrm{d}t=\int_0^{\tau}\lim_{\tau\to 0}\frac{1}{\tau}\mathrm{e}^{-pt}\mathrm{d}t=\lim_{\tau\to 0}\int_0^{\tau}\frac{1}{\tau}\mathrm{e}^{-pt}\mathrm{d}t,$$

而

$$\lim_{\tau\to 0}\frac{\int_0^{\tau}\mathrm{e}^{-pt}\mathrm{d}t}{\tau}=\lim_{\tau\to 0}\frac{\mathrm{e}^{-p\tau}}{1}=1,$$

所以 $L[\delta(t)]=1$.

工程技术中常将 $\delta(t)$ 叫作单位脉冲函数.

【例 3☆☆】　求单位阶跃函数 $u(t)=\begin{cases}0, & t<0,\\ 1, & t>0\end{cases}$ 的拉普拉斯变换.

解:根据拉普拉斯变换定义,有

$$L[u(t)]=\int_0^{+\infty}\mathrm{e}^{-pt}\mathrm{d}t=-\frac{1}{p}\mathrm{e}^{-pt}\Big|_0^{+\infty}=\frac{1}{p}.$$

【例 4☆☆】　求余弦函数 $f(t)=\cos at(t\geqslant 0)$ 的拉普拉斯变换.

解:$F(p)=L[f(t)]=\int_0^{+\infty}\cos at\mathrm{e}^{-pt}\mathrm{d}t$

$$=\left[\frac{1}{p^2+a^2}\mathrm{e}^{-pt}(-p\cos at+a\sin at)\right]_0^{+\infty}=\frac{p}{p^2+a^2}.$$

6.19　工科背景下的数学之美

同理可得 $L[\sin at]=\dfrac{a}{p^2+a^2}\quad(p>0)$.

【练 2☆☆】　求阶梯函数 $f(x)=\begin{cases}A, & x\geqslant 0,\\ 0, & x<0\end{cases}$ (A 为常数)的拉普拉斯变换.

根据定义求函数 $f(t)$ 的拉普拉斯变换,需要计算反常积分,这就加大了运算难度. 因此我们并不是总用定义求函数的拉普拉斯变换,还可以直接利用已知函数的拉普拉斯变换的公式求拉普拉斯变换,常用的拉普拉斯变换公式列入表 6-2.

表 6-2

序号	$f(t)$	$F(p)=L[f(t)]$	序号	$f(t)$	$F(p)=L[f(t)]$
1	a	$\dfrac{a}{p}$	2	e^{-at}	$\dfrac{1}{p+a}$

续表

序号	$f(t)$	$F(p)=L[f(t)]$	序号	$f(t)$	$F(p)=L[f(t)]$
3	t^n	$\frac{n!}{p^{n+1}}$	7	$t\cos\omega t$	$\frac{p^2-\omega^2}{(p^2+\omega^2)^2}$
4	$\sin\omega t$	$\frac{\omega}{p^2+\omega^2}$	8	$e^{at}t^n$	$\frac{n!}{(p-a)^{n+1}}$
5	$\cos\omega t$	$\frac{p}{p^2+\omega^2}$	9	$e^{at}\sin\omega t$	$\frac{\omega}{(p-a)^2+\omega^2}$
6	$t\sin\omega t$	$\frac{2p\omega}{(p^2+\omega^2)^2}$	10	$e^{at}\cos\omega t$	$\frac{p-a}{(p-a)^2+\omega^2}$

【例 5☆】 分别求下列函数的拉普拉斯变换：

(1) $f(t)=1$；

(2) $f(t)=e^{-t}$；

(3) $f(t)=e^{2t}$.

解：直接利用例 1 指数函数的拉普拉斯变换公式 $L[e^{at}]=\frac{1}{p-a}$ $(p>a)$得

(1) $L[1]=L[e^{0t}]=\frac{1}{p-0}=\frac{1}{p} \quad (p>0)$；

(2) $L[e^{-t}]=\frac{1}{p-(-1)}=\frac{1}{p+1} \quad (p>-1)$；

(3) $L[e^{2t}]=\frac{1}{p-2} \quad (p>2)$.

【练 3☆】 求下列函数的拉普拉斯变换：

(1) $f(x)=e^{-3x}$；　　(2) $h(x)=\sin 2x$.

2. 拉普拉斯变换的性质

下面我们讨论拉普拉斯变换的几个基本性质，它们在拉普拉斯变换的实际应用中都有用. 这些性质均可以根据拉普拉斯变换的定义和积分的运算得到证明. 利用这些性质和常见函数的拉普拉斯变换公式可以求出较复杂函数的拉普拉斯变换.

性质 1 线性性质

若 a_1,a_2 是常数，且 $L[f_1(t)]=F_1(p)$，$L[f_2(t)]=F_2(p)$，则有

$$L[a_1f_1(t)\pm a_2f_2(t)]=a_1F_1(p)\pm a_2F_2(p).$$

注 此性质可推广到有限多个函数的线性组合的情形.

【例 6☆☆】 求函数 $f(t)=8t+3e^{2t}$ 的拉普拉斯变换.

解：由性质 1 有

$$L[f(t)]=L[8t+3e^{2t}]=8L[t]+3L[e^{2t}]=\frac{8}{p^2}+\frac{3}{p-2}.$$

性质 2 位移性质

若 $L[f(t)]=F(p)$，则有 $L[e^{at}f(t)]=F(p-a)$ (a 为常数).

此性质表明,一个函数乘以 e^{at} 的拉普拉斯变换等于这个函数的拉普拉斯变换作位移 a.

【例 7☆☆】 求函数 $f(t)=t^2e^{-t}$ 的拉普拉斯变换.

解:因为 $L[t^2]=\dfrac{2}{p^3}$,所以 $L[t^2e^{-t}]=\dfrac{2}{(p+1)^3}$.

【例 8☆☆】 求 $L[e^{-at}\sin kt]$.

解:$L[\sin kt]=\dfrac{k}{p^2+k^2}$,由位移性质可得

$$L[e^{-at}\sin kt]=\frac{k}{(p+a)^2+k^2}.$$

性质 3　微分性质

设 $f(t)$ 为可导函数,若 $L[f(t)]=F(p)$,则有 $L[f'(t)]=pF(p)-f(0)$.

推论　若 $L[f(t)]=F(p)$,则

$$L[f^{(n)}(t)]=p^nF(p)-p^{n-1}f(0)-p^{n-2}f'(0)-\cdots-f^{(n-1)}(0).$$

特别地,当 $f(0)=f'(0)=\cdots=f^{(n-1)}(0)=0$ 时,有

$$L[f^{(n)}(x)]=p^nF(p)\quad(n=1,2,3,\cdots).$$

【例 9☆☆】 设 $f(t)=te^{-2t}$,求 $L[f'(t)]$.

解:因为 $f(t)=te^{-2t}$,所以 $f(0)=0$.

又 $L[t]=\dfrac{1}{p^2}$,所以 $L[f(t)]=L[te^{-2t}]=\dfrac{1}{(p+2)^2}$.

$$L[f'(t)]=pL[f(t)]-f(0)=\frac{p}{(p+2)^2}.$$

【例 10☆☆】 求下列函数的拉普拉斯变换:

(1) $L\left[\dfrac{1}{2}(1-e^{-3t})\right]$;　　　　(2) $L[e^{2t}\cos 3t]$.

解:(1) $L\left[\dfrac{1}{2}(1-e^{-3t})\right]=\dfrac{1}{2}L[1]-\dfrac{1}{2}L[e^{-3t}]=\dfrac{1}{2p}-\dfrac{1}{2(p+3)}$;

(2) $L[e^{2t}\cos 3t]=\dfrac{p-2}{(p-2)^2+9}$.

【例 11☆☆】 设 $f(t)=t^3+\sin 2t$,求 $L[f'(t)]$.

解:由于 $L[f(t)]=L[t^3+\sin 2t]=L[t^3]+L[\sin 2t]$

$$=\frac{3!}{p^4}+\frac{2}{p^2+4}=\frac{6}{p^4}+\frac{2}{p^2+4},$$

所以 $L[f'(t)]=p\left(\dfrac{6}{p^4}+\dfrac{2}{p^2+4}\right)-f(0)=\dfrac{6}{p^3}+\dfrac{2p}{p^2+4}$.

【练 4☆☆】 利用微分性质求函数 $f(t)=\cos kt$ 的拉普拉斯变换.

性质 4　积分性质

设 $f(t)$ 为可积函数,若 $L[f(t)]=F(p)$,则 $L\left[\displaystyle\int_0^t f(x)\,dx\right]=\dfrac{F(p)}{p}$.

注 一个函数先积分后取拉普拉斯变换，等于这个函数的拉普拉斯变换除以参数 p.

【例 12☆☆】 利用积分性质求 $L[t],L[t^2],\cdots,L[t^m]$.

解：因为 $t=\int_0^t 1\mathrm{d}t, t^2=\int_0^t 2t\mathrm{d}t,\cdots,t^m=\int_0^t mt^{m-1}\mathrm{d}t$，由积分性质得

$$L[t]=L\left[\int_0^t 1\mathrm{d}t\right]=\frac{L[1]}{p}=\frac{1}{p^2},$$

$$L[t^2]=L\left[\int_0^t 2t\mathrm{d}t\right]=\frac{2L[t]}{p}=\frac{2}{p}\times\frac{1}{p^2}=\frac{2!}{p^3},$$

$$L[t^3]=L\left[\int_0^t 3t^2\mathrm{d}t\right]=\frac{3L[t^2]}{p}=\frac{3}{p}\times\frac{2!}{p^3}=\frac{3!}{p^4},$$

设 $L[t^{m-1}]=\dfrac{(m-1)!}{p^m}$，则

$$L[t^m]=L\left[\int_0^t mt^{m-1}\mathrm{d}t\right]=\frac{mL[t^{m-1}]}{p}=\frac{m}{p}\times\frac{(m-1)!}{p^m}=\frac{m!}{p^{m+1}},$$

由数学归纳法知，对任意正整数 m，有 $L[t^m]=\dfrac{m!}{p^{m+1}}$.

性质 5 延迟性质

若 $L[f(t)]=F(p)$，又 $t<0$ 时 $f(t)=0$，则对于任意实数 $a>0$，有

$$L[f(t-a)]=\mathrm{e}^{-ap}F(p).$$

【例 13☆☆】 求函数 $u(t-a)=\begin{cases}0, & t<a,\\ 1, & t\geqslant a\end{cases}$ 的拉普拉斯变换.

解：由 $L[u(t)]=\dfrac{1}{p}$ 及延迟性质，可得 $L[u(t-a)]=\dfrac{1}{p}\mathrm{e}^{-ap}$.

二、拉普拉斯变换的逆变换

1. 拉普拉斯逆变换

定义 6.10 拉普拉斯逆变换

若 $F(p)$ 是 $f(t)$ 的拉普拉斯变换，则称 $f(t)$ 为 $F(p)$ 的拉普拉斯逆变换（或称为像原函数），记为 $f(t)=L^{-1}[F(p)]$.

同样可以通过查拉普拉斯变换表查到一个函数的拉普拉斯逆变换.

【例 14☆☆】 已知 $F(p)=\dfrac{p}{p^2+9}$，求 $f(t)$.

解：查表 6-2 得，$f(t)=L^{-1}[F(p)]=\cos 3t$.

2. 拉普拉斯逆变换的性质

对于不能直接查表求拉普拉斯逆变换的问题，我们可以利用拉普拉斯逆变换的性质把 $F(p)$ 化为可查表的式子，再求得 $f(t)$.

设 $L^{-1}[F_1(p)]=f_1(t), L^{-1}[F_2(p)]=f_2(t), L^{-1}[F(p)]=f(t)$，则有

下面 4 条拉普拉斯逆变换的性质：

性质 1　线性性质

$$L^{-1}[aF_1(p)+bF_2(p)]=af_1(t)+bf_2(t)\quad (a,b\text{ 为常数}).$$

性质 2　位移性质

$$L^{-1}[F(p-a)]=e^{at}f(t).$$

性质 3　延迟性质

$$L^{-1}[e^{-ap}F(p)]=f(t-a).$$

性质 4　积分性质

$$L^{-1}\left[\frac{F(p)}{p}\right]=\int_0^t f(x)\,dx.$$

【例 15☆☆】　求下列函数的拉普拉斯逆变换：

(1) $F(p)=\dfrac{5}{p+2}$；　　(2) $F(p)=\dfrac{4p}{p^2+3}$.

解：(1) $f(t)=L^{-1}[F(p)]=L^{-1}\left[\dfrac{5}{p+2}\right]=5L^{-1}\left[\dfrac{1}{p+2}\right]=5e^{-2t}$；

(2) $f(t)=L^{-1}[F(p)]=4L^{-1}\left[\dfrac{p}{P^2+(\sqrt{3})^2}\right]=4\cos\sqrt{3}\,t$.

【例 16☆☆】　求下列函数的拉普拉斯逆变换：

(1) $F(p)=\dfrac{1}{p(p+1)}$；　　(2) $F(p)=\dfrac{2p+3}{p^2-2p+5}$.

解：(1) $f(t)=L^{-1}\left[\dfrac{1}{p(p+1)}\right]=L^{-1}\left[\dfrac{1}{p}-\dfrac{1}{p+1}\right]=L^{-1}\left[\dfrac{1}{p}\right]-L^{-1}\left[\dfrac{1}{p+1}\right]$，

查表可得 $f(t)=1-e^{-t}$.

(2)
$$\begin{aligned}f(t)&=L^{-1}\left[\frac{2p+3}{p^2-2p+5}\right]=L^{-1}\left[\frac{2p+3}{(p-1)^2+4}\right]\\&=L^{-1}\left[\frac{2p-2}{(p-1)^2+4}+\frac{5}{(p-1)^2+4}\right]\\&=2L^{-1}\left[\frac{p-1}{(p-1)^2+4}\right]+\frac{5}{2}L^{-1}\left[\frac{2}{(p-1)^2+4}\right],\end{aligned}$$

查表并利用性质 2 可得 $f(t)=2e^t\cos 2t+\dfrac{5}{2}e^t\sin 2t$.

【练 5☆☆】　求下列函数的拉普拉斯逆变换：

(1) $F(p)=\dfrac{2p-5}{p^2+4}$；　　(2) $F(p)=\dfrac{p+2}{p^2+4p+5}$.

在求函数的拉普拉斯逆变换时，经常会遇到分式的拆项运算. 常见的分式拆项的形式如下：

① $F(p)=\dfrac{f(p)}{(p-a_1)(p-a_2)\cdots(p-a_k)}$

$$=\frac{A_1}{p-a_1}+\frac{A_2}{p-a_2}+\frac{A_3}{p-a_3}+\cdots+\frac{A_k}{p-a_k}\text{（式中 }f(p)\text{ 的次数低于 }k\text{）};$$

② $F(p)=\dfrac{f(p)}{(p-a)^k}=\dfrac{A_1}{(p-a)}+\dfrac{A_2}{(p-a)^2}+\cdots+\dfrac{A_k}{(p-a)^k}$(式中$f(p)$的次数低于 k);

③ $F(p)=\dfrac{f(p)}{(p-a)(p^2+bp+d)}=\dfrac{A}{(p-a)}+\dfrac{Bp+C}{p^2+bp+d}$(式中$f(p)$的次数低于3);

④ $F(p)=\dfrac{f(p)}{(p^2+ap+b)^k}=\dfrac{A_1p+B_1}{p^2+ap+b}+\dfrac{A_2p+B_2}{(p^2+ap+b)^2}+\cdots+\dfrac{A_kp+B_k}{(p^2+ap+b)^k}$
(式子 p^2+ap+b 中 $a^2-4b<0$).

注:分式拆项的方法在积分学习中也会使用.

【例 17☆☆】 求 $F(p)=\dfrac{5p+1}{2p^2-5p-3}$的拉普拉斯逆变换$f(t)$.

解:$F(p)=\dfrac{5p+1}{(p-3)(2p+1)}=\dfrac{A}{p-3}+\dfrac{B}{2p+1}=\dfrac{A(2p+1)+B(p-3)}{(p-3)(2p+1)}$,
所以

$$5p+1=A(2p+1)+B(p-3).$$

当 $p=3$ 时,$16=7A$ 得 $A=\dfrac{16}{7}$; 当 $p=-\dfrac{1}{2}$时,$-\dfrac{3}{2}=-\dfrac{7}{2}B$,得 $B=\dfrac{3}{7}$.
所以

$$F(p)=\frac{16}{7}\cdot\frac{1}{p-3}+\frac{3}{7}\cdot\frac{1}{2p+1}=\frac{16}{7}\frac{1}{p-3}+\frac{3}{14}\frac{1}{p+\frac{1}{2}},$$

所以

$$f(t)=\frac{16}{7}L^{-1}\left[\frac{1}{p-3}\right]+\frac{3}{14}L^{-1}\left[\frac{1}{p+\frac{1}{2}}\right]=\frac{16}{7}\mathrm{e}^{3t}+\frac{3}{14}\mathrm{e}^{-\frac{t}{2}}.$$

【练 6☆☆☆】 求 $F(p)=\dfrac{2p+3}{p^3+2p^2-p-2}$的拉普拉斯逆变换$f(t)$.

【练 7☆☆☆】 已知 $F(p)=\dfrac{p^2}{(p+2)(p^2+2p+2)}$,求它的拉普拉斯逆变换$f(t)$.

三、微分方程初值问题的拉普拉斯变换解法

利用拉普拉斯变换的微分性质把关于$f(t)$的微分方程化作关于函数 $F(p)$的代数方程,再求解出 $F(p)$的代数表达式,再对 $F(p)$取拉普拉斯逆变换求得微分方程的解$f(t)$.

【例 18☆☆☆】 求微分方程 $y'+2y=0$ 满足初始条件 $y(0)=1$ 的特解.

解:设 $L[y]=F(p)$,方程 $y'+2y=0$ 的两边同时求拉普拉斯变换得

$$L[y'+2y]=L[0], \text{即 } L[y']+2L[y]=0,$$

由微分性质 $L[f'(t)]=pF(p)-f(0)$ 得

$$pF(p)-y(0)+2F(p)=0, \text{即} (p+2)F(p)=y(0).$$

将 $y(0)=1$ 代入得 $(p+2)F(p)=1$，即 $F(p)=\frac{1}{p+2}$.

利用拉普拉斯逆变换可求出方程的解为

$$y=L^{-1}[F(p)]=L^{-1}\left[\frac{1}{p+2}\right]=e^{-2t}.$$

【例 19☆☆☆】 求微分方程 $y''-3y'+2y=4$ 在 $y(0)=y'(0)=1$ 时的特解.

解：设 $L[y]=F(p)$，先对方程 $y''-3y'+2y=4$ 两边同时求拉普拉斯变换得

$$L[y'']-3L[y']+2L[y]=L[4].$$

由微分性质 $L[f'(t)]=pF(p)-f(0)$ 得

$$L[y']=pF(p)-y(0),$$

$$L[y'']=p^2F(p)-py(0)-y'(0),$$

即

$$[p^2F(p)-py(0)-y'(0)]-3[pF(p)-y(0)]+2F(p)=\frac{4}{p},$$

再将 $y(0)=y'(0)=1$ 代入上式，有

$$F(p)(p^2-3p+2)=\frac{4}{p}+p-2=\frac{p^2-2p+4}{p}.$$

即

$$F(p)=\frac{p^2-2p+4}{p(p^2-3p+2)}=\frac{p^2-2p+4}{p(p-1)(p-2)}$$

$$=\frac{A}{p}+\frac{B}{p-1}+\frac{C}{p-2}=\frac{A(p-1)(p-2)+Bp(p-2)+Cp(p-1)}{p(p-1)(p-2)},$$

$$p^2-2p+4=A(p-1)(p-2)+Bp(p-2)+Cp(p-1),$$

将 $p=0, p=1, p=2$ 代入上式解得 $A=2, B=-3, C=2$. 所以

$$F(p)=\frac{p^2-2p+4}{p(p-1)(p-2)}=\frac{2}{p}-\frac{3}{p-1}+\frac{2}{p-2}.$$

利用拉普拉斯逆变换可求出方程的解为

$$y(t)=L^{-1}[F(p)]=L^{-1}\left[\frac{2}{p}\right]-3L^{-1}\left[\frac{1}{p-1}\right]+2L^{-1}\left[\frac{1}{p-2}\right]=2-3e^t+2e^{2t}.$$

综上所述，得出用拉普拉斯变换法解微分方程的解题步骤为：

(1) 对微分方程等号两边同时求拉普拉斯变换；

(2) 解出 $F(p)$；

(3) 求拉普拉斯逆变换 $f(t)=L^{-1}[F(p)]$.

【例 20☆☆】 求 $y''+4y'+29y=0$ 当 $y(0)=0$，　$y'(0)=15$ 时的特解.

解：设 $L[y]=F(p)$，方程两边同时求拉普拉斯变换得

$$L[y'']+4L[y']+29L[y]=L[0]=0,$$

即$[p^2F(p)-py(0)-y'(0)]+4[pF(p)-y(0)]+29F(p)=0$.

将$y(0)=0,y'(0)=15$代入上式解得

$$F(p)=\frac{15}{p^2+4p+29}=\frac{3\times 5}{(p+2)^2+25},$$

则方程的特解为

$$y(t)=L^{-1}[F(p)]=3L^{-1}\left[\frac{5}{(p+2)^2+25}\right]=3\mathrm{e}^{-2t}L^{-1}\left[\frac{5}{p^2+25}\right]=3\mathrm{e}^{-2t}\sin 5t.$$

【练 8☆☆☆】 求$x''+2x'-3x=\mathrm{e}^{-t}$在$x(0)=0,x'(0)=1$时的特解.

【例 21☆☆☆】 求$\begin{cases}x''-2y'-x=0,\\x'-y=0\end{cases}$在$x(0)=0,x'(0)=y(0)=1$时的特解.

解: 设$L[x]=F_x(p),L[y]=F_y(p)$,对两个方程两端同时求拉普拉斯变换得

$$\begin{cases}L[x'']-2L[y']-L[x]=0,\\L[x']-L[y]=0,\end{cases}$$

即
$$\begin{cases}p^2F_x(p)-px(0)-x'(0)-2[pF_y(p)-y(0)]-F_x(p)=0,\\pF_x(p)-x(0)-F_y(p)=0,\end{cases}$$

化简得
$$\begin{cases}p^2F_x(p)-1-2[pF_y(p)-1]-F_x(p)=0,\\pF_x(p)-F_y(p)=0,\end{cases}$$

解得
$$F_x(p)=\frac{1}{p^2+1},\quad F_y(p)=\frac{p}{p^2+1}.$$

则方程组的特解为

$$x=L^{-1}[F_x(p)]=L^{-1}\left[\frac{1}{p^2+1}\right]=\sin t,$$

$$y=L^{-1}[F_y(p)]=L^{-1}\left[\frac{p}{p^2+1}\right]=\cos t,$$

即
$$x^2+y^2=1.$$

实际应用

专业基础课电路、信号与系统、自动控制原理的主要内容是对各类系统的性态的分析研究,大多以数学模型及其分析方法为基础,其中时域分析的数学模型就是微分方程:用微分方程描述系统,通过求出的解分析系统. 而系统的数学模型过程、频率特征、传递函数求取需要解大量的微分方程,所以必须降低微分方程的求解难度,方法就是对微分方程做拉普拉斯变换. 如图 6-3 所示,已知输入为$u_1(t)=5\cos 2t$,求输出$u_2(t)$.

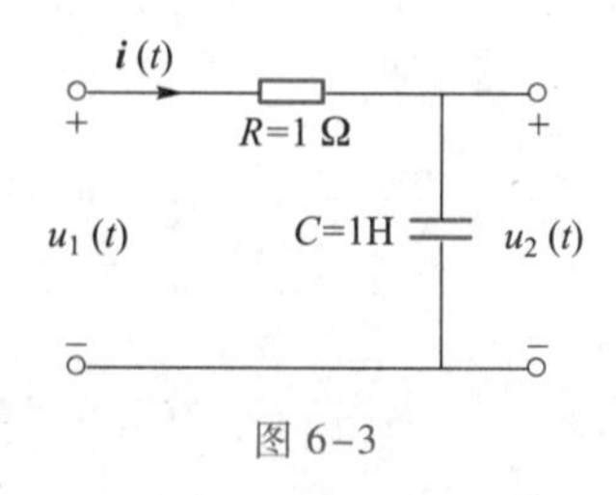

图 6-3

解: 第一步,根据已知资料,作复频域等效电路图 6-4.

第二步,根据等效电路图列出复频域下电路的代数方程

$$U_2(s)=U_1(s)\frac{\frac{1}{s}}{1+\frac{1}{s}}=\frac{1}{s+1}\times\frac{5s}{s^2+4}=\frac{-1}{s+1}+\frac{s+4}{s^2+4}.$$

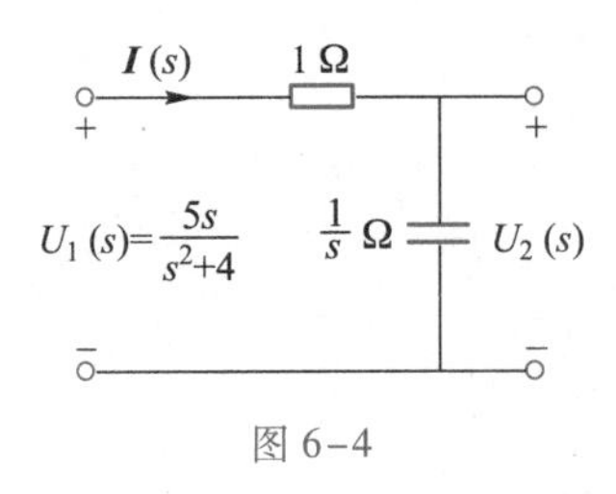

图 6-4

第三步,对 $U_2(s)$ 取拉普拉斯逆变换得到时域下的响应表达式

$$u_2(t)=-e^{-t}+\cos 2t+2\sin 2t, t\geqslant 0.$$

由此可见,拉普拉斯变换可以将时域下一些微分方程模型转化为复频域下简单的代数方程模型,使建模与求解得以简化.

教师寄语

拉普拉斯变换实质是积分变换,将常微分方程转换为普通代数方程,使得求解大为简化. 变换的是形式,其本质或目的不变.

"千举万变,其道一也." ——《荀子·儒效》

"求夫辞有体要,万变而不离其宗." ——《明诗》

习题拓展

6.20　软件操作

【基础过关☆】

1. 求下列函数的拉普拉斯变换:

(1) $f(t)=5t-t^2e^{-2t}$;

(2) $f(t)=5\sin 2t-t\cos 3t$.

2. 利用拉普拉斯变换解微分方程:

$y''-2y'-3y=0$,　$y(0)=0, y'(0)=1$.

【能力过关☆☆】

1. 求下列函数的拉普拉斯逆变换:

(1) $F(p)=\dfrac{2p-1}{p^2-4p+3}$;

(2) $F(p)=\dfrac{5p+3}{(p^2+2p+5)(p-1)}$.

2. 利用拉普拉斯变换解微分方程组:

$$\begin{cases}x'+x-y=e^t,\\ y'+3x-2y=2e^t,\end{cases}\quad x(0)=y(0)=1.$$

6.21　项目五习题拓展解答

项目六　微分方程模型

6.22　项目六知识目标及重难点

常微分方程有着深刻而生动的实际背景,它从生产实践与科学技术中产生,又成为现代科学技术分析问题与解决问题的强有力的工具,

在工程力学、流体力学、天体力学、电路振荡分析、工业自动控制以及化学、生物、经济等领域都有着广泛的应用. 用微分方程解决实际问题可以用图 6-5 表示.

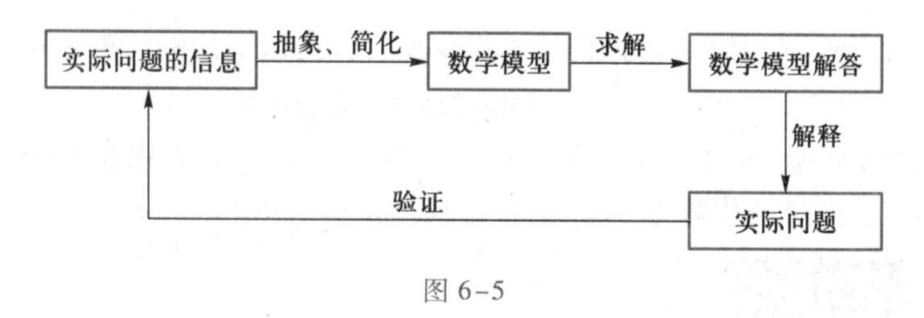

图 6-5

下面讨论几个具体的模型.

【模型 1】 市场均衡模型

设某商品的供给函数 $Q_S=60+P+4\dfrac{\mathrm{d}P}{\mathrm{d}t}$,需求函数 $Q_d=100-P+3\dfrac{\mathrm{d}P}{\mathrm{d}t}$,其中 $P(t)$表示时刻 t 该商品的价格,$\dfrac{\mathrm{d}P}{\mathrm{d}t}$表示价格关于时间的变化率,已知 $P(0)=8$,试把市场均衡价格表示成关于时间的函数,并说明其实际意义.

解: 由于市场均衡价格处有 $Q_S=Q_d$(图 6-6),建立微分方程模型

$$60+P+4\frac{\mathrm{d}P}{\mathrm{d}t}=100-P+3\frac{\mathrm{d}P}{\mathrm{d}t},$$

化简得$\dfrac{\mathrm{d}P}{\mathrm{d}t}=40-2P$.

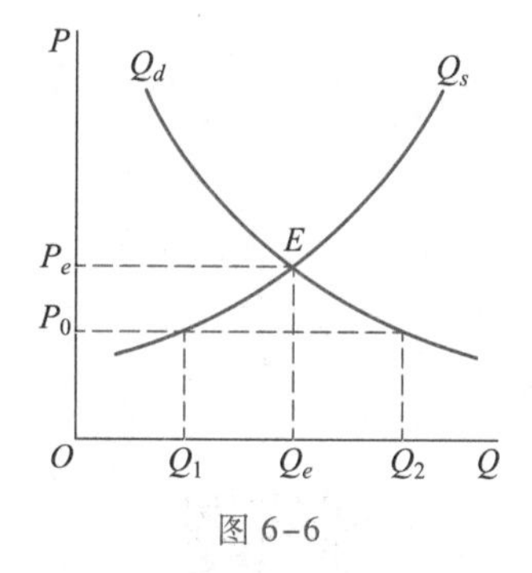

图 6-6

此微分方程既可以看作可分离变量的微分方程,也可以看作一阶线性微分方程,这里我们用分离变量法解此方程得

$$P=20-C\mathrm{e}^{-2t}.$$

由 $P(0)=8$ 得 $C=12$,因此均衡价格关于时间的函数为

$$P=20-12\mathrm{e}^{-2t}.$$

由于 $\lim\limits_{t\to+\infty}P(t)=20$,所以市场对于这种商品的价格稳定,且可以认为随着时间的推移,此商品的价格逐渐趋向于 20.

【模型 2】 人口预测问题马尔萨斯(Malthus)模型与逻辑斯谛(Logistic)模型

问题提出 据考古学家论证,地球上出现生命距今已有 20 亿年,而人类的出现距今却不足 200 万年. 纵观人类人口总数的增长情况,我们发现:1 000 年前人口总数为 2.75 亿,经过漫长的过程到 1830 年,人口总数达 10 亿,又经过 100 年,在 1930 年,人口总数达 20 亿;30 年之后,在 1960 年,人口总数为 30 亿;又经过 15 年,1975 年的人口总数是 40 亿,12 年之后即 1987 年,人口已达 50 亿.

我们自然会产生这样一个问题:人类人口增长的规律是什么? 如何在数学上描述这一规律.

模型假设　要预测人口增长的模型，最关心的是任意时刻 t 人口的数量 $N(t)$，并不区分年龄、性别等差异. 虽然这是一个离散变量，但由于人口的总数很多，可以认为它是 t 的一个连续可微函数. 了解了函数 $N(t)$ 的性态，也就掌握了人口的发展动态.

(1) 马尔萨斯模型

马尔萨斯在分析人口出生与死亡情况的资料后发现，人口净增长率 r 基本上是一个常数，($r=b-d$，b 为出生率，d 为死亡率)，从而有

$$\frac{\mathrm{d}N}{\mathrm{d}t}=rN.$$

此方程为可分离变量的微分方程，根据分离变量法，已知初始条件 $N_0=N(t_0)$ 得特解

$$N(t)=N_0\mathrm{e}^{r(t-t_0)}.$$

如图 6-7 所示.

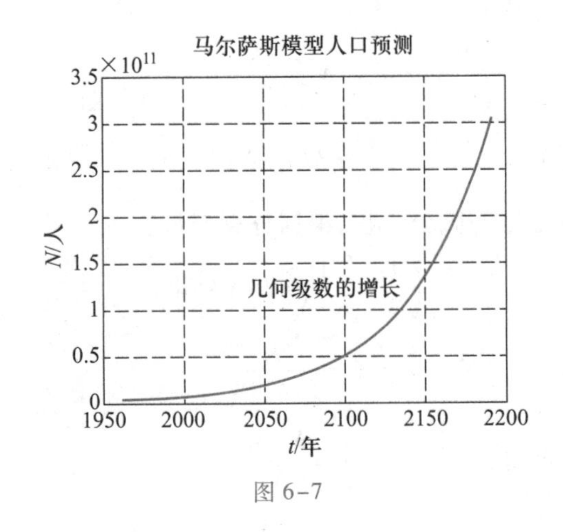

图 6-7

? 思考　马尔萨斯模型能否正确预测人口的增长?

此模型的一个显著特点：人口数量翻一番所需时间是固定的. 令人口数量翻一番所需的时间为 T，则有

$$2N_0=N_0\mathrm{e}^{rT}，故\ T=\frac{\ln 2}{r}.$$

这是不合理的.

此模型假设的人口净增长率是常数，但它不可能始终保持常数，它与人口数量有关且当总数增大时，有限的自然资源、环境条件等因素对人口的增长起着阻滞作用，且随着人口的增加，阻滞作用越来越大，即净增长率会下降. 逻辑斯谛模型就是考虑到这些因素，对基本假设进行了改进.

(2) 逻辑斯谛模型

人口净增长率应当与人口数量有关，即 $r=r(N)$，从而有

$$\frac{\mathrm{d}N}{\mathrm{d}t}=r(N)N.$$

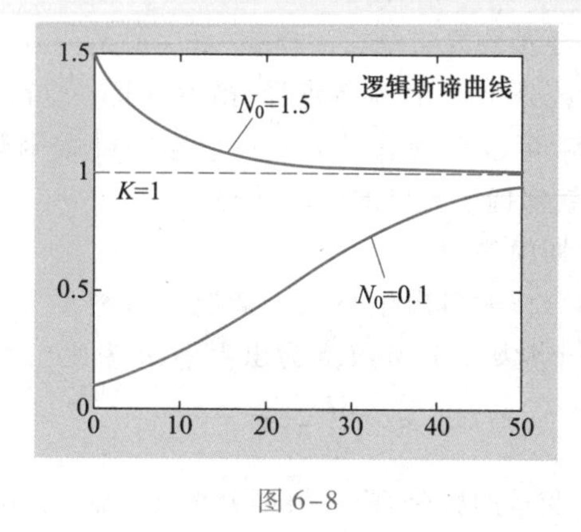

图 6-8

对马尔萨斯模型引入一次项(竞争项),令

$$r(N)=r-aN,$$

6.23　逻辑斯谛模型

此时得到微分方程

$$\frac{\mathrm{d}N}{\mathrm{d}t}=(r-aN)N \text{ 或 } \frac{\mathrm{d}N}{\mathrm{d}t}=r\left(1-\frac{N}{K}\right)N,$$

上式可以改写为 $$\frac{\mathrm{d}N}{\mathrm{d}t}=k(K-N)N.$$

此式是可分离变量的微分方程,根据分离变量法:

分离变量 $$\left(\frac{1}{N}+\frac{1}{K-N}\right)\mathrm{d}N=kK\mathrm{d}t,$$

两边积分得通解 $$N=\frac{K}{1+C\mathrm{e}^{-kKt}}.$$

令 $N(0)=N_0$,求得 $$C=\frac{K-N_0}{N_0},$$

得特解 $$N(t)=\frac{N_0K}{N_0+(K-N_0)\mathrm{e}^{-kKt}}.$$

容易看出 $N(0)=N_0$, $\lim\limits_{t\to+\infty}N(t)=K$.

认识人口数量的变化过程,建立数学模型描述人口发展规律,做出较准确的增长预测,是制定积极、稳妥的人口政策的前提.

【模型 3】 经济学家和企业家都很关注新产品的销售速度,希望能建立一个数学模型来描述销售情况,并用其指导生产. 设有一新产品,时刻 t 的销售量 x 是 t 的函数 $x=x(t)$. 由于产品性能良好,已经销售的新产品实际上起着广告宣传的作用,即每一个销售的新产品都是一个宣传品,它吸引着尚未购买的顾客. 若每一个销售的新产品在单位时间内平均吸引 λ 个顾客,则可以认为 t 时刻新产品销售量的变化率 $x'(t)$ 与销售量 $x(t)$ 成正比. 试求解 $x=x(t)$.

解:由题意可得$\frac{\mathrm{d}x}{\mathrm{d}t}=\lambda x$,可写成$\frac{\mathrm{d}x}{x}=\lambda\mathrm{d}t$,两边积分得

$$\int \frac{\mathrm{d}x}{x} = \int \lambda \mathrm{d}t,$$

即 $\ln x = \lambda t + C_1$，也即 $x = C\mathrm{e}^{\lambda t}$，其中 $C = \mathrm{e}^{C_1}$.

若 $x(0) = x_0$，则销售函数为 $x = x_0 \mathrm{e}^{\lambda t}$.

当已有 x_0 个新产品销售并投入使用时，函数 $x(t) = x_0 \mathrm{e}^{\lambda t}$ 在开始的阶段能较好地反映真实的销售情况，但这个函数有下面两个问题：

(1) 取 $t=0$ 表示新产品诞生的时刻，即 $x_0 = 0$，这时销售函数为 $x(t)=0$，显然不符合事实. 原因是只考虑了实物广告的作用，而忽略了厂家通过其他广告宣传新产品方式打开新产品销路的可能性.

(2) 在 $x(t) = x_0 \mathrm{e}^{\lambda t}$ 中，若令 $t \to +\infty$，则有 $x(t) \to +\infty$，这也不符合实际. 事实上，任何一种新产品的销售量都不可能随时间的推移而无限增大，而是随着时间的延长增量越来越小. $x(t)$ 应该有一个上界，设上界(需求量的上限)为 N，则尚未使用新产品的顾客数为 $N - x(t)$.

修正后的模型为 $\frac{\mathrm{d}x}{\mathrm{d}t} = \lambda x(N-x)$，变形为

$$\frac{\mathrm{d}x}{x(N-x)} = \lambda \mathrm{d}t,$$

两边积分得 $\int \frac{\mathrm{d}x}{x(N-x)} = \int \lambda \mathrm{d}t$，即

$$\frac{1}{N}[\ln x - \ln(N-x)] = \lambda t + C_1,$$

即 $x(t) = \frac{N}{1+C\mathrm{e}^{-N\lambda t}}$. 若 $x(0) = x_0$，则销售函数为

$$x(t) = \frac{Nx_0}{x_0 + (N-x_0)\mathrm{e}^{-N\lambda t}}.$$

下面讨论函数 $x(t) = \frac{Nx_0}{x_0 + (N-x_0)\mathrm{e}^{-N\lambda t}}$ 的性质.

考察 $\frac{\mathrm{d}x}{\mathrm{d}t} = \lambda x(N-x)$.

$$\begin{aligned}\frac{\mathrm{d}^2 x}{\mathrm{d}t^2} &= \lambda(N-x)\frac{\mathrm{d}x}{\mathrm{d}t} - \lambda x \frac{\mathrm{d}x}{\mathrm{d}t} = \lambda[(N-x)^2 \lambda x - \lambda x^2 (N-x)] \\ &= \lambda^2 x(N-x)(N-2x),\end{aligned}$$

当 $0 \leqslant x \leqslant \frac{N}{2}$ 时，$x''(t) \geqslant 0$；当 $\frac{N}{2} \leqslant x \leqslant N$ 时，$x''(t) \leqslant 0$. 因此 $x'(t)$ 的最大值是

$$x'\left(\frac{N}{2}\right) = \frac{\lambda N^2}{4}.$$

结论　当销售量小于最大需求量的一半时，销售速度越来越大；
当销售量大于最大需求量的一半时，销售速度越来越小；
而当销售量等于最大需求量的一半时，销售速度最大，产品

最畅销.

国外学者普遍认为,对于某一新产品,当有 30% ~80% 的用户使用时,正是该产品大批量生产的合适期. 当然也要注意在初期可小批量生产并辅以广告宣传,而后期则应适时转产或开发新产品,这样可以使厂家获得较高的经济效益.

【模型 4】 污染治理模型

问题提出 某湖泊蓄水量为 V,每年流入湖泊中的含污染物 A 的污水量为$\frac{V}{6}$,流出湖泊的水量为$\frac{V}{3}$,已知 2014 年底湖泊中污染物 A 的含量为 $5m_0$(m_0 为国家规定的达标指标),超过国家规定指标,为了治理污染,从 2015 年初起,限制流入湖泊中的污染物 A 的污水的浓度不超过$\frac{m_0}{V}$,问至少需要多少年,湖泊中污染物 A 的含量降至 m_0 以内?

模型假设 假设湖水中污染物 A 的分布是均匀的,设 t 年湖泊中污染物 A 的含量为 $m(t)$,则浓度为$\frac{m(t)}{V}$,污染物增量为 $\mathrm{d}m(t)$,又设 2015 年初 $t=0$, $m(0)=5m_0$, $m(T)=m_0$,已知污染物 A 的增量 = 污染物 A 的流入量-污染物 A 的流出量.

模型建立 污染物 A 的流入量为$\frac{V}{6}\frac{m_0}{V}\mathrm{d}t=\frac{m_0}{6}\mathrm{d}t$(因为限制流入湖泊中的污染物 A 的污水的浓度不超过$\frac{m_0}{V}$);污染物 A 的流出量为$\frac{V}{3}\frac{m(t)}{V}\mathrm{d}t=\frac{m(t)}{3}\mathrm{d}t$,于是

$$\mathrm{d}m=\frac{m_0}{6}\mathrm{d}t-\frac{m}{3}\mathrm{d}t,$$

即

$$\frac{\mathrm{d}m}{\mathrm{d}t}=\frac{m_0}{6}-\frac{m}{3}.$$

此微分方程既可以看作可分离变量的微分方程,也可以看作一阶线性微分方程,用一阶线性微分方程的公式法求解得

$$m(t)=\mathrm{e}^{-\int\frac{1}{3}\mathrm{d}t}\left[\int\frac{m_0}{6}\mathrm{e}^{\int\frac{1}{3}\mathrm{d}t}\mathrm{d}t+C\right]=\frac{m_0}{2}+C\mathrm{e}^{-\frac{t}{3}}.$$

由 $m(0)=5m_0$,得 $C=\frac{9}{2}m_0$,因此满足初始条件的特解为

$$m(t)=\frac{m_0}{2}+\frac{9}{2}m_0\mathrm{e}^{-\frac{t}{3}}.$$

又由 $m(T)=\frac{m_0}{2}+\frac{9}{2}m_0\mathrm{e}^{-\frac{T}{3}}=m_0$,解得 $T=6\ln 3\approx 6.6$ 年. 即至少需要 6.6 年的时间湖泊中的污染物 A 的含量可达标.

【模型5】 全球变暖模型

全球气候变暖问题的影响

(1) 正面影响. 气候变暖使大气水汽增多,给内陆带来更多的雨水. 非洲的北部、亚洲的中部以及中国中西部将变得湿润起来,非洲的撒哈拉大沙漠将会缩小,中国的戈壁滩将逐渐披上绿装. 这些地方将变得更适宜人类居住. 气候变暖将使全球的植被更加繁茂,森林扩大,草原更绿,树木生长更快. 气候变暖使作物更加高产. 随着"暖冬"的持续发生,地表面温度上升,越冬农作物区域普遍北移,作物分蘖良好,产量随之普遍增加,美国、印度、中国等世界重要产粮国五谷丰登,气候变暖导致人类减少能源使用,减少温室气体的排放.

(2) 负面影响. 气候变暖会使水汽的蒸发加快,改变了气流循环,使气候变化加剧,引发热浪、飓风、洪涝、干旱,反常的气候给人类带来了巨大的灾难. 有资料表明,目前全球变暖引发的异常高温,每年造成世界大城市中约6 000人死亡. 因全球变暖引起的天灾,引发的流行性疾病,更使人类的生命财产遭受巨大损失. 全球变暖使得冰川融化,过去的100年间,海平面已经上升了25 cm,而海平面的上涨,将会淹没陆地. 全球变暖还会减少淡水资源,加快土地荒漠化.

考察全球二氧化碳的存量发现,二氧化碳存量随着全球经济发展引发工业排放量的增加而增加. 而随着全球变暖问题的恶化,环境污染控制越来越严格,二氧化碳排放受到了限制. 试建立模型说明二氧化碳存量的变化.

解: 令 y 表示二氧化碳的存量,x 表示二氧化碳的工业排放量.

假定存量根据如下方程变化

$$\frac{\mathrm{d}y}{\mathrm{d}t}=x-\lambda y, \tag{1}$$

其中 $\lambda>0$ 为常数,它确定了自然环境吸收二氧化碳的速度,进一步假设,工业排放量随时间的变化如下

$$\frac{\mathrm{d}x}{\mathrm{d}t}=a\mathrm{e}^{bt}-\mu y, \tag{2}$$

其中 a,b,μ 为常数. 式(2)中第一项使排放量随着时间 t 增加,该项表示经济发展对二氧化碳工业排放量的影响. 第二项体现了如下假设:随着污染问题的恶化,政府对工业二氧化碳的排放量进行了更为严格的控制.

对(1)两边求导得

$$\frac{\mathrm{d}^2y}{\mathrm{d}t^2}=\frac{\mathrm{d}x}{\mathrm{d}t}-\lambda\frac{\mathrm{d}y}{\mathrm{d}t}, \tag{3}$$

将(2)代入(3)得 y 的二阶微分方程

$$\frac{\mathrm{d}^2y}{\mathrm{d}t^2}+\lambda\frac{\mathrm{d}y}{\mathrm{d}t}+\mu y=a\mathrm{e}^{bt}. \tag{4}$$

这是一个二阶常系数非齐次线性微分方程,方程的齐次形式为

$$\frac{d^2y}{dt^2}+\lambda\frac{dy}{dt}+\mu y=0. \tag{5}$$

(5)的特征方程为:$r^2+\lambda r+\mu=0$,特征根为:$r_1,r_2=-\frac{\lambda}{2}\pm\frac{\sqrt{\lambda^2-4\mu}}{2}$.

由于$\lambda>0,\mu>0$,如果两个根为实根,那么它们都是负的;如果两个根都是复根,那么实部是负的.齐次形式的解为$y_h=C_1e^{r_1t}+C_2e^{r_2t}$.

为求特解,注意到可变项为t的函数,尝试相同形式的特解$y_p=A_0e^{bt}$.

为确定系数,对上式求导得

$$\frac{dy}{dt}=bA_0e^{bt},\frac{d^2y}{dt^2}=b^2A_0e^{bt}.$$

现将所猜测的特解和它的两个导数代入(4)式得

$$b^2A_0e^{bt}+\lambda bA_0e^{bt}+\mu A_0e^{bt}=ae^{bt}\Rightarrow A_0=\frac{a}{b^2+\lambda b+\mu}.$$

因此,特解为

$$y_p=\frac{a}{b^2+\lambda b+\mu}e^{bt}.$$

微分方程的通解为$y(t)=C_1e^{r_1t}+C_2e^{r_2t}+\frac{a}{b^2+\lambda b+\mu}e^{bt}$.

该解说明模型中二氧化碳的存量如何随着时间变化而变化.已经确定两个根都是负数,因此,随着$t\to\mu$,解中的前两项趋于零.如果$b=0$,第三项变为$\frac{a}{\mu}$.结论是,二氧化碳存量随时间收敛到$\frac{a}{\mu}$,这对于未来的子孙而言是个好消息.另一方面,如果$b>0$,那么第三项是t的增函数,因此它会无限制地增长,从而使得y也无限制地增加.

【模型6】 放射性核废料处理

美国原子能委员会以往处理放射性核废料的方法,是把它们装入密封的圆桶里,然后扔到水深为90多米的海底.生态学家和科学家们表示担心,怕圆桶下沉到海底时与海底碰撞而发生破裂,从而造成核污染.原子能委员会向他们保证圆桶绝不会破裂.为此工程师们进行了碰撞实验,发现当圆桶下沉速度超过12.2 m/s与海底相撞时,圆桶就可能发生破裂.为避免圆桶破裂,要计算圆桶沉到海底时的速度.已知圆桶质量为239.456 kg,体积为0.208 m^3,海水密度为1 025.94 kg/m^3.如果圆桶下沉速度小于12.2 m/s,则说明这种方法安全可靠,否则禁止用这种方法处理放射性核废料.假设水的阻力与速度大小成正比,正比例常数$k=0.12$.试讨论此种处理方法是否安全.

解:设圆桶下沉位移y是时间t的函数,则圆桶下沉加速度为$\frac{d^2y}{dt^2}$.

已知重力为 $G=mg=239.456g$,

所受浮力为 $F=\rho gV=1\ 025.94\times0.208g=213.396g$,

阻力为 $$k\frac{\mathrm{d}y}{\mathrm{d}t}=0.12\frac{\mathrm{d}y}{\mathrm{d}t},$$

由牛顿第二定律得

$$m\frac{\mathrm{d}^2y}{\mathrm{d}t^2}=G-F-k\frac{\mathrm{d}y}{\mathrm{d}t},y(0)=0,y'(0)=0, \tag{1}$$

这是二阶常系数且可降阶微分方程. 令 $v=\frac{\mathrm{d}y}{\mathrm{d}t}$,

$$\frac{\mathrm{d}^2y}{\mathrm{d}t^2}=\frac{\mathrm{d}v}{\mathrm{d}t}=\frac{\mathrm{d}v}{\mathrm{d}y}\times\frac{\mathrm{d}y}{\mathrm{d}t}=v\frac{\mathrm{d}v}{\mathrm{d}y}.$$

于是(1)可化为一阶线性微分方程

$$v\frac{\mathrm{d}v}{\mathrm{d}y}=\frac{1}{m}(G-F-kv),v(0)=0.$$

分离变量得

$$\frac{v}{G-F-kv}\mathrm{d}v=\frac{1}{m}\mathrm{d}y,\ v(0)=0, \tag{2}$$

解得 $$\frac{y}{m}=-\frac{v}{k}-\frac{G-F}{k^2}\ln(G-F-kv)+C.$$

将初始条件 $v(0)=0$ 代入,得 $C=\frac{G-F}{k^2}\ln(G-F)$,得到

$$\frac{y}{m}=-\frac{v}{k}-\frac{G-F}{k^2}\ln\frac{G-F-kv}{G-F}. \tag{3}$$

由(3)手工求出 $v(91)$ 比较困难,但若用计算机进行计算就很容易. 实际上我们只要作一个估计就可以了.

令(2)中 $k=0$ 得新微分方程

$$\frac{v}{G-F}\mathrm{d}v=\frac{1}{m}\mathrm{d}y,\ v(0)=0.$$

积分得 $$\frac{v^2}{2(G-F)}=\frac{1}{m}y \text{ 或 } v=\sqrt{\frac{2}{m}(G-F)y}.$$

于是有

$$v(91)=\sqrt{\frac{2\times9.8}{239.456}(239.456-213.396)\times91}\approx13.93\ \mathrm{m/s}.$$

下沉 91 m 时速度为 13.93 m/s,大于 12.2 m/s,所以这种方法不安全.

习题六

一、单项选择题.

1. 微分方程 $x^2y^3\frac{\mathrm{d}^{(4)}y}{\mathrm{d}x^4}-5(y')^6+3xy=0$ 的阶数是(　　).

A. 1　　B. 3　　C. 4　　D. 6

2. 微分方程 $x^2y^3\frac{d^{(4)}y}{dx^4}-5(y')^6+3xy=0$ 的通解中包含的任意常数的个数为(　　).

A. 2　　B. 3　　C. 4　　D. 6

3. 微分方程 $y'=\frac{1}{x}$ 的一个解为(　　).

A. $y=\ln x$　　B. $y=\sin x$　　C. $y=e^x$　　D. $\ln^2 y=x$

4. 微分方程 $y''=\frac{9}{4}x$ 的通解为(　　).

A. $y=\frac{3}{8}x^3+Cx$　　B. $y=\frac{3}{8}x^3+x$

C. $y=\frac{3}{8}x^3+C+x$　　D. $y=\frac{3}{8}x^3+C_1+C_2x$

5. 微分方程 $dy=2xy^2dx$ 的通解为(　　).

A. $y=-\frac{1}{x^2}$　　B. $y=x^2$　　C. $y=x^2+C$　　D. $y=-\frac{1}{x^2+C}$

二、下列微分方程,哪些是可分离变量的微分方程、一阶线性微分方程、二阶常系数齐次线性微分方程?

1. $xyy''+x(y')^3+cy^4=0$;　　2. $y''-5xy'+3x=3$;

3. $yy^{(4)}+2y^4=xy$;　　4. $xydy+(1-x)dx=0$.

三、判定下列函数是否是所给微分方程的解,是通解还是特解?

1. $y'+2y^2=0, 2xy+Cy=1$;

2. $xy'+2y=e^x, y=\frac{1}{3}e^x+C_1+C_2e^{-2x}$　(C_1, C_2 为任意常数).

四、判定下列方程是否是可分离变量的微分方程,若是,就求出微分方程的通解.

1. $x^2ydy-2(x+y^2)dx=0$;　　2. $(xy-y^2)dx-(x^2-2xy)dy=0$;

3. $xdy+dx=e^ydx$;　　4. $\tan x\sin^2 ydx+\cos^2 x\cot ydy=0$.

五、求下列微分方程的通解.

1. $ydx+(2-x)dy=0$;　　2. $y'+\frac{1}{x}y=\frac{1}{x^2}$.

六、求下列微分方程的特解.

1. $\frac{dy}{dx}+3y-e^{2x}=0, y(0)=1$;

2. $y'=3xy+x, y(0)=1$.

七、用拉普拉斯变换法解微分方程.

1. $y''+2y'+2y=e^{-t}, y(0)=y'(0)=0$;

2. $y''+2y'=3e^{-2t}, y(0)=y'(0)=0$.

八、一棵小树刚栽下去的时候长得比较慢，渐渐地，小树长高了而且长得越来越快，几年不见，绿荫底下已经可乘凉了；但长到某一高度后，它的生长速度趋于稳定，然后再慢慢降下来. 这一现象很具有普遍性. 求在 t 年时小树的高度.

6.24 习题六答案

模块七
空间解析几何

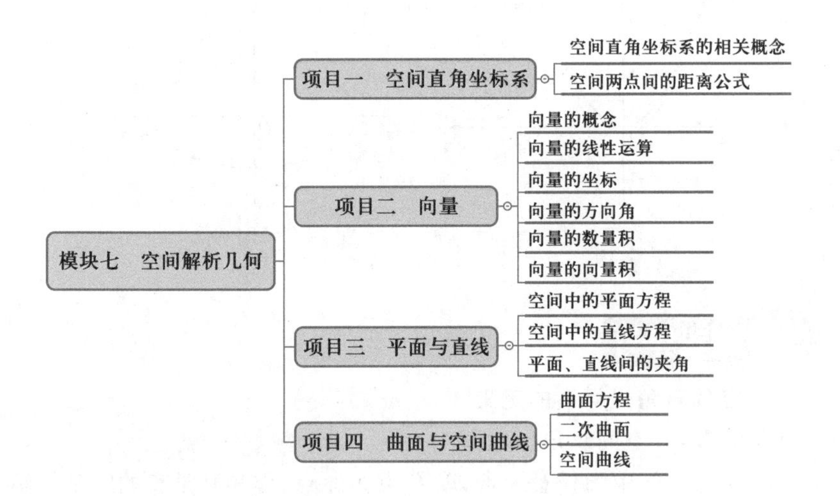

7.1　模块七思维导图

7.2　解析几何发展史

解析几何在建筑、机械设计、机械制造等诸多领域有着广泛的应用.如:电影放映机的聚光灯泡的反射面是椭球面,灯丝在椭圆的一个焦点上,影片门在椭圆的另一个焦点上;探照灯、聚光灯、太阳灶、雷达天线、卫星的天线、射电望远镜等都是利用几何光学中的反射原理制成.本模块主要学习与之相关的空间解析几何与向量知识,直线、曲线、曲面等理论,为进一步学习多元微积分等知识做好准备.

项目一　空间直角坐标系

教学引几

7.3　项目一知识目标及重难点

在平面解析几何中,通过坐标法把平面上的点与一对有序数组(x,y)对应起来,把平面上的图形和方程对应起来.例如,图 7-1 所示的抛物线与方程 $y=x^2$ 相对应;图 7-2 所示的椭圆与方程$\frac{x^2}{4}+y^2=1$ 相对应.这样就可以用代数方法来研究几何问题.空间解析几何也是按类似的方法建立起来的.

正像一元函数微积分对平面解析几何知识不可缺少一样,空间解析几何的知识对学习多元函数微积分也是必需的.

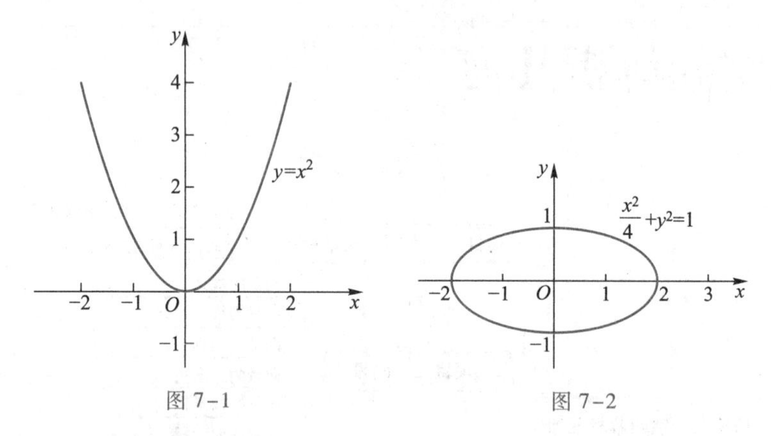

图 7-1　　　　图 7-2

理论学习

1. 空间直角坐标系的定义

定义 7.1　空间直角坐标系

设 O 为空间中的任意一点,以 O 点为原点,作相互垂直的三条数轴 x 轴、y 轴、z 轴,且它们的正方向构成右手坐标系(图 7-3),这样的坐标系称为空间直角坐标系. x 轴、y 轴、z 轴分别称为横轴、纵轴、竖轴. 每两条坐标轴所决定的平面叫作坐标面,分别称为 xOy 面、yOz 面和 xOz 面. 三个坐标平面将空间分为八个卦限(如图 7-4 所示). 八个卦限的编号分别用Ⅰ,Ⅱ,Ⅲ,Ⅳ,Ⅴ,Ⅵ,Ⅶ,Ⅷ表示.

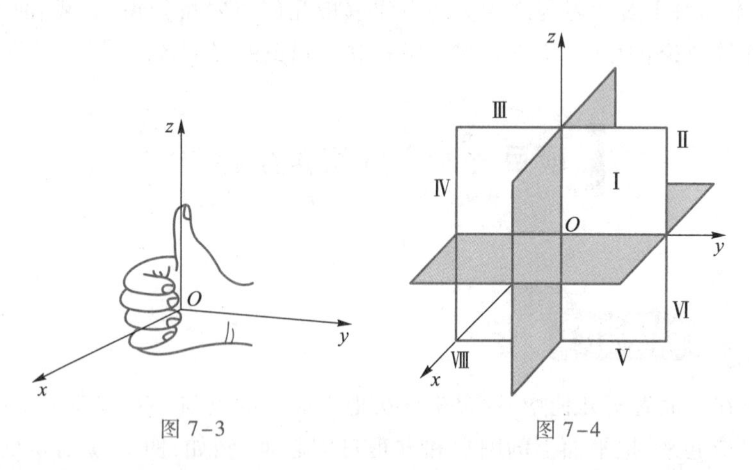

图 7-3　　　　图 7-4

如图 7-5 所示,过空间任意一点 M 分别作 xOy 面、yOz 面、xOz 面的垂线,垂足分别为 D,E,F,则称点 D,E,F 分别为点 M 在 xOy 面、yOz 面、xOz 面上的投影.

由 MD,ME,MF 这三条两两垂直的直线，形成的三个两两垂直的平面分别与 x 轴、y 轴、z 轴交于 A,B,C 三点，称 A,B,C 三点分别为 M 点在 x,y,z 坐标轴上的投影.

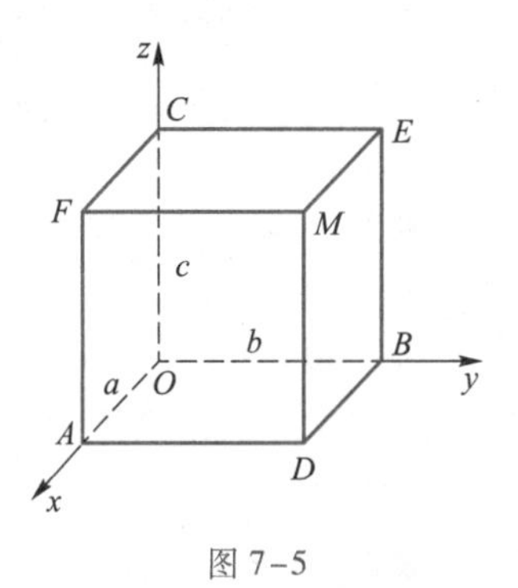

图 7-5

若 A 在 x 轴上的坐标为 a，B 在 y 轴上的坐标为 b，C 在 z 轴上的坐标为 c，则 M 点与有序数组 (a,b,c) 建立了一一对应关系，称有序数组 (a,b,c) 为点 M 的坐标. a,b,c 分别称为点 M 的横坐标、纵坐标、竖坐标.

2. 空间点坐标的特征

下面讨论空间任意位置点的坐标的特征.

设点 $M(x,y,z)$ 为空间任意一点，则

(1) 当点 $M(x,y,z)$ 为 x,y,z 坐标轴上的点时，其坐标分别为 $(x,0,0),(0,y,0),(0,0,z)$；

(2) 当点 $M(x,y,z)$ 为坐标原点时，其坐标为 $(0,0,0)$；

(3) 当点 $M(x,y,z)$ 为坐标平面 xOy、yOz、xOz 上的点时，其坐标分别为 $(x,y,0),(0,y,z),(x,0,z)$；

(4) 当点 $M(x,y,z)$ 为八个卦限的内点时，其坐标的符号特征如表 7-1所示.

表 7-1

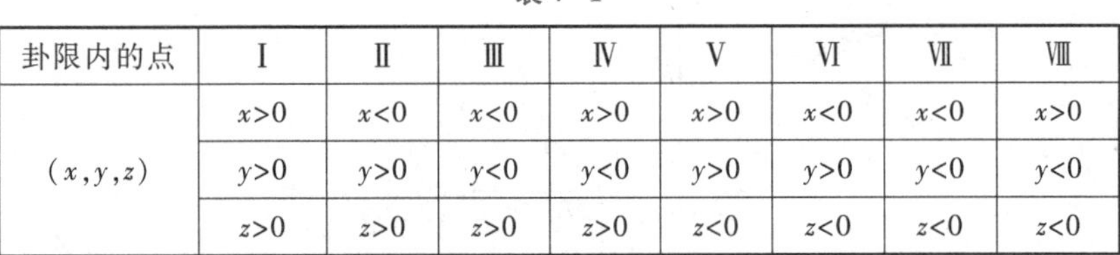

卦限内的点	Ⅰ	Ⅱ	Ⅲ	Ⅳ	Ⅴ	Ⅵ	Ⅶ	Ⅷ
(x,y,z)	$x>0$	$x<0$	$x<0$	$x>0$	$x>0$	$x<0$	$x<0$	$x>0$
	$y>0$	$y>0$	$y<0$	$y<0$	$y>0$	$y>0$	$y<0$	$y<0$
	$z>0$	$z>0$	$z>0$	$z>0$	$z<0$	$z<0$	$z<0$	$z<0$

【例 1☆】 说明下列各点在空间直角坐标系的位置：

$A(-3,0,0),B(2,3,0),C(0,2,0),D(1,-2,1),E(-2,3,-4)$.

解：由空间直角坐标系点的坐标特点得

点 $A(-3,0,0)$ 在 x 轴的负半轴上；

点 $B(2,3,0)$ 在 xOy 坐标面上；

点 $C(0,2,0)$ 在 y 轴正半轴上；

点 $D(1,-2,1)$ 在第Ⅳ卦限；

点 $E(-2,3,-4)$ 在第Ⅵ卦限.

【例 2☆】 已知点 $M(1,-3,4)$，求点 M 关于三个坐标轴的对称点、关于三个坐标平面的对称点及关于原点的对称点.

解：$M(1,-3,4)$ 关于 x 轴的对称点为 $M_1(1,3,-4)$；

$M(1,-3,4)$ 关于 y 轴的对称点为 $M_2(-1,-3,-4)$；

$M(1,-3,4)$ 关于 z 轴的对称点为 $M_3(-1,3,4)$；

$M(1,-3,4)$ 关于 xOy 坐标平面的对称点为 $M_4(1,-3,-4)$；

$M(1,-3,4)$ 关于 xOz 坐标平面的对称点为 $M_5(1,3,4)$；

$M(1,-3,4)$关于 yOz 坐标平面的对称点为 $M_6(-1,-3,4)$；

$M(1,-3,4)$关于原点的对称点为 $M_7(-1,3,-4)$.

【练 1☆】 请写出点$(-1,3,5)$关于坐标平面、坐标轴、坐标原点的对称点的坐标.

3. 两点间的距离公式

已知空间两点 $M_1(x_1,y_1,z_1)$ 和 $M_2(x_2,y_2,z_2)$，求 M_1 和 M_2 之间的距离 d.

过 M_1 和 M_2 各作三个分别垂直于三条坐标轴的平面，这六个平面围成一个以 M_1M_2 为对角线的长方体（图 7-6）. 由于 $\triangle M_1NM_2$ 及 $\triangle M_1PN$ 均为直角三角形，所以

$$\begin{aligned}d^2 &= |M_1M_2|^2\\ &= |M_1N|^2+|NM_2|^2\\ &= |M_1P|^2+|PN|^2+|NM_2|^2\\ &= |x_2-x_1|^2+|y_2-y_1|^2+|z_2-z_1|^2,\end{aligned}$$

所以

$$d=|M_1M_2|=\sqrt{|x_2-x_1|^2+|y_2-y_1|^2+|z_2-z_1|^2}.$$

此公式称为空间两点间的距离公式.

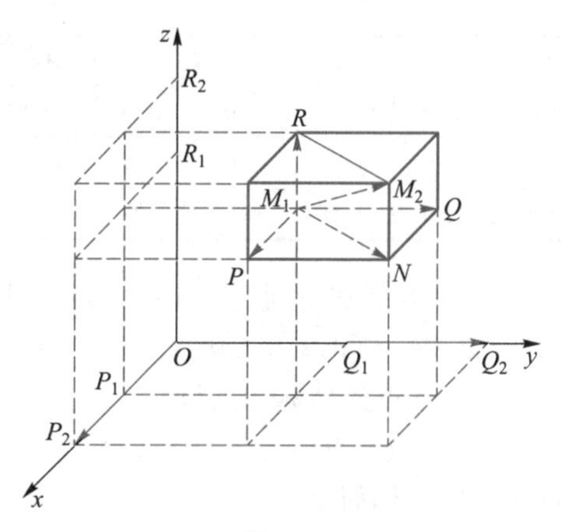

图 7-6

特别，空间一点 $M(x,y,z)$ 与原点 $O(0,0,0)$ 的距离为

$$d=|OM|=\sqrt{x^2+y^2+z^2}.$$

【例 3☆】 在 z 轴上找一点 M，使它与点 $N(1,1,2)$ 的距离为 $3\sqrt{2}$.

解：点 M 在 z 轴上，设其坐标为$(0,0,z)$，由两点间的距离公式即得

$$|MN|^2=18=(1-0)^2+(1-0)^2+(2-z)^2,$$

即
$$z^2-4z-12=0,$$

解得
$$z_1=-2, z_2=6.$$

故所求点为$(0,0,-2)$和$(0,0,6)$.

【例 4☆】　求证以 $M_1(4,3,1)$, $M_2(1,1,0)$, $M_3(0,-2,2)$ 三点为顶点的三角形是一个等腰三角形.

证:因为 $|M_1M_2|^2=(1-4)^2+(1-3)^2+(0-1)^2=14$,

$|M_1M_3|^2=(0-4)^2+(-2-3)^2+(2-1)^2=42$,

$|M_2M_3|^2=(0-1)^2+(-2-1)^2+(2-0)^2=14$,

所以 $|M_1M_2|=|M_2M_3|=\sqrt{14}$,故 $\triangle M_1M_2M_3$ 为等腰三角形.

【练 2☆】　已知点 $A(2,-1,4)$,求

(1) 点 A 到原点的距离;　　(2) 点 A 关于 y 轴的对称点;

(3) 点 A 关于 yOz 平面的对称点;　(4) 点 A 到 y 轴的距离;

(5) 点 A 到 yOz 平面的距离.

习题拓展

【基础过关☆】

说明下列各点在空间直角坐标系的位置:

$A(2,0,0)$, $B(2,7,0)$, $C(0,0,-1)$, $D(-1,-2,5)$, $E(2,-1,-3)$.

【能力达标☆☆】

设 $P(2,-1,3)$,求点 P 关于三个坐标轴的对称点、关于三个坐标平面的对称点及关于原点的对称点.

【应用拓展☆☆☆】

1. 在 z 轴上求与点 $A(-4,1,7)$ 和点 $B(3,5,-2)$ 等距离的点 C 的坐标.

7.4　项目一习题拓展答案

2. 求证以 $M_1(9,1,4)$, $M_2(6,-1,10)$, $M_3(3,4,2)$ 为顶点的三角形是等腰直角三角形.

项目二　向　　量

理论学习

7.5　项目二知识目标及重难点

一、向量的概念

在研究力学、物理学及其他应用科学时,常常会遇到既有大小又有方向的量,如力、力矩、位移、速度、加速度等,这一类量叫作向量.

1. 向量的定义

定义 7.2　向量

既有大小,又有方向的量称为向量.

2. 向量的表示方法

在数学上,往往用一条有方向的线段,即有向线段来表示向量.有向线段的长度表示向量的大小,有向线段的方向表示向量的方向.以 A 为起点,B 为终点的有向线段所表示的向量记为$\overrightarrow{AB}$,如图 7-7 所示.有时也用粗体字母或书写体用一个上面加箭头的字母来表示向量.如 $\boldsymbol{a}$,$\boldsymbol{i}$,$\boldsymbol{F}$,$\vec{a}$,$\vec{b}$,$\vec{c}$ 等等.

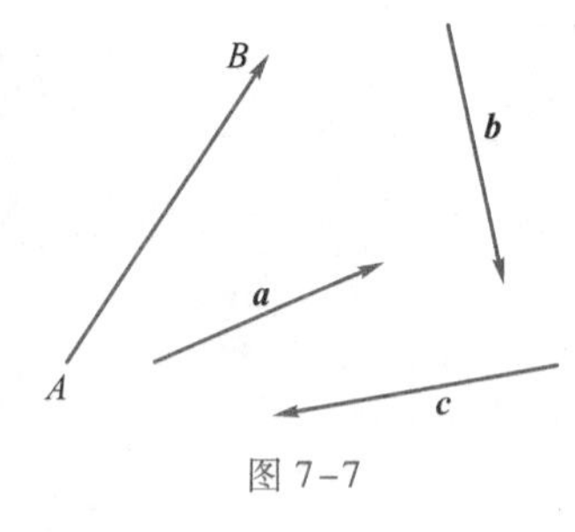

图 7-7

以坐标原点 O 为起点,向一个点 M 引向量$\overrightarrow{OM}$,这个向量叫做点 M 对于点 O 的向径,常用粗体字 $\boldsymbol{r}$ 表示.

在实际问题中,有些向量与其起点有关.有些向量与其起点无关.由于一切向量的共性是它们都有大小和方向,所以在数学上我们只研究与起点无关的向量,并称这种向量为自由向量(以后简称向量),即只考虑向量的大小和方向,而不论它的起点在什么地方.当遇到与起点有关的向量时,可在一般原则下作特别处理.(如,谈到某一质点的运动速度时,这速度就是与所考虑的那一质点的位置有关的向量).

如果两个向量 $\boldsymbol{a}$ 和 $\boldsymbol{b}$ 的大小相等,且方向相同,我们就说向量 $\boldsymbol{a}$ 和 $\boldsymbol{b}$ 是相等的,记作 $\boldsymbol{a}=\boldsymbol{b}$.

向量的大小叫作向量的模,向量$\overrightarrow{M_1M_2}$,$\boldsymbol{a}$ 的模依次记作$|\overrightarrow{M_1M_2}|$,$|\boldsymbol{a}|$.

模等于零的向量称为零向量,记作 $\mathbf{0}$ 或 $\vec{O}$.零向量的起点与终点重合,它的方向可以看作是任意的.

模等于 1 的向量称为单位向量.方向与 $\boldsymbol{a}$ 相同的单位向量称为向量 $\boldsymbol{a}$ 的单位向量,记作 $\boldsymbol{e}_a$.

显然,若 $\boldsymbol{a}$ 为非零向量,则 $\boldsymbol{a}$ 的单位向量可写为 $\boldsymbol{e}_a=\boldsymbol{a}^0=\dfrac{\boldsymbol{a}}{|\boldsymbol{a}|}$.

两个非零向量如果它们的方向相同或相反,就称这两个向量平行.向量 $\boldsymbol{a}$ 与 $\boldsymbol{b}$ 平行,记作 $\boldsymbol{a}//\boldsymbol{b}$.由于零向量的方向可以看作是任意的,因此可以认为零向量与任何向量都平行.

二、向量的线性运算

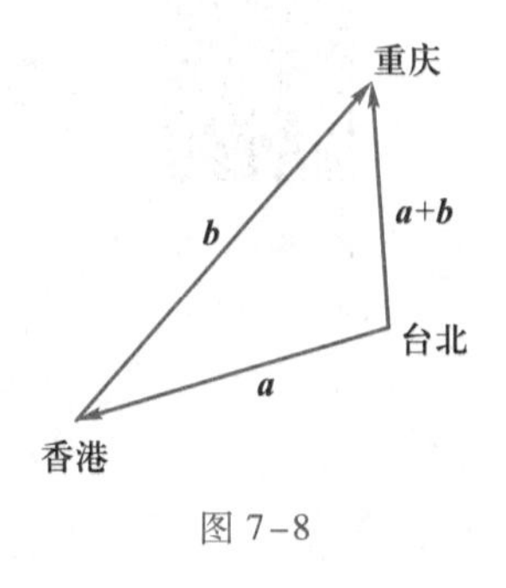

图 7-8

向量的加法、数与向量乘法统称为向量的线性运算.

【引例 1】 2008 年以前,重庆到台北没有直航,因此从台北到重庆,要先从台北到香港,再从香港到重庆,这两次位移之和是多少?

1. 向量的加减法

(1) 向量的加法

设有两个向量 $\boldsymbol{a}$ 与 $\boldsymbol{b}$,任取一点 A,作$\overrightarrow{AB}=\boldsymbol{a}$,再以 B 为起点,作$\overrightarrow{BC}=$

$\boldsymbol{b}$，连接 AC（图 7-9），那么向量 $\overrightarrow{AC}=\boldsymbol{c}$ 称为向量 $\boldsymbol{a}$ 与 $\boldsymbol{b}$ 的和，记作 $\boldsymbol{a}+\boldsymbol{b}$，即

$$\boldsymbol{c}=\boldsymbol{a}+\boldsymbol{b}.$$

上述作出两向量之和的方法叫作向量相加的三角形法则.

当向量 $\boldsymbol{a}$ 与 $\boldsymbol{b}$ 不平行时，作 $\overrightarrow{AB}=\boldsymbol{a}$，$\overrightarrow{AD}=\boldsymbol{b}$，以 AB，AD 为边作一平行四边形 $ABCD$，连接对角线 AC（图 7-10），显然向量 $\overrightarrow{AC}$ 即等于向量 $\boldsymbol{a}$ 与 $\boldsymbol{b}$ 的和 $\boldsymbol{a}+\boldsymbol{b}$.

上述作出两向量之和的方法叫作向量相加的平行四边形法则.

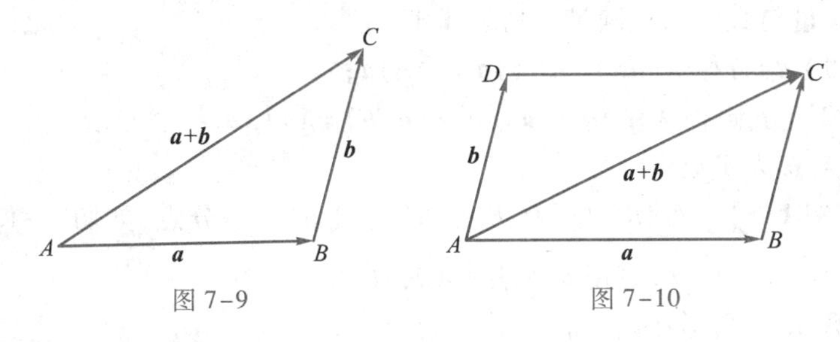

图 7-9　　图 7-10

三角形法则还可以推广到求空间任意有限个向量的和，从第一个向量开始，依次把下一个向量的起点放在前一个向量的终点上，最后从第一个向量的始点到最末一个向量的终点的有向线段，就是这些向量的和，如图 7-11 所示. 这种方法叫作向量加法的多边形法则.

向量加法的运算律

① 交换律　$\boldsymbol{a}+\boldsymbol{b}=\boldsymbol{b}+\boldsymbol{a}$；

② 结合律　$(\boldsymbol{a}+\boldsymbol{b})+\boldsymbol{c}=\boldsymbol{a}+(\boldsymbol{b}+\boldsymbol{c})$.

（2）向量的减法

设 $\boldsymbol{a}$ 为一向量，与 $\boldsymbol{a}$ 的模相同而方向相反的向量叫作 $\boldsymbol{a}$ 的负向量，记作 $-\boldsymbol{a}$. 由此，我们规定两个向量 $\boldsymbol{a}$ 与 $\boldsymbol{b}$ 的差.

将向量 $\boldsymbol{b}$ 变成负向量 $-\boldsymbol{b}$，再与 $\boldsymbol{a}$ 相加，如图 7-12，即 $\boldsymbol{a}-\boldsymbol{b}=\boldsymbol{a}+(-\boldsymbol{b})$.

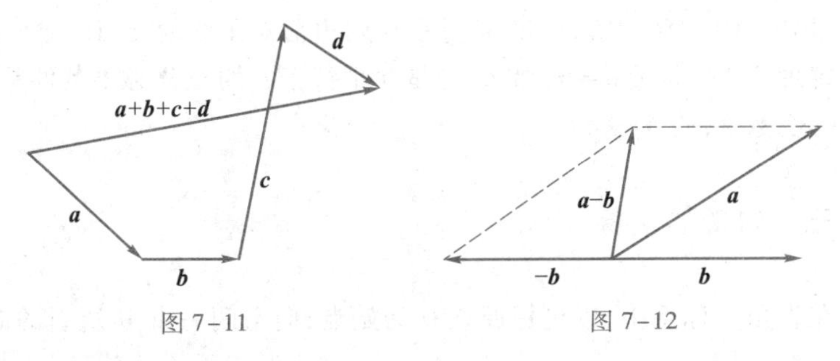

图 7-11　　图 7-12

特别地，任一个向量与零向量的和与差都等于它本身.

由三角形两边之和大于第三边的原理，有

$$|\boldsymbol{a}+\boldsymbol{b}|\leqslant|\boldsymbol{a}|+|\boldsymbol{b}| \quad 及 \quad |\boldsymbol{a}-\boldsymbol{b}|\leqslant|\boldsymbol{a}|+|\boldsymbol{b}|.$$

其中，当 $\boldsymbol{a}$ 与 $\boldsymbol{b}$ 同向或反向时等号成立.

2. 向量与数的乘法

向量 $\boldsymbol{a}$ 与实数 λ 的乘积记作 $\lambda\boldsymbol{a}$,其中 $\lambda\boldsymbol{a}$ 有如下性质:

(1) $\lambda\boldsymbol{a}$ 是一个向量;

(2) $|\lambda\boldsymbol{a}|=|\lambda||\boldsymbol{a}|$;

(3) 若 $\lambda>0$,$\lambda\boldsymbol{a}$ 与 $\boldsymbol{a}$ 的方向相同;

若 $\lambda<0$,$\lambda\boldsymbol{a}$ 与 $\boldsymbol{a}$ 的方向相反;

若 $\lambda=0$,$\lambda\boldsymbol{a}$ 是零向量,方向任意;

(4) 若 $\boldsymbol{a}$ 为零向量,规定 $\lambda\boldsymbol{a}=\boldsymbol{0}$.

向量与数的乘积满足下列运算律:

(1) 结合律 $\lambda(\mu\boldsymbol{a})=\mu(\lambda)\boldsymbol{a}=(\lambda\mu)\boldsymbol{a}$;

(2) 分配律$(\lambda+\mu)\boldsymbol{a}=\lambda\boldsymbol{a}+\mu\boldsymbol{a}$,$\lambda(\boldsymbol{a}+\boldsymbol{b})=\lambda\boldsymbol{a}+\lambda\boldsymbol{b}$.

其中,λ,μ 为实数.

【例 1☆】 $\triangle ABC$ 中,D,E 是 BC 边上的三等分点,如图 7-13 所示,设$\overrightarrow{AB}=\boldsymbol{a}$,$\overrightarrow{AC}=\boldsymbol{b}$.试用 $\boldsymbol{a}$,$\boldsymbol{b}$ 表示$\overrightarrow{AD}$,$\overrightarrow{AE}$.

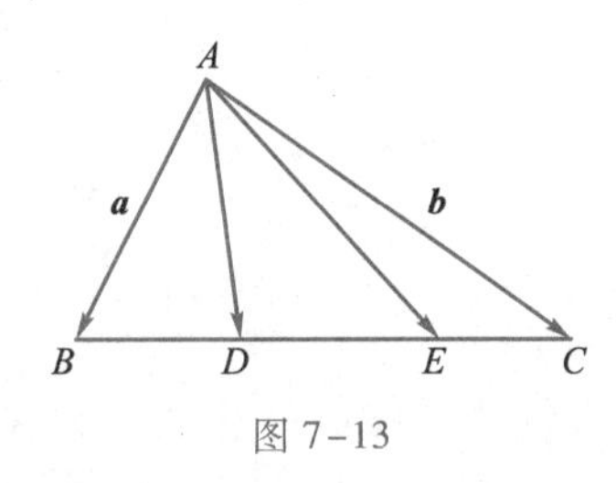

图 7-13

解:由三角形法则,知

$$\overrightarrow{BC}=\boldsymbol{b}-\boldsymbol{a}.$$

再由数乘向量,知

$$\overrightarrow{BD}=\frac{1}{3}\overrightarrow{BC}=\frac{1}{3}(\boldsymbol{b}-\boldsymbol{a}),\quad \overrightarrow{EC}=\frac{1}{3}\overrightarrow{BC}=\frac{1}{3}(\boldsymbol{b}-\boldsymbol{a}).$$

从$\triangle ABD$ 及$\triangle AEC$ 中可得

$$\overrightarrow{AD}=\overrightarrow{AB}+\overrightarrow{BD},\quad \overrightarrow{AE}=\overrightarrow{AC}+\overrightarrow{CE}=\overrightarrow{AC}-\overrightarrow{EC}.$$

所以

$$\overrightarrow{AD}=\boldsymbol{a}+\frac{1}{3}(\boldsymbol{b}-\boldsymbol{a})=\frac{1}{3}(\boldsymbol{b}+2\boldsymbol{a}),$$

$$\overrightarrow{AE}=\boldsymbol{b}-\frac{1}{3}(\boldsymbol{b}-\boldsymbol{a})=\frac{1}{3}(2\boldsymbol{b}+\boldsymbol{a}).$$

【练 1☆】 在平行四边形 $ABCD$ 内,设$\overrightarrow{AB}=\boldsymbol{a}$,$\overrightarrow{AD}=\boldsymbol{b}$,试用 $\boldsymbol{a}$ 和 $\boldsymbol{b}$ 表示向量$\overrightarrow{MA}$,$\overrightarrow{MB}$,$\overrightarrow{MC}$,$\overrightarrow{MD}$,这里 M 是平行四边形对角线的交点.

定理 7.1 向量 $\boldsymbol{a}\neq\boldsymbol{0}$,那么,向量 $\boldsymbol{b}$ 平行于 $\boldsymbol{a}$ 的充分必要条件是:存在唯一实数 λ,使 $\boldsymbol{b}=\lambda\boldsymbol{a}$.

三、向量的坐标

在直角坐标系中,以坐标原点 O 为始点,向空间一点 M 所引的向量$\overrightarrow{OM}$,叫作点 M 关于点 O 的向径,通常用 $\boldsymbol{r}$ 表示.

在 x,y,z 轴的正方向上各取一个单位向量,分别记为 $\boldsymbol{i}$,$\boldsymbol{j}$,$\boldsymbol{k}$,称为基本单位向量.

设向径 $\boldsymbol{r}=\overrightarrow{OM}$,终点为 $M(x,y,z)$.自点 M 向 z 轴作垂线,垂足为 R,

自点 M 向 xOy 面作垂线，垂足为 M'，再由 M' 分别向 x 轴、y 轴作垂线，垂足分别是 P,Q，由图 7-14，利用向量的加法可得

$$\overrightarrow{OM}=\overrightarrow{OM'}+\overrightarrow{M'M}.$$

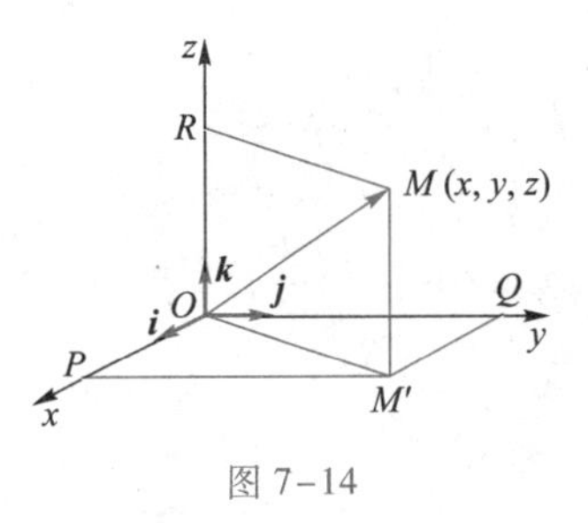

图 7-14

在 $\triangle OPM'$ 中　　$\overrightarrow{OM'}=\overrightarrow{OP}+\overrightarrow{PM'},\overrightarrow{PM'}=\overrightarrow{OQ}.$

又 $\overrightarrow{M'M}=\overrightarrow{OR}$，所以得　　$\overrightarrow{OM}=\overrightarrow{OP}+\overrightarrow{OQ}+\overrightarrow{OR}.$

又 $\overrightarrow{OP}=x\boldsymbol{i},\overrightarrow{OQ}=y\boldsymbol{j},\overrightarrow{OR}=z\boldsymbol{k}$，故

$$\boldsymbol{r}=\overrightarrow{OM}=x\boldsymbol{i}+y\boldsymbol{j}+z\boldsymbol{k}.$$

显然，向径与其终点 M 之间是一一对应关系，即 $\boldsymbol{r}$ 与三元有序数组 x,y,z 之间存在一一对应关系，因此向径 $\boldsymbol{r}$ 由有序数组 x,y,z 唯一确定，我们把这个有序数组叫作向径的坐标，并记作 $\boldsymbol{r}=(x,y,z)$，称为向径的坐标表示式.

特别强调，一个点与该点的向径有相同的坐标，记号 (x,y,z) 既表示点 M，又表示向量 $\overrightarrow{OM}$，因此，求点 M 的坐标就是求 $\overrightarrow{OM}$ 的坐标. 但要注意，在几何中，点与向量是两个不同的概念，不可混淆，在看到记号 (x,y,z) 时，须从上下文去认清它究竟表示点还是表示向量，当 (x,y,z) 表示向量时，可对它进行运算；当 (x,y,z) 表示点时，就不能进行运算.

利用向径的坐标表示式，我们容易得到空间中任意向量的坐标表示式.

已知空间两点 $M_1(x_1,y_1,z_1)$ 和 $M_2(x_2,y_2,z_2)$，作以 M_1 为始点，M_2 为终点的向量 $\overrightarrow{M_1M_2}$，如图 7-15，连接 $\overrightarrow{OM_1},\overrightarrow{OM_2}$，则有

$$\overrightarrow{OM_1}=x_1\boldsymbol{i}+y_1\boldsymbol{j}+z_1\boldsymbol{k}=(x_1,y_1,z_1),$$

$$\overrightarrow{OM_2}=x_2\boldsymbol{i}+y_2\boldsymbol{j}+z_2\boldsymbol{k}=(x_2,y_2,z_2),$$

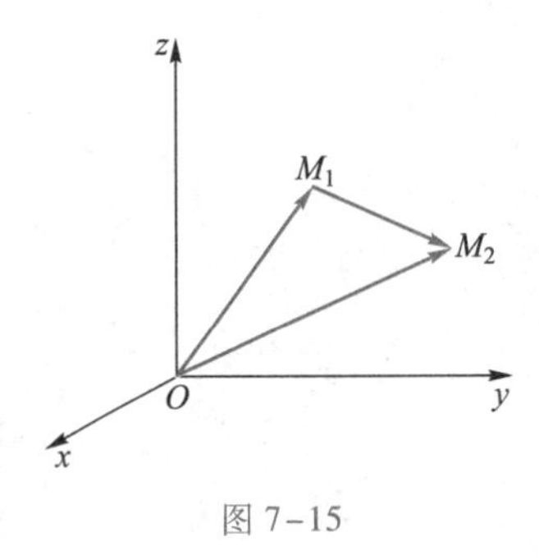

图 7-15

于是

$$\begin{aligned}\overrightarrow{M_1M_2}&=\overrightarrow{OM_2}-\overrightarrow{OM_1}\\&=(x_2\boldsymbol{i}+y_2\boldsymbol{j}+z_2\boldsymbol{k})-(x_1\boldsymbol{i}+y_1\boldsymbol{j}+z_1\boldsymbol{k})\\&=(x_2-x_1)\boldsymbol{i}+(y_2-y_1)\boldsymbol{j}+(z_2-z_1)\boldsymbol{k}\\&=(x_2-x_1,y_2-y_1,z_2-z_1).\end{aligned}$$

重要结论：向量的坐标等于它终点与始点的对应坐标之差.

利用向量的坐标，可得向量的线性运算如下.

设 $\boldsymbol{a}=(x_1,y_1,z_1),\boldsymbol{b}=(x_2,y_2,z_2)$，即

$$\boldsymbol{a}=x_1\boldsymbol{i}+y_1\boldsymbol{j}+z_1\boldsymbol{k},\boldsymbol{b}=x_2\boldsymbol{i}+y_2\boldsymbol{j}+z_2\boldsymbol{k}.$$

利用向量加法的交换律与结合律，以及数乘向量的结合律与分配律，有

$$\boldsymbol{a}=\boldsymbol{b}\Leftrightarrow x_1=x_2,y_1=y_2,z_1=z_2,$$

$$\boldsymbol{a}+\boldsymbol{b}=(x_1+x_2)\boldsymbol{i}+(y_1+y_2)\boldsymbol{j}+(z_1+z_2)\boldsymbol{k},$$

$$\boldsymbol{a}-\boldsymbol{b}=(x_1-x_2)\boldsymbol{i}+(y_1-y_2)\boldsymbol{j}+(z_1-z_2)\boldsymbol{k},$$

$$\lambda\boldsymbol{a}=\lambda x_1\boldsymbol{i}+\lambda y_1\boldsymbol{j}+\lambda z_1\boldsymbol{k},$$

即
$$\boldsymbol{a}+\boldsymbol{b}=(x_1+x_2,y_1+y_2,z_1+z_2),$$
$$\boldsymbol{a}-\boldsymbol{b}=(x_1-x_2,y_1-y_2,z_1-z_2),$$
$$\lambda\boldsymbol{a}=(\lambda x_1,\lambda y_1,\lambda z_1)(其中\ \lambda\ 为任意常数).$$

定理 7.2 若 $\boldsymbol{a}=(x_1,y_1,z_1)$，$\boldsymbol{b}=(x_2,y_2,z_2)$是两个非零向量，则向量 $\boldsymbol{a}/\!/\boldsymbol{b}$ 的充分必要条件是

$$\frac{x_2}{x_1}=\frac{y_2}{y_1}=\frac{z_2}{z_1}或\ \boldsymbol{a}=\lambda\boldsymbol{b}.$$

【例 2☆】 设向量 $\boldsymbol{a}=(3,-4,5)$，$\boldsymbol{b}=(-2,-1,3)$，求 $\boldsymbol{a}+2\boldsymbol{b}$，$3\boldsymbol{a}-4\boldsymbol{b}$.

解：$\boldsymbol{a}+2\boldsymbol{b}=(3,-4,5)+2(-2,-1,3)=(-1,-6,11)$，

$3\boldsymbol{a}-4\boldsymbol{b}=3(3,-4,5)-4(-2,-1,3)=(17,-8,3)$.

【练 2☆】 已知两点 $A(4,0,5)$ 和 $B(7,1,3)$，求与$\overrightarrow{AB}$方向相同的单位向量.

【例 3☆】 已知向量 $\boldsymbol{a}=(-1,2,m)$，$\boldsymbol{b}=(2,n,-1)$，且 $\boldsymbol{a}/\!/\boldsymbol{b}$，求 m,n 的值.

解：依题意有$\frac{-1}{2}=\frac{2}{n}=\frac{m}{-1}$，解得

$$n=-4,m=\frac{1}{2}.$$

【练 3☆】 设向量 $\boldsymbol{a}=(2,-1,3)$，$\boldsymbol{b}=(-2,-4,1)$，求 $2\boldsymbol{a}-3\boldsymbol{b}$，$|\boldsymbol{a}|-|\boldsymbol{b}|$，$|\boldsymbol{a}-\boldsymbol{b}|$.

【例 4☆☆】 将点 $M_1(0,-1,3)$ 和 $M_2(2,3,-4)$ 间的线段三等分，求分点 A,B 的坐标.

解：设分点依次为 $A(x_A,y_A,z_A)$，$B(x_B,y_B,z_B)$. 由于

$$\overrightarrow{M_1M_2}=(2,3,-4)-(0,-1,3)=(2,4,-7),$$
$$\overrightarrow{M_1A}=\frac{1}{3}\overrightarrow{M_1M_2}=\frac{1}{3}(2,4,-7)=\left(\frac{2}{3},\frac{4}{3},-\frac{7}{3}\right),$$

而 $\overrightarrow{M_1A}=(x_A-0,y_A+1,z_A-3)$，

所以 $x_A=\frac{2}{3}+0=\frac{2}{3}$，$y_A=\frac{4}{3}-1=\frac{1}{3}$，$z_A=-\frac{7}{3}+3=\frac{2}{3}$.

同理，由于

$$\overrightarrow{BM_2}=\frac{1}{3}\overrightarrow{M_1M_2}=\frac{1}{3}(2,4,-7)=\left(\frac{2}{3},\frac{4}{3},-\frac{7}{3}\right),$$

而
$$\overrightarrow{BM_2}=(2-x_B,3-y_B,-4-z_B),$$

所以 $x_B=2-\frac{2}{3}=\frac{4}{3}$，$y_B=3-\frac{4}{3}=\frac{5}{3}$，$z_B=-4+\frac{7}{3}=-\frac{5}{3}$.

综上可得，分点依次为 $A\left(\frac{2}{3},\frac{1}{3},\frac{2}{3}\right)$，$B\left(\frac{4}{3},\frac{5}{3},-\frac{5}{3}\right)$.

【练 4☆☆】　给定两点 $M_1(2,5,-3)$ 和 $M_2(3,-2,5)$. 设在线段 M_1M_2 上一点 M 满足 $\overrightarrow{M_1M}=3\overrightarrow{MM_2}$，求向量 $\overrightarrow{OM}$ 的坐标.

四、向量的模、方向余弦

向量可以用它的模和方向来表示，也可以用它的坐标来表示. 为了应用上的方便，有必要找出这两种表示方法之间的联系，就是说要找出向量的坐标与向量的模、方向之间的联系.

任给向量 $\boldsymbol{a}=(x_1,y_1,z_1)$，作向径 $\overrightarrow{OM}=\boldsymbol{a}$，则 $\overrightarrow{OM}=(x_1,y_1,z_1)$，点 M 的坐标为 (x_1,y_1,z_1)，因此 $|\boldsymbol{a}|=|\overrightarrow{OM}|=|OM|=\sqrt{x_1^2+y_1^2+z_1^2}$.

定义 7.3　向量的夹角

设有两个非零向量 $\boldsymbol{a},\boldsymbol{b}$，作向径 $\overrightarrow{OA}=\boldsymbol{a}$，$\overrightarrow{OB}=\boldsymbol{b}$，规定不超过 π 的 $\angle AOB$（设 $\varphi=\angle AOB, 0\leqslant\varphi\leqslant\pi$）称为向量 $\boldsymbol{a}$ 与 $\boldsymbol{b}$ 的夹角（图 7-16），记作 $\langle\boldsymbol{a},\boldsymbol{b}\rangle$ 或 $\langle\boldsymbol{b},\boldsymbol{a}\rangle$.

定义 7.4　方向角

非零向量 $\boldsymbol{a}=(x,y,z)$ 与三条坐标轴的夹角 α,β,γ 称为向量 $\boldsymbol{a}$ 的方向角（图 7-17），方向角的余弦 $\cos\alpha,\cos\beta,\cos\gamma$ 称为向量 $\boldsymbol{a}$ 的方向余弦.

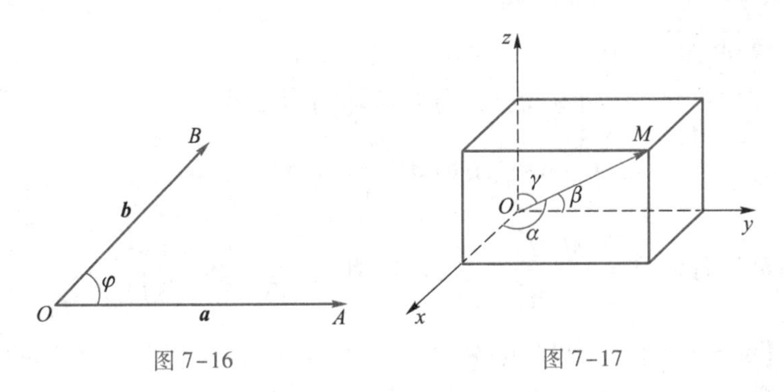

图 7-16　　图 7-17

容易推得

$$\cos\alpha=\frac{x}{\sqrt{x^2+y^2+z^2}},\cos\beta=\frac{y}{\sqrt{x^2+y^2+z^2}},\cos\gamma=\frac{z}{\sqrt{x^2+y^2+z^2}}$$

以及关系式　$\cos^2\alpha+\cos^2\beta+\cos^2\gamma=1$.

如果 $\boldsymbol{a}$ 是非零向量，则 $\boldsymbol{a}$ 的单位向量 $\boldsymbol{e}_a=\frac{\boldsymbol{a}}{|\boldsymbol{a}|}$，因此，

$$\boldsymbol{e}_a=(\cos\alpha,\cos\beta,\cos\gamma).$$

这说明以 $\boldsymbol{a}$ 的三个方向余弦为坐标的向量是 $\boldsymbol{a}$ 的单位向量.

【例 5☆】　如图 7-18 所示，已知点 $M(3,4,5)$，沿 OM 方向的作用力 $\boldsymbol{F}$ 的大小为 10 N. 求力 $\boldsymbol{F}$ 在 x,y,z 轴上的分力.

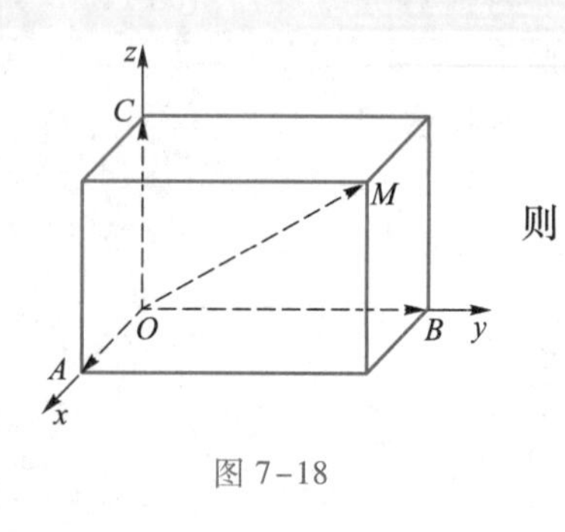

图 7-18

解:设力 $\boldsymbol{F}$ 与 x,y,z 轴正方向的夹角分别为 α,β,γ,由题意得

$$\overrightarrow{OM}=(3,4,5),$$

则

$$|\overrightarrow{OM}|=\sqrt{3^2+4^2+5^2}=5\sqrt{2},$$

$$\cos\alpha=\frac{|\overrightarrow{OA}|}{|\overrightarrow{OM}|}=\frac{3}{5\sqrt{2}}=\frac{3\sqrt{2}}{10},$$

$$\cos\beta=\frac{|\overrightarrow{OB}|}{|\overrightarrow{OM}|}=\frac{4}{5\sqrt{2}}=\frac{2\sqrt{2}}{5},$$

$$\cos\gamma=\frac{|\overrightarrow{OC}|}{|\overrightarrow{OM}|}=\frac{5}{5\sqrt{2}}=\frac{\sqrt{2}}{2},$$

所以

$$\overrightarrow{OA}=|\boldsymbol{F}|\cos\alpha=10\times\frac{3\sqrt{2}}{10}=3\sqrt{2}\,(\mathrm{N}),$$

$$\overrightarrow{OB}=|\boldsymbol{F}|\cos\beta=10\times\frac{2\sqrt{2}}{5}=4\sqrt{2}\,(\mathrm{N}),$$

$$\overrightarrow{OC}=|\boldsymbol{F}|\cos\gamma=10\times\frac{\sqrt{2}}{2}=5\sqrt{2}\,(\mathrm{N}).$$

因此,力 $\boldsymbol{F}$ 在 x,y,z 轴上的投影分别为 $3\sqrt{2}$ N,$4\sqrt{2}$ N,$5\sqrt{2}$ N.

【例 6☆☆】 已知两点 $M_1(-1,2,3)$,$M_2(0,3,2)$,计算向量$\overrightarrow{M_1M_2}$的模、方向余弦及单位向量.

解:$\overrightarrow{M_1M_2}=(0-(-1),3-2,2-3)=(1,1,-1)$,

$$|\overrightarrow{M_1M_2}|=\sqrt{1^2+1^2+(-1)^2}=\sqrt{3},$$

$$\cos\alpha=\frac{1}{\sqrt{3}},\cos\beta=\frac{1}{\sqrt{3}},\cos\gamma=-\frac{1}{\sqrt{3}},$$

它的单位向量:$\boldsymbol{e}_a=\dfrac{\overrightarrow{M_1M_2}}{|\overrightarrow{M_1M_2}|}=\dfrac{1}{\sqrt{3}}(1,1,-1)=\left(\dfrac{1}{\sqrt{3}},\dfrac{1}{\sqrt{3}},-\dfrac{1}{\sqrt{3}}\right)$.

【练 5☆☆】 已知两点 $M(2,-3,5)$,$N(-1,0,2)$,求向量$\overrightarrow{MN}$的模、方向余弦.

【例 7☆☆】 已知向量 $\boldsymbol{a}$ 的 $\cos\alpha=\dfrac{1}{3}$,$\cos\beta=\dfrac{2}{3}$,$|\boldsymbol{a}|=3$,求向量 $\boldsymbol{a}$.

解:向量的方向余弦有关系式 $\cos^2\alpha+\cos^2\beta+\cos^2\gamma=1$,解得

$$\cos\gamma=\pm\sqrt{1-\cos^2\alpha-\cos^2\beta}=\pm\sqrt{1-\frac{1}{9}-\frac{4}{9}}=\pm\frac{2}{3},$$

则向量 $\boldsymbol{a}$ 的坐标为

$$x=|\boldsymbol{a}|\cos\alpha=3\times\frac{1}{3}=1,$$

$$y=|\boldsymbol{a}|\cos\beta=3\times\frac{2}{3}=2,$$

$$z=|\boldsymbol{a}|\cos\gamma=\pm3\times\frac{2}{3}=\pm2.$$

于是所求向量有两个 $\boldsymbol{i}+2\boldsymbol{j}+2\boldsymbol{k}$, $\boldsymbol{i}+2\boldsymbol{j}-2\boldsymbol{k}$.

【练 6☆☆】 设向量 $\boldsymbol{a}$ 的方向角依次为 α,β,γ，其中 $\alpha=\frac{\pi}{3}$, $\beta=\frac{2\pi}{3}$，求角 γ.

五、向量的数量积

1. 两向量的数量积

【引例 2】 设一物体在常力 $\boldsymbol{F}$ 作用下沿直线从 M_1 移动到 M_2，即有位移 $\boldsymbol{s}=\overrightarrow{M_1M_2}$，若力 $\boldsymbol{F}$ 与位移 $\boldsymbol{s}$ 的夹角为 θ(图 7-19)，则由物理学知，力 $\boldsymbol{F}$ 所做的功为 $W=|\boldsymbol{F}||\boldsymbol{s}|\cos\theta$.

在数学上加以抽象，有如下定义：

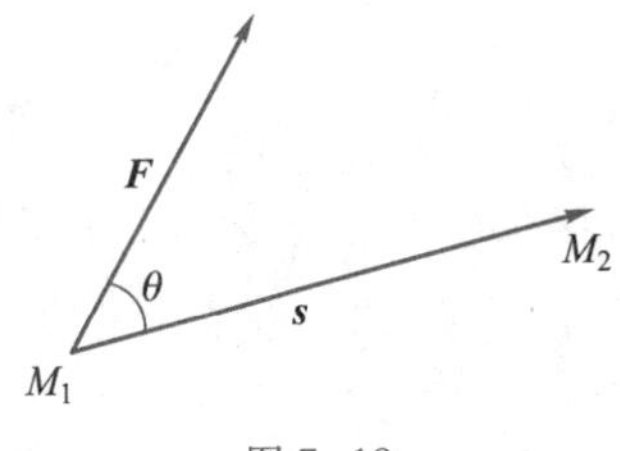

图 7-19

定义 7.5 向量数量积

设有向量 $\boldsymbol{a}$ 和 $\boldsymbol{b}$，它们的夹角记作 $\theta(0\leqslant\theta\leqslant\pi)$，称数值 $|\boldsymbol{a}||\boldsymbol{b}|\cos\theta$ 为向量 $\boldsymbol{a}$ 与 $\boldsymbol{b}$ 的数量积，记作 $\boldsymbol{a}\cdot\boldsymbol{b}$，即 $\boldsymbol{a}\cdot\boldsymbol{b}=|\boldsymbol{a}||\boldsymbol{b}|\cos\theta$.

由上式易得向量 $\boldsymbol{a}$ 和 $\boldsymbol{b}$ 的夹角公式 $\cos\theta=\frac{\boldsymbol{a}\cdot\boldsymbol{b}}{|\boldsymbol{a}||\boldsymbol{b}|}$.

根据这个定义，上述问题中力所做的功 W 是力 $\boldsymbol{F}$ 与位移 $\boldsymbol{s}$ 的数量积，即 $W=\boldsymbol{F}\cdot\boldsymbol{s}$.

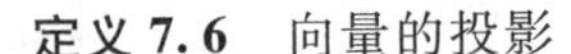

定义 7.6 向量的投影

$\mathrm{Prj}_{\boldsymbol{b}}\boldsymbol{a}$ 称为向量 $\boldsymbol{a}$ 在向量 $\boldsymbol{b}$ 上的投影(标量)，如图 7-20 所示，其中 θ 为向量 $\boldsymbol{a},\boldsymbol{b}$ 之间的夹角，即 $\mathrm{Prj}_{\boldsymbol{b}}\boldsymbol{a}=|\boldsymbol{a}|\cos\theta$.

利用向量的投影可把向量的内积写成

$$\boldsymbol{a}\cdot\boldsymbol{b}=|\boldsymbol{a}||\boldsymbol{b}|\cos\theta=|\boldsymbol{b}|\mathrm{Prj}_{\boldsymbol{b}}\boldsymbol{a}.$$

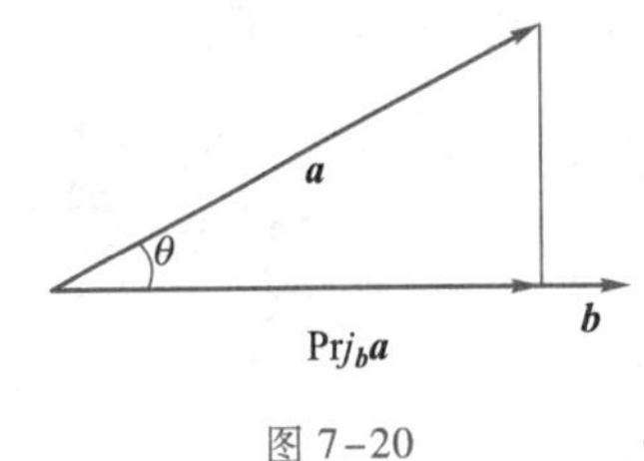

图 7-20

由数量积的定义可得

(1) $\boldsymbol{a}\cdot\boldsymbol{a}=|\boldsymbol{a}|^2$;

(2) 向量 $\boldsymbol{a}\perp\boldsymbol{b}$ 的充分必要条件是 $\boldsymbol{a}\cdot\boldsymbol{b}=0$.

向量数量积满足下列运算律

(1) 交换律　$\boldsymbol{a}\cdot\boldsymbol{b}=\boldsymbol{b}\cdot\boldsymbol{a}$;

(2) 分配律　$(\boldsymbol{a}+\boldsymbol{b})\cdot\boldsymbol{c}=\boldsymbol{a}\cdot\boldsymbol{c}+\boldsymbol{b}\cdot\boldsymbol{c}$，　$\boldsymbol{a}\cdot(\boldsymbol{b}+\boldsymbol{c})=\boldsymbol{a}\cdot\boldsymbol{b}+\boldsymbol{a}\cdot\boldsymbol{c}$;

(3) 结合律　$(\lambda\boldsymbol{a})\cdot\boldsymbol{b}=\lambda(\boldsymbol{a}\cdot\boldsymbol{b})$　(λ 为数).

【例 8☆】 设 $|\boldsymbol{a}|=3$, $|\boldsymbol{b}|=2$, $\langle\boldsymbol{a},\boldsymbol{b}\rangle=\frac{\pi}{3}$，求 $|\boldsymbol{a}-\boldsymbol{b}|$.

解： $|\boldsymbol{a}-\boldsymbol{b}|=\sqrt{(\boldsymbol{a}-\boldsymbol{b})^2}=\sqrt{\boldsymbol{a}^2-\boldsymbol{a}\cdot\boldsymbol{b}-\boldsymbol{b}\cdot\boldsymbol{a}+\boldsymbol{b}^2}=\sqrt{|\boldsymbol{a}|^2-2\boldsymbol{a}\cdot\boldsymbol{b}+|\boldsymbol{b}|^2}$.

而　$\boldsymbol{a}\cdot\boldsymbol{a}=|\boldsymbol{a}|^2=9$，　$\boldsymbol{b}\cdot\boldsymbol{b}=|\boldsymbol{b}|^2=4$，　$\boldsymbol{a}\cdot\boldsymbol{b}=|\boldsymbol{a}||\boldsymbol{b}|\cos\langle\boldsymbol{a},\boldsymbol{b}\rangle=3$，

所以 $|\boldsymbol{a}-\boldsymbol{b}|=\sqrt{4-6+9}=\sqrt{7}$.

2. 数量积的坐标表示式

设 $\boldsymbol{a}=x_1\boldsymbol{i}+y_1\boldsymbol{j}+z_1\boldsymbol{k}$，$\boldsymbol{b}=x_2\boldsymbol{i}+y_2\boldsymbol{j}+z_2\boldsymbol{k}$，按数量积的运算律可得

$$\begin{aligned}\boldsymbol{a}\cdot\boldsymbol{b}&=(x_1\boldsymbol{i}+y_1\boldsymbol{j}+z_1\boldsymbol{k})\cdot(x_2\boldsymbol{i}+y_2\boldsymbol{j}+z_2\boldsymbol{k})\\&=x_1x_2\boldsymbol{i}\cdot\boldsymbol{i}+x_1y_2\boldsymbol{i}\cdot\boldsymbol{j}+x_1z_2\boldsymbol{i}\cdot\boldsymbol{k}+y_1x_2\boldsymbol{j}\cdot\boldsymbol{i}+y_1y_2\boldsymbol{j}\cdot\boldsymbol{j}+y_1z_2\boldsymbol{j}\cdot\boldsymbol{k}+\\&\quad z_1x_2\boldsymbol{k}\cdot\boldsymbol{i}+z_1y_2\boldsymbol{k}\cdot\boldsymbol{j}+z_1z_2\boldsymbol{k}\cdot\boldsymbol{k},\end{aligned}$$

由于 $\boldsymbol{i},\boldsymbol{j},\boldsymbol{k}$ 互相垂直，所以

$$\boldsymbol{i}\cdot\boldsymbol{j}=\boldsymbol{j}\cdot\boldsymbol{k}=\boldsymbol{k}\cdot\boldsymbol{i}=0,\ \boldsymbol{j}\cdot\boldsymbol{i}=\boldsymbol{k}\cdot\boldsymbol{j}=\boldsymbol{i}\cdot\boldsymbol{k}=0.$$

又由于 $\boldsymbol{i},\boldsymbol{j},\boldsymbol{k}$ 的模均为 1，所以

$$\boldsymbol{i}\cdot\boldsymbol{i}=\boldsymbol{j}\cdot\boldsymbol{j}=\boldsymbol{k}\cdot\boldsymbol{k}=1.$$

即 $\boldsymbol{a}\cdot\boldsymbol{b}=x_1x_2+y_1y_2+z_1z_2$.

重要结论 两个向量的数量积等于它们对应坐标两两乘积之和.

因 $\boldsymbol{a}\cdot\boldsymbol{b}=|\boldsymbol{a}||\boldsymbol{b}|\cos\theta$，所以当 $\boldsymbol{a},\boldsymbol{b}$ 都不是零向量时，有

$$\cos\theta=\frac{x_1x_2+y_1y_2+z_1z_2}{\sqrt{x_1^2+y_1^2+z_1^2}\times\sqrt{x_2^2+y_2^2+z_2^2}}.$$

向量 $\boldsymbol{a}\perp\boldsymbol{b}$ 的充要条件是 $\boldsymbol{a}\cdot\boldsymbol{b}=0$，即 $x_1x_2+y_1y_2+z_1z_2=0$.

【例 9☆】 已知 $\boldsymbol{a}=(-1,2,-3)$，$\boldsymbol{b}=(-2,1,2)$，求

(1) $|\boldsymbol{a}|,|\boldsymbol{b}|$；(2) $\boldsymbol{a}\cdot\boldsymbol{b}$；(3) $\cos\langle\boldsymbol{a},\boldsymbol{b}\rangle$.

解：(1) $|\boldsymbol{a}|=\sqrt{1+4+9}=\sqrt{14}$，$|\boldsymbol{b}|=\sqrt{4+1+4}=3$；

(2) $\boldsymbol{a}\cdot\boldsymbol{b}=(-1)\times(-2)+2\times1+(-3)\times2=-2$；

(3) $\cos\langle\boldsymbol{a},\boldsymbol{b}\rangle=\dfrac{\boldsymbol{a}\cdot\boldsymbol{b}}{|\boldsymbol{a}||\boldsymbol{b}|}=\dfrac{-2}{3\sqrt{14}}=-\dfrac{\sqrt{14}}{21}$.

【例 10☆☆】 设向量 $\boldsymbol{a}=\boldsymbol{i}+\boldsymbol{j}+4\boldsymbol{k}$，$\boldsymbol{b}=\boldsymbol{i}-2\boldsymbol{j}-2\boldsymbol{k}$，求向量 $\boldsymbol{a}$ 与 $\boldsymbol{b}$ 的夹角.

解：$\boldsymbol{a}\cdot\boldsymbol{b}=(1,1,4)\cdot(1,-2,-2)=1\times1+1\times(-2)+4\times(-2)=-9$，

$$|\boldsymbol{a}|=3\sqrt{2},\ |\boldsymbol{b}|=3,$$

$$\cos\theta=\frac{\boldsymbol{a}\cdot\boldsymbol{b}}{|\boldsymbol{a}|\cdot|\boldsymbol{b}|}=\frac{-9}{3\sqrt{2}\times3}=-\frac{\sqrt{2}}{2},\theta=\frac{3}{4}\pi.$$

【例 11☆☆】 设向量 $\boldsymbol{a}=\dfrac{3}{2}\boldsymbol{i}+\dfrac{1}{2}\boldsymbol{j}+2\boldsymbol{k}$，$\boldsymbol{b}=\dfrac{1}{2}\boldsymbol{i}-\dfrac{3}{2}\boldsymbol{j}$，求以 $\boldsymbol{a},\boldsymbol{b}$ 为邻边的平行四边形的两条对角线之间的不大于$\dfrac{\pi}{2}$的夹角的余弦.

解：以 $\boldsymbol{a},\boldsymbol{b}$ 为邻边的平行四边形的两条对角线所在的向量为

$$\boldsymbol{c}=\boldsymbol{a}+\boldsymbol{b}=\left(\frac{3}{2}\boldsymbol{i}+\frac{1}{2}\boldsymbol{j}+2\boldsymbol{k}\right)+\left(\frac{1}{2}\boldsymbol{i}-\frac{3}{2}\boldsymbol{j}\right)=2\boldsymbol{i}-\boldsymbol{j}+2\boldsymbol{k},$$

$$\boldsymbol{d}=\boldsymbol{a}-\boldsymbol{b}=\left(\frac{3}{2}\boldsymbol{i}+\frac{1}{2}\boldsymbol{j}+2\boldsymbol{k}\right)-\left(\frac{1}{2}\boldsymbol{i}-\frac{3}{2}\boldsymbol{j}\right)=\boldsymbol{i}+2\boldsymbol{j}+2\boldsymbol{k}.$$

不大于$\dfrac{\pi}{2}$的夹角的余弦为

$$\cos\theta=\frac{|\boldsymbol{c}\cdot\boldsymbol{d}|}{|\boldsymbol{c}||\boldsymbol{d}|}=\frac{|2\times1+(-1)\times2+2\times2|}{\sqrt{2^2+(-1)^2+2^2}\cdot\sqrt{1^2+2^2+2^2}}=\frac{4}{9}.$$

【练 7☆☆】 已知向量 $\boldsymbol{a}=3\boldsymbol{i}+2\boldsymbol{j}-\boldsymbol{k}, \boldsymbol{b}=\boldsymbol{i}-\boldsymbol{j}+2\boldsymbol{k}$，求：

(1) 向量 $\boldsymbol{a}$ 和 $\boldsymbol{b}$ 的夹角 θ；(2) $\boldsymbol{a}\cdot\boldsymbol{b}$；(3) $5\boldsymbol{a}\cdot3\boldsymbol{b}$.

【例 12☆☆】 已知 $\triangle ABC$ 的三个顶点为 $A(1,-1,0), B(-1,0,-1), C(3,4,1)$. 试证 $\triangle ABC$ 是直角三角形.

证： 三角形三边所在向量为

$$\overrightarrow{AB}=(-1-1,0-(-1),-1-0)=(-2,1,-1),$$

$$\overrightarrow{BC}=(3-(-1),4-0,1-(-1))=(4,4,2),$$

$$\overrightarrow{CA}=(1-3,-1-4,0-1)=(-2,-5,-1),$$

容易计算得

$$\overrightarrow{AB}\cdot\overrightarrow{CA}=(-2)\times(-2)+1\times(-5)+(-1)\times(-1)=0,$$

即 $\overrightarrow{AB}\perp\overrightarrow{CA}$，所以 $\triangle ABC$ 是直角三角形.

【练 8☆☆】

1. 已知空间三点：$A(1,1,1), B(3,-2,-1), C(2,-1,1)$，求

(1) $\overrightarrow{AB}$ 与 $\overrightarrow{AC}$ 的数量积；(2) $\overrightarrow{AB}$ 与 $\overrightarrow{AC}$ 的夹角.

2. 计算以下各组向量的数量积：

(1) $\boldsymbol{a}=(1,2,3)$ 与 $\boldsymbol{b}=(3,2,1)$；(2) $\boldsymbol{a}=(4,-3,4)$ 与 $\boldsymbol{b}=(2,2,1)$.

【例 13☆☆】 已知 $\langle\boldsymbol{a},\boldsymbol{b}\rangle=\frac{2}{3}\pi, |\boldsymbol{a}|=3, |\boldsymbol{b}|=4$，求向量 $\boldsymbol{c}=3\boldsymbol{a}+2\boldsymbol{b}$ 的模.

解：
$$\begin{aligned}|\boldsymbol{c}|^2&=\boldsymbol{c}\cdot\boldsymbol{c}=(3\boldsymbol{a}+2\boldsymbol{b})\cdot(3\boldsymbol{a}+2\boldsymbol{b})=3\boldsymbol{a}(3\boldsymbol{a}+2\boldsymbol{b})+2\boldsymbol{b}(3\boldsymbol{a}+2\boldsymbol{b})\\&=3\boldsymbol{a}\cdot3\boldsymbol{a}+3\boldsymbol{a}\cdot2\boldsymbol{b}+2\boldsymbol{b}\cdot3\boldsymbol{a}+2\boldsymbol{b}\cdot2\boldsymbol{b}=9\boldsymbol{a}^2+12\boldsymbol{a}\cdot\boldsymbol{b}+4\boldsymbol{b}^2\\&=9|\boldsymbol{a}|^2+12\boldsymbol{a}\cdot\boldsymbol{b}+4|\boldsymbol{b}|^2\\&=9|\boldsymbol{a}|^2+12|\boldsymbol{a}||\boldsymbol{b}|\cos\theta+4|\boldsymbol{b}|^2,\end{aligned}$$

将 $\langle\boldsymbol{a},\boldsymbol{b}\rangle=\frac{2}{3}\pi, |\boldsymbol{a}|=3, |\boldsymbol{b}|=4$ 代入得

$$|\boldsymbol{c}|^2=9\times3^2+12\times3\times4\cos\frac{2}{3}\pi+4\times4^2=73,$$

故 $|\boldsymbol{c}|=\sqrt{73}$.

六、向量的向量积

在研究物体转动问题时，不但要考虑物体所受的力，还要分析这些力所产生的力矩. 下面看一个引例.

1. 两个向量的向量积

【引例 3】 力对物体所产生的力矩

设 O 为一根杠杆 L 的支点，有一个力 $\boldsymbol{F}$ 作用于这杠杆上 P 点处. $\boldsymbol{F}$ 与$\overrightarrow{OP}$的夹角为 θ，如图 7-21 所示. 由力学原理，力 $\boldsymbol{F}$ 对支点 O 的力矩是一个向量 $\boldsymbol{M}$，它的模

$$|\boldsymbol{M}|=|OQ||\boldsymbol{F}|=|\overrightarrow{OP}||\boldsymbol{F}|\sin\theta.$$

而 $\boldsymbol{M}$ 的方向垂直于 $\boldsymbol{F}$ 与$\overrightarrow{OP}$所确定的平面，$\boldsymbol{M}$ 的指向是按右手法则从$\overrightarrow{OP}$以不超过 π 的角度转向 $\boldsymbol{F}$ 来确定. 即当右手的四个手指从$\overrightarrow{OP}$以不超过 π 的角度转向 $\boldsymbol{F}$ 握拳时，大拇指的指向就是 $\boldsymbol{M}$ 的指向. 如图 7-22 所示.

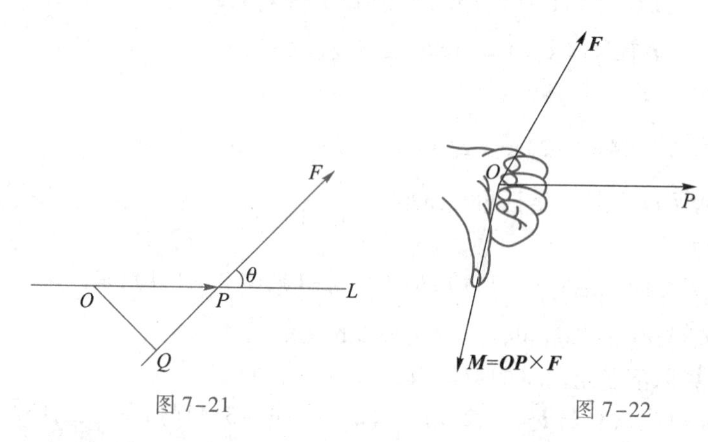

图 7-21　　图 7-22

定义 7.7　向量积

设向量 $\boldsymbol{c}$ 是由两个向量 $\boldsymbol{a}$ 与 $\boldsymbol{b}$ 按下列方式确定：

(1) $\boldsymbol{c}$ 的模 $|\boldsymbol{c}|=|\boldsymbol{a}||\boldsymbol{b}|\sin\theta$，其中 θ 为 $\boldsymbol{a},\boldsymbol{b}$ 间的夹角；

(2) $\boldsymbol{c}\perp\boldsymbol{a}$ 且 $\boldsymbol{c}\perp\boldsymbol{b}$，$\boldsymbol{c}$ 的指向按右手规则从 $\boldsymbol{a}$ 转向 $\boldsymbol{b}$ 来确定(图 7-23)，那么，向量 $\boldsymbol{c}$ 叫作向量 $\boldsymbol{a}$ 与 $\boldsymbol{b}$ 的向量积，记作 $\boldsymbol{a}\times\boldsymbol{b}$，即

$$\boldsymbol{c}=\boldsymbol{a}\times\boldsymbol{b}.$$

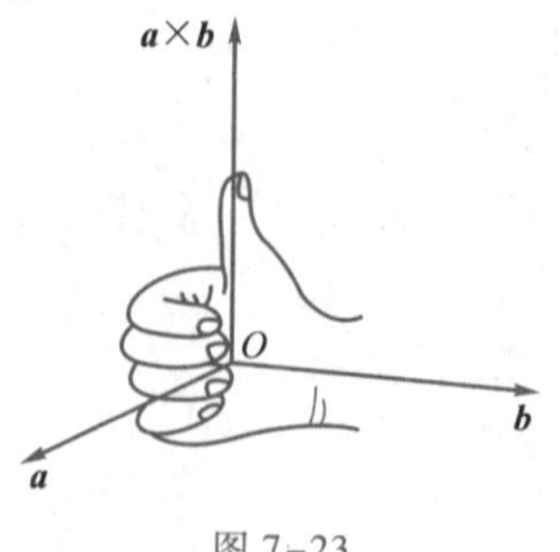

图 7-23

因此，上面的力矩 $\boldsymbol{M}$ 等于$\overrightarrow{OP}$与 $\boldsymbol{F}$ 的向量积，即

$$\boldsymbol{M}=\overrightarrow{OP}\times\boldsymbol{F}.$$

向量积的模的几何意义是它的数值是以 $\boldsymbol{a},\boldsymbol{b}$ 为邻边的平行四边形的面积. 即向量积 $\boldsymbol{a}\times\boldsymbol{b}$ 的模 $|\boldsymbol{a}\times\boldsymbol{b}|$，在几何上表示以 $\boldsymbol{a},\boldsymbol{b}$ 为邻边的平行四边形的面积，如图 7-24 所示，即 $S_{\square}=|\boldsymbol{a}\times\boldsymbol{b}|$.

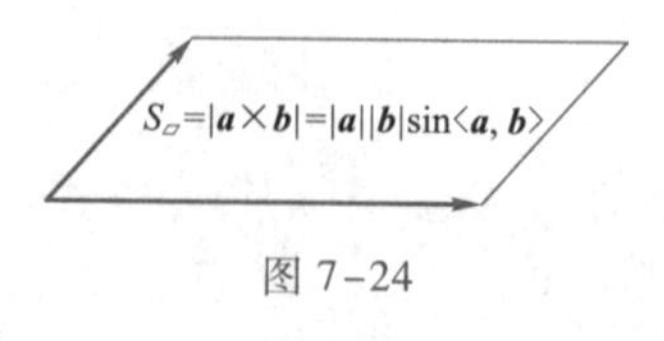

图 7-24

由向量积的定义可得

(1) $\boldsymbol{a}\times\boldsymbol{a}=\boldsymbol{0}$.

因为夹角 $\theta=0$，所以 $|\boldsymbol{a}\times\boldsymbol{a}|=|\boldsymbol{a}|^2\sin 0=0$.

(2) 对于两个非零向量 $\boldsymbol{a},\boldsymbol{b}$，如果 $\boldsymbol{a}\times\boldsymbol{b}=\boldsymbol{0}$，那么 $\boldsymbol{a}/\!/\boldsymbol{b}$；反之，如果 $\boldsymbol{a}/\!/\boldsymbol{b}$，那么 $\boldsymbol{a}\times\boldsymbol{b}=\boldsymbol{0}$.

由于零向量方向可看作是任意的，故可以认为零向量与任意向量都平行. 因此，有

定理 7.3

向量 $\boldsymbol{a}//\boldsymbol{b}$ 的充分必要条件是 $\boldsymbol{a}\times\boldsymbol{b}=\boldsymbol{0}$.

向量积满足下列运算律：

(1) $\boldsymbol{a}\times\boldsymbol{b}=-\boldsymbol{b}\times\boldsymbol{a}$(向量积不满足交换律)；

(2) 分配律 $(\boldsymbol{a}+\boldsymbol{b})\times\boldsymbol{c}=\boldsymbol{a}\times\boldsymbol{c}+\boldsymbol{b}\times\boldsymbol{c}$, $\boldsymbol{a}\times(\boldsymbol{b}+\boldsymbol{c})=\boldsymbol{a}\times\boldsymbol{b}+\boldsymbol{a}\times\boldsymbol{c}$；

(3) 结合律 $(\lambda\boldsymbol{a})\times\boldsymbol{b}=\lambda(\boldsymbol{a}\times\boldsymbol{b})=\boldsymbol{a}\times(\lambda\boldsymbol{b})$($\lambda$ 为实数).

2. 向量积的坐标表示式

设 $\boldsymbol{a}=x_1\boldsymbol{i}+y_1\boldsymbol{j}+z_1\boldsymbol{k}$, $\boldsymbol{b}=x_2\boldsymbol{i}+y_2\boldsymbol{j}+z_2\boldsymbol{k}$, 按向量积的运算律可得

$$\begin{aligned}\boldsymbol{a}\times\boldsymbol{b}&=(x_1\boldsymbol{i}+y_1\boldsymbol{j}+z_1\boldsymbol{k})\times(x_2\boldsymbol{i}+y_2\boldsymbol{j}+z_2\boldsymbol{k})\\&=x_1x_2\boldsymbol{i}\times\boldsymbol{i}+x_1y_2\boldsymbol{i}\times\boldsymbol{j}+x_1z_2\boldsymbol{i}\times\boldsymbol{k}+y_1x_2\boldsymbol{j}\times\boldsymbol{i}+y_1y_2\boldsymbol{j}\times\boldsymbol{j}+y_1z_2\boldsymbol{j}\times\boldsymbol{k}+\\&\quad z_1x_2\boldsymbol{k}\times\boldsymbol{i}+z_1y_2\boldsymbol{k}\times\boldsymbol{j}+z_1z_2\boldsymbol{k}\times\boldsymbol{k}\\&=(y_1z_2-y_2z_1)\boldsymbol{i}+(x_2z_1-x_1z_2)\boldsymbol{j}+(x_1y_2-x_2y_1)\boldsymbol{k}.\end{aligned}$$

而 $\boldsymbol{i},\boldsymbol{j},\boldsymbol{k}$ 是两两互相垂直的单位向量，所以

$$\boldsymbol{i}\times\boldsymbol{i}=\boldsymbol{j}\times\boldsymbol{j}=\boldsymbol{k}\times\boldsymbol{k}=\boldsymbol{0},$$

$$\boldsymbol{i}\times\boldsymbol{j}=\boldsymbol{k},\boldsymbol{j}\times\boldsymbol{k}=\boldsymbol{i},\boldsymbol{k}\times\boldsymbol{i}=\boldsymbol{j},$$

$$\boldsymbol{j}\times\boldsymbol{i}=-\boldsymbol{k},\boldsymbol{k}\times\boldsymbol{j}=-\boldsymbol{i},\boldsymbol{i}\times\boldsymbol{k}=-\boldsymbol{j}.$$

故 $$\boldsymbol{a}\times\boldsymbol{b}=(y_1z_2-y_2z_1)\boldsymbol{i}+(x_2z_1-x_1z_2)\boldsymbol{j}+(x_1y_2-x_2y_1)\boldsymbol{k}.$$

为了便于记忆，利用三阶行列式，上式可写成

$$\boldsymbol{a}\times\boldsymbol{b}=\begin{vmatrix}\boldsymbol{i}&\boldsymbol{j}&\boldsymbol{k}\\x_1&y_1&z_1\\x_2&y_2&z_2\end{vmatrix}=\begin{vmatrix}y_1&z_1\\y_2&z_2\end{vmatrix}\boldsymbol{i}-\begin{vmatrix}x_1&z_1\\x_2&z_2\end{vmatrix}\boldsymbol{j}+\begin{vmatrix}x_1&y_1\\x_2&y_2\end{vmatrix}\boldsymbol{k}.$$

【例 14☆☆】 已知 $\boldsymbol{a}=(2,3,1)$, $\boldsymbol{b}=(-2,1,4)$, 求 $\boldsymbol{a}\times\boldsymbol{b}$.

解：$\boldsymbol{a}\times\boldsymbol{b}=\begin{vmatrix}3&1\\1&4\end{vmatrix}\boldsymbol{i}-\begin{vmatrix}2&1\\-2&4\end{vmatrix}\boldsymbol{j}+\begin{vmatrix}2&3\\-2&1\end{vmatrix}\boldsymbol{k}=11\boldsymbol{i}-10\boldsymbol{j}+8\boldsymbol{k}=(11,-10,8)$.

【练 9☆】 计算以下各组向量的向量积：

(1) $\boldsymbol{a}=(1,2,3)$ 与 $\boldsymbol{b}=(3,2,1)$； (2) $\boldsymbol{a}=(4,-3,4)$ 与 $\boldsymbol{b}=(2,2,1)$.

【例 15☆☆】 求以 $A(2,-2,0)$, $B(-1,0,1)$, $C(1,1,2)$ 为顶点的 $\triangle ABC$ 的面积.

解：由向量的向量积的几何意义知 $S_{\triangle ABC}=\frac{1}{2}|\overrightarrow{AB}\times\overrightarrow{AC}|$.

$$\overrightarrow{AB}=(-3,2,1),\overrightarrow{AC}=(-1,3,2),$$

而 $$\overrightarrow{AB}\times\overrightarrow{AC}=\begin{vmatrix}2&1\\3&2\end{vmatrix}\boldsymbol{i}-\begin{vmatrix}-3&1\\-1&2\end{vmatrix}\boldsymbol{j}+\begin{vmatrix}-3&2\\-1&3\end{vmatrix}\boldsymbol{k}=\boldsymbol{i}+5\boldsymbol{j}-7\boldsymbol{k},$$

所以 $$S_{\triangle ABC}=\frac{1}{2}|\overrightarrow{AB}\times\overrightarrow{AC}|=\frac{1}{2}\sqrt{1+25+49}=\frac{5\sqrt{3}}{2}.$$

【练 10☆】 已知空间三点：$A(1,1,1)$, $B(3,-2,-1)$, $C(2,-1,1)$, 求

(1) $\overrightarrow{AB}$ 与 $\overrightarrow{AC}$ 的向量积； (2) $\triangle ABC$ 的面积.

【例 16☆☆】　设向量 $\boldsymbol{a}=\boldsymbol{i}+2\boldsymbol{j}-\boldsymbol{k}$，$\boldsymbol{b}=2\boldsymbol{j}+3\boldsymbol{k}$，计算 $\boldsymbol{a}\times\boldsymbol{b}$，并计算以 $\boldsymbol{a}$，$\boldsymbol{b}$ 为邻边的平行四边形的面积.

解：$\boldsymbol{a}\times\boldsymbol{b}=\begin{vmatrix}\boldsymbol{i} & \boldsymbol{j} & \boldsymbol{k}\\ 1 & 2 & -1\\ 0 & 2 & 3\end{vmatrix}=\begin{vmatrix}2 & -1\\ 2 & 3\end{vmatrix}\boldsymbol{i}-\begin{vmatrix}1 & -1\\ 0 & 3\end{vmatrix}\boldsymbol{j}+\begin{vmatrix}1 & 2\\ 0 & 2\end{vmatrix}\boldsymbol{k}$

$=8\boldsymbol{i}-3\boldsymbol{j}+2\boldsymbol{k}$.

由向量积的模的几何意义，$\boldsymbol{a}\times\boldsymbol{b}$ 的模在数值上就是以 $\boldsymbol{a}$，$\boldsymbol{b}$ 为邻边的平行四边形的面积. 因而其面积为

$$A=|\boldsymbol{a}\times\boldsymbol{b}|=\sqrt{8^2+(-3)^2+2^2}=\sqrt{77}.$$

【例 17☆☆】　求单位向量 $\boldsymbol{e}_c$，使 $\boldsymbol{e}_c\perp\boldsymbol{a}$，$\boldsymbol{e}_c\perp\boldsymbol{b}$. 其中 $\boldsymbol{a}=\boldsymbol{i}+\boldsymbol{j}$，$\boldsymbol{b}=\boldsymbol{k}$.

解：因为 $\boldsymbol{e}_c\perp\boldsymbol{a}$，$\boldsymbol{e}_c\perp\boldsymbol{b}$，故 $\boldsymbol{e}_c/\!/\boldsymbol{a}\times\boldsymbol{b}$，为此计算

$$\boldsymbol{a}\times\boldsymbol{b}=\begin{vmatrix}\boldsymbol{i} & \boldsymbol{j} & \boldsymbol{k}\\ 1 & 1 & 0\\ 0 & 0 & 1\end{vmatrix}=\boldsymbol{i}-\boldsymbol{j},$$

与 $\boldsymbol{a}\times\boldsymbol{b}$ 平行的单位向量应有两个，$\boldsymbol{e}_c=\pm\dfrac{\boldsymbol{a}\times\boldsymbol{b}}{|\boldsymbol{a}\times\boldsymbol{b}|}=\pm\dfrac{1}{\sqrt{2}}(\boldsymbol{i}-\boldsymbol{j})$.

习题拓展

【基础过关☆】

设 $\boldsymbol{a}=3\boldsymbol{i}-\boldsymbol{j}-2\boldsymbol{k}$，$\boldsymbol{b}=\boldsymbol{i}+2\boldsymbol{j}-\boldsymbol{k}$，求

(1) $(-2\boldsymbol{a})\cdot\boldsymbol{b}$ 及 $\boldsymbol{a}\times\boldsymbol{b}$；

(2) $\boldsymbol{a}$，$\boldsymbol{b}$ 夹角的余弦.

【能力达标☆☆】

已知 $|\boldsymbol{a}|=3$，$|\boldsymbol{b}|=2$，$\langle\boldsymbol{a},\boldsymbol{b}\rangle=\dfrac{\pi}{3}$，求 $(2\boldsymbol{a}+3\boldsymbol{b})\cdot(3\boldsymbol{a}-\boldsymbol{b})$.

【应用拓展☆☆☆】

1. 已知 $\overrightarrow{OA}=\boldsymbol{i}+3\boldsymbol{k}$，$\overrightarrow{OB}=\boldsymbol{j}+8\boldsymbol{k}$，求 $\triangle ABO$ 的面积.

2. 求以 $\boldsymbol{a}=\boldsymbol{i}-3\boldsymbol{j}+\boldsymbol{k}$ 与 $\boldsymbol{b}=2\boldsymbol{i}-\boldsymbol{j}+3\boldsymbol{k}$ 为邻边的平行四边形的面积.

7.6　项目二习题拓展答案

项目三　平面与直线

7.7　项目三知识目标及重难点

理论学习

一、平面

在空间解析几何中，平面与直线是最简单的图形，本模块利用前面

所学的向量这一工具将它们和其他方程联系起来,使之解析化,从而可以用代数的方法来研究.

1. 平面的点法式方程

定义 7.8　法向量

与平面 π 垂直的非零向量叫作平面 π 的法向量.通常,平面的法向量记为 $\boldsymbol{n}$.

显然,一个平面的法向量有无穷多个,它们之间相互平行,且法向量与平面上任一向量都垂直.

设点 $M_0(x_0,y_0,z_0)$ 是平面 π 上的一个定点,向量 $\boldsymbol{n}=(A,B,C)\neq\boldsymbol{0}$,是平面 π 的一个法向量,点 $M(x,y,z)$ 是平面 π 上任意一点(图 7-25),因为向量 $\overrightarrow{M_0M}=(x-x_0,y-y_0z-z_0)$ 在平面 π 上,故 $\boldsymbol{n}\perp\overrightarrow{M_0M}$,于是由向量垂直的充要条件,有 $\boldsymbol{n}\cdot\overrightarrow{M_0M}=0$.即

$$A(x-x_0)+B(y-y_0)+C(z-z_0)=0. \tag{1}$$

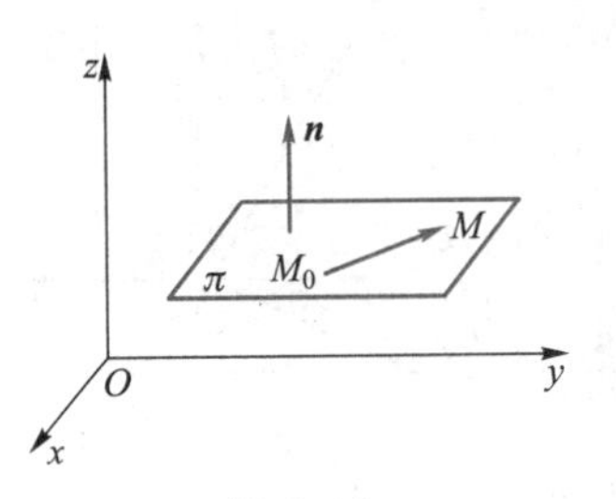

图 7-25

(1) 式称为平面 π 的点法式方程.

【例 1☆】　已知平面过点 $M(1,-1,2)$,其法向量为 $\boldsymbol{n}=(4,3,-2)$,求该平面的方程.

解:由平面的点法式方程得所求平面方程为

$$4(x-1)+3(y+1)-2(z-2)=0,$$

即所求平面方程为

$$4x+3y-2z+3=0.$$

【例 2☆】　求过点 $M(3,4,5)$ 且与 y 轴垂直的平面方程(图 7-26).

解:取法向量 $\boldsymbol{n}=\boldsymbol{j}=(0,1,0)$,则所求平面方程为

$$0\cdot(x-3)+1\cdot(y-4)+0\cdot(z-5)=0,$$

即　$y=4$.

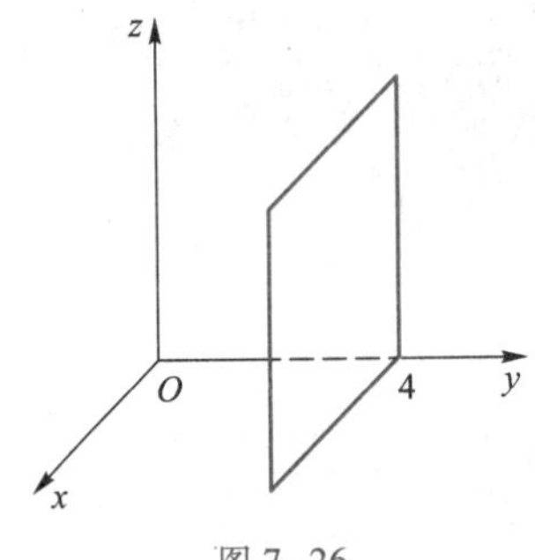

图 7-26

【练 1☆】　求满足下列条件的平面方程.

(1) 过原点且与向量 $\boldsymbol{n}=(1,1,-1)$ 垂直的平面;

(2) 过点 $(1,-1,-1)$ 且与向量 $\boldsymbol{n}=(-2,1,-1)$ 垂直的平面;

(3) 过点 $(1,-1,-1)$ 且与 x 轴垂直的平面;

(4) 过原点且与平面 $2(x-1)-3(y+2)+4(z-3)=0$ 平行的平面.

【例 3☆☆】　求过点 $(1,1,1)$,且垂直于平面 $x-y+z=7$ 和 $3x+2y-12z+5=0$ 的平面方程.

解:设平面 $x-y+z=7$ 和 $3x+2y-12z+5=0$ 的法向量分别为 $\boldsymbol{n}_1$ 和 $\boldsymbol{n}_2$,则 $\boldsymbol{n}_1=(1,-1,1)$,$\boldsymbol{n}_2=(3,2,-12)$.取所求平面的法向量

$$\boldsymbol{n}=\boldsymbol{n}_1\times\boldsymbol{n}_2=\begin{vmatrix}\boldsymbol{i} & \boldsymbol{j} & \boldsymbol{k}\\ 1 & -1 & 1\\ 3 & 2 & -12\end{vmatrix}$$

$$=10\boldsymbol{i}+15\boldsymbol{j}+5\boldsymbol{k}=(10,15,5),$$

过点(1,1,1),法向量为$\boldsymbol{n}=(10,15,5)$的平面方程为

$$10(x-1)+15(y-1)+5(z-1)=0,$$

整理化简得$2x+3y+z-6=0$.

2. 平面的截距式方程

$$\frac{x}{a}+\frac{y}{b}+\frac{z}{c}=1$$

称为平面的截距式方程,其中a,b,c分别是平面在x轴,y轴,z轴的截距,如图7-27所示.

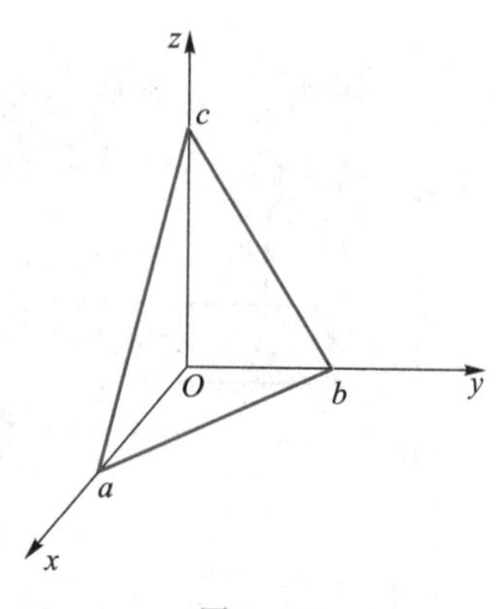

图 7-27

3. 平面的一般方程

设点$M_0(x_0,y_0,z_0)$是平面π上的一个定点,向量$\boldsymbol{n}=(A,B,C)\neq 0$,是平面$\pi$的一个法向量,则

$$A(x-x_0)+B(y-y_0)+C(z-z_0)=0,$$

整理得

$$Ax+By+Cz+D=0. \tag{2}$$

(2) 称为平面的一般方程.

【例4☆☆】 求过$A(a,0,0)$,$B(0,b,0)$,$C(0,0,c)$的平面方程,如图7-28.

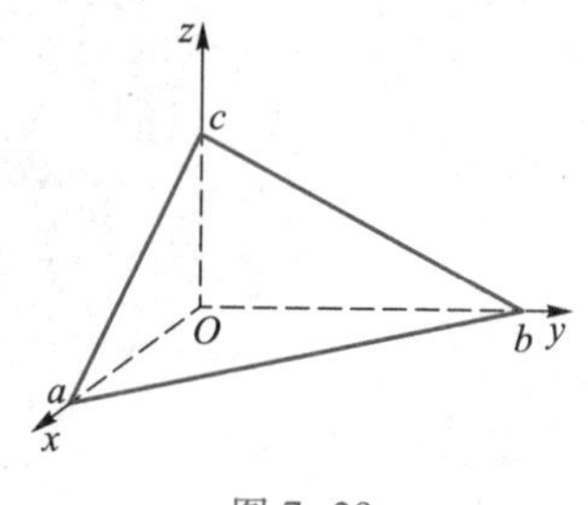

图 7-28

解:设所求平面方程为$Ax+By+Cz+D=0$,则有

$$\begin{cases}Aa+D=0,\\ Bb+D=0,\\ Cc+D=0,\end{cases}$$

解得$A=-\dfrac{D}{a}$,$B=-\dfrac{D}{b}$,$C=-\dfrac{D}{c}$.于是所求平面方程为

$$-\frac{D}{a}x-\frac{D}{b}y-\frac{D}{c}z+D=0,$$

即$\dfrac{x}{a}+\dfrac{y}{b}+\dfrac{z}{c}=1$.

下面讨论一些特殊的三元一次方程(2)所表示的平面,研究它们的位置特点.

(1) 当系数$A=0$时,方程为$By+Cz+D=0$,法向量$\boldsymbol{n}=(0,B,C)$垂直于x轴,故方程表示平行于x轴的平面.

(2) 当系数$B=0$时,方程$Ax+Cz+D=0$,法向量$\boldsymbol{n}=(A,0,C)$垂直于y轴,故方程表示平行于y轴的平面.

(3) 当系数$C=0$时,方程$Ax+By+D=0$,法向量$\boldsymbol{n}=(A,B,0)$垂直于z轴,故方程表示平行于z轴的平面.

(4) 当系数$D=0$时,方程为$Ax+By+Cz=0$,表示经过坐标原点的平面.

(5) 当$A=B=0$时,方程为$Cz+D=0$,其法向量$\boldsymbol{n}=(0,0,C)$同时垂直于x轴与y轴,即方程表示平行于xOy面的平面.

（6）当 $A=C=0$ 时，方程为 $By+D=0$，其法向量 $\boldsymbol{n}=(0,B,0)$ 同时垂直于 $\boldsymbol{x}$ 轴与 z 轴，即方程表示平行于 xOz 面的平面.

（7）当 $B=C=0$ 时，方程为 $Ax+D=0$，其法向量 $\boldsymbol{n}=(A,0,0)$ 同时垂直于 y 轴与 z 轴，即方程表示平行于 yOz 面的平面.

【例 5☆☆】 求过 x 轴和 $M(2,-4,1)$ 点的平面.

解：法一

因为平面过 x 轴，原点在平面上，于是可设平面方程为 $By+Cz=0$. 又因为点 $M(2,-4,1)$ 在平面上，于是有 $-4B+C=0$，$C=4B$，代入 $By+Cz=0$ 中得

$$B(y+4z)=0,B\neq 0,$$

故所求的平面方程为 $y+4z=0$.

法二

因为平面过 x 轴，故原点 O 在平面上，向量 $\overrightarrow{OM}=(2,-4,1)$ 在平面上，又 x 轴的单位向量 $\boldsymbol{i}=(1,0,0)$ 也在平面上，于是平面的法向量为

$$\overrightarrow{OM}\times\boldsymbol{i}=\begin{vmatrix}\boldsymbol{i} & \boldsymbol{j} & \boldsymbol{k}\\ 2 & -4 & 1\\ 1 & 0 & 0\end{vmatrix}=\boldsymbol{j}+4\boldsymbol{k},$$

所以法向量 $\boldsymbol{n}=(0,1,4)$，故所求的平面方程为 $y+4z=0$.

【例 6☆】 指出下列平面的位置特点：

（1）$x-y+z=0$；　　（2）$4y-3z=0$；

（3）$y=2$；　　（4）$x-2y+1=0$.

解：(1) 方程 $x-y+z=0$ 中，$D=0$，所以方程表示过原点的平面.

（2）方程 $4y-3z=0$ 中，$A=D=0$，所以方程表示过 x 轴的平面.

（3）方程 $y=2$ 中，$A=C=0$，所以方程表示与 xOz 坐标面平行的平面.

（4）方程 $x-2y+1=0$ 中，$C=0$，所以方程表示平行于 z 轴的平面.

【例 7☆】 求经过点 $M(1,0,-1)$，$N(0,1,1)$ 且平行于 y 轴的平面方程.

解：设所求平面方程为 $Ax+Cz+D=0$，则

$$\begin{cases}A-C+D=0,\\ C+D=0.\end{cases}$$

解得 $C=-D$，$A=-2D$. 故所求平面方程为

$$-2Dx-Dz+D=0.$$

由已知分析得 $D\neq 0$，因此所求平面方程为

$$2x+z-1=0.$$

【例 8☆】 求平面 $2x-3y+4z-12=0$ 与三个坐标平面所围成的空间立体的体积.

解：原方程可化为

$$\frac{x}{6}+\frac{y}{-4}+\frac{z}{3}=1,$$

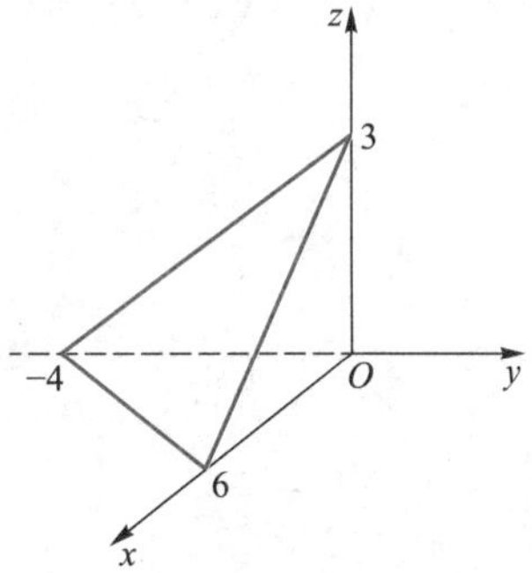

故平面在 x,y,z 轴的截距依次为 6,-4,3,如图 7-29 所示. 故所求空间立体的体积为

$$V=\frac{1}{3}\cdot\frac{1}{2}\cdot|6|\cdot|-4|\cdot|3|=12\quad(立方单位).$$

图 7-29

【练 2☆】 求满足下列条件的平面方程.

(1) 过点(1,1,-1)及 x 轴的平面;

(2) 过点(1,1,-1)且与平面 $2x+3y-z-3=0$ 平行的平面.

4. 点到平面的距离公式

设 $P_0(x_0,y_0,z_0)$ 是平面 $\pi:Ax+By+Cz+D=0$ 外一点,则点 P_0 到平面 π 的距离公式为

$$d=\frac{|Ax_0+By_0+Cz_0+D|}{\sqrt{A^2+B^2+C^2}}.$$

【例 9☆】 求点 $P(1,2,1)$ 到平面 $2x+3y-4z+1=0$ 的距离.

解:由点到平面的距离公式得所求距离为

$$d=\frac{|2\times1+3\times2-4\times1+1|}{\sqrt{2^2+3^2+(-4)^2}}=\frac{5}{29}\sqrt{29}.$$

【练 3☆】 求点(1,1,-1)到平面 $2x+3y-z-3=0$ 的距离.

二、直线

1. 直线的对称式方程或点向式方程

定义 7.9 方向向量

如果一个非零向量平行于一条已知直线,这个向量就叫作这条直线的方向向量. 容易知道,直线上任一向量都平行于该直线的方向向量.

设点 $M(x,y,z)$ 是直线 L 上任一点(图 7-30),直线 L 过点 $M_0(x_0,y_0,z_0)$,其方向向量为 $\boldsymbol{s}=(m,n,p)$,而 $\overrightarrow{M_0M}=(x-x_0,y-y_0,z-z_0)$,因为 $\overrightarrow{M_0M}\mathbin{/\!/}\boldsymbol{s}$,于是有

$$\frac{x-x_0}{m}=\frac{y-y_0}{n}=\frac{z-z_0}{p}.\qquad(3)$$

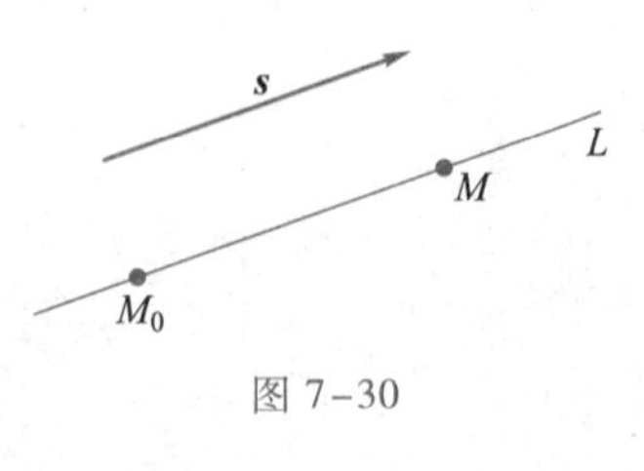

图 7-30

(3) 式叫作直线的点向式方程.

注意上式中的个别分母为零时,相应的分子也为零.

例如 $m=0,n\neq0,p\neq0$ 时,直线方程为

$$\frac{x-x_0}{0}=\frac{y-y_0}{n}=\frac{z-z_0}{p},$$

此时该方程应理解成直线方程

$$\begin{cases}x-x_0=0,\\ \dfrac{y-y_0}{n}=\dfrac{z-z_0}{p}.\end{cases}$$

再如 $m=0,n=0,p\neq0$ 时,直线方程为

$$\frac{x-x_0}{0}=\frac{y-y_0}{0}=\frac{z-z_0}{p},$$

此时该方程应理解成直线方程

$$\begin{cases}x-x_0=0,\\ y-y_0=0.\end{cases}$$

2. 直线的两点式方程

设点 $P_1(x_1,y_1,z_1)$ 和点 $P_2(x_2,y_2,z_2)$ 是直线 L 上的两点,则向量

$$\overrightarrow{P_1P_2}=(x_2-x_1,y_2-y_1,z_2-z_1)=\boldsymbol{s}=(m,n,p).$$

由方程(3)可得过点 $P_1(x_1,y_1,z_1)$ 和点 $P_2(x_2,y_2,z_2)$ 的两点式直线方程为

$$\frac{x-x_1}{x_2-x_1}=\frac{y-y_1}{y_2-y_1}=\frac{z-z_1}{z_2-z_1}.$$

3. 直线的参数方程

令 $\dfrac{x-x_0}{m}=\dfrac{y-y_0}{n}=\dfrac{z-z_0}{p}=t$,得过点 $M_0(x_0,y_0,z_0)$,且以非零向量 $\boldsymbol{s}=(m,n,p)$ 为方向向量的直线 l 的参数方程

$$\begin{cases}x=x_0+mt,\\ y=y_0+nt,\\ z=z_0+pt\end{cases}\quad(t\text{ 为参数}).$$

4. 直线的一般方程

空间直线 L 可以看成为两个平面 π_1 和 π_2 的交线,因此联立两个平面方程组成的方程组来表示空间直线.

一般地,由平面 $\pi_1:a_1x+b_1y+c_1z+\lambda_1=0$ 与平面 $\pi_2:a_2x+b_2y+c_2z+\lambda_2=0$ 相交而成的直线方程可以由方程组

$$\begin{cases}a_1x+b_1y+c_1z+\lambda_1=0,\\ a_2x+b_2y+c_2z+\lambda_2=0\end{cases}\tag{4}$$

表示,方程组(4)称为直线的一般方程.

例如,直线

$$\begin{cases}2x+y-z+1=0,\\ x-y+z-3=0\end{cases}$$

表示平面 $2x+y-z+1=0$ 与平面 $x-y+z-3=0$ 的交线.

由于向量 $\boldsymbol{n}_1\times\boldsymbol{n}_2$ 同时垂直于法向量 $\boldsymbol{n}_1$ 和 $\boldsymbol{n}_2$,所以两个平面 $a_1x+b_1y+c_1z+\lambda_1=0$ 和 $a_2x+b_2y+c_2z+\lambda_2=0$ 的交线的方向向量为

$$\boldsymbol{n}_1\times\boldsymbol{n}_2=\left(\begin{vmatrix} b_1 & c_1 \\ b_2 & c_2 \end{vmatrix},\begin{vmatrix} c_1 & a_1 \\ c_2 & a_2 \end{vmatrix},\begin{vmatrix} a_1 & b_1 \\ a_2 & b_2 \end{vmatrix}\right).$$

【例 10☆】 判别直线 $L:\dfrac{x-1}{2}=\dfrac{y+1}{3}=\dfrac{z-2}{-1}$ 与下列各直线的位置关系：

(1) $L_1:\dfrac{x-2}{2}=\dfrac{y+2}{-1}=\dfrac{z-3}{1}$； (2) $L_2:\dfrac{x-1}{3}=\dfrac{y+1}{-2}=\dfrac{z-2}{1}$.

解：(1) 因为 $\boldsymbol{s}=(2,3,-1)$，$\boldsymbol{s}_1=(2,-1,1)$，且

$2\times2+3\times(-1)+(-1)\times1=0$，所以 $L_1\perp L$.

(2) 因为 $\boldsymbol{s}=(2,3,-1)$，$\boldsymbol{s}_2=(3,-2,1)$，且

$$\frac{2}{3}\neq\frac{3}{-2},2\times3+3\times(-2)+(-1)\times1=-1\neq0.$$

又直线 L,L_2 都过点$(1,-1,2)$，所以直线 L 与直线 L_2 斜交.

【练 4☆】 判别直线 $L:\dfrac{x-2}{3}=\dfrac{y+1}{-1}=\dfrac{z-2}{-2}$ 与下列各直线的位置关系：

(1) $L_1:\dfrac{x-1}{-6}=\dfrac{y+1}{2}=\dfrac{z-1}{4}$；

(2) $L_2:\dfrac{x-1}{2}=\dfrac{y+1}{-2}=\dfrac{z-2}{4}$；

(3) $L_3:x-2=\dfrac{y+1}{-3}=\dfrac{z-2}{2}$.

【例 11☆】 求下列直线的方程.

(1) 过点 $A(1,2,3)$，$B(-1,1,-1)$的直线方程；

(2) 过点 $M(0,2,3)$，且与直线 $L_1:\dfrac{x-1}{3}=\dfrac{y+1}{2}=\dfrac{z-2}{-1}$ 平行的直线方程；

(3) 过点 $P(-2,1,3)$，且与平面 $\pi:3x-2y-z+1=0$ 垂直的直线方程.

解：(1) $\overrightarrow{AB}=(-2,-1,-4)$，取方向向量 $\boldsymbol{s}=(2,1,4)$，所求直线方程为

$$\frac{x-1}{2}=\frac{y-2}{1}=\frac{z-3}{4}.$$

(2) 取方向向量 $\boldsymbol{s}=(3,2,-1)$，所求直线方程为

$$\frac{x}{3}=\frac{y-2}{2}=\frac{z-3}{-1}.$$

(3) 因为所求直线与平面 $\pi:3x-2y-z+1=0$ 垂直，所以取方向向量 $\boldsymbol{s}=(3,-2,-1)$，所求直线方程为

$$\frac{x+2}{3}=\frac{y-1}{-2}=\frac{z-3}{-1}.$$

【练 5☆】 求满足下列条件的直线方程：

(1) 过原点且与向量 $\boldsymbol{s}=(1,-1,-1)$ 平行的直线；

(2) 过点 $(1,-1,1)$ 且与平面 $2x-y+z+1=0$ 垂直的直线；

(3) 过点 $(1,-1,1)$ 且与 z 轴平行的直线.

【例 12☆☆】 已知直线 $L:\begin{cases}2x+y-z+3=0,\\3x-2y+z+1=0.\end{cases}$

(1) 将该方程化为点向式方程和参数方程；

(2) 求该直线的一个方向向量；

(3) 求过点 $A(2,1,1)$ 且与 L 垂直的平面的方程.

解：(1) 由方程组 $\begin{cases}2x+y-z+3=0,\\3x-2y+z+1=0\end{cases}$ 消去 z，得 $5x-y+4=0$，即得

$$x=\frac{y-4}{5}.$$

由方程组 $\begin{cases}2x+y-z+3=0,\\3x-2y+z+1=0\end{cases}$ 消去 y，得 $7x-z+7=0$，即得　$x=\dfrac{z-7}{7}$.

于是，直线 L 的点向式方程为

$$\frac{x}{1}=\frac{y-4}{5}=\frac{z-7}{7}.$$

令 $\dfrac{x}{1}=\dfrac{y-4}{5}=\dfrac{z-7}{7}=t$，则直线的参数方程为

$$\begin{cases}x=t,\\y=4+5t,\\z=7+7t\end{cases}(t\text{ 为参数}).$$

(2) 由直线的点向式方程知，直线的一个方向向量为 $\boldsymbol{s}=(1,5,7)$.

(3) 取 $\boldsymbol{n}=\boldsymbol{s}=(1,5,7)$，则所求平面方程为

$$(x-2)+5(y-1)+7(z-1)=0,$$

即 $x+5y+7z-14=0$.

【练 6☆】

1. 求过点 $(1,-1,1)$ 且与直线 $\begin{cases}x+y-z+1=0,\\x-y-2z-2=0\end{cases}$ 平行的直线.

2. 求过点 $(1,-1,1)$ 且与直线 $\begin{cases}x+y-z+1=0,\\x-y-2z-2=0\end{cases}$ 垂直的平面.

三、平面、直线间的夹角

1. 两平面的夹角

定义 7.10　两平面的夹角

两平面的法向量的夹角（通常指锐角）称为两平面的夹角.

设平面 π_1 和平面 π_2 的法向量依次为 $\boldsymbol{n}_1=(A_1,B_1,C_1)$ 和 $\boldsymbol{n}_2=(A_2,B_2,C_2)$，那么平面 π_1 和 π_2 的夹角 θ 应是 $\langle\boldsymbol{n}_1,\boldsymbol{n}_2\rangle$ 和 $\langle-\boldsymbol{n}_1,\boldsymbol{n}_2\rangle=\pi-\langle\boldsymbol{n}_1,\boldsymbol{n}_2\rangle$ 两者中的锐角，因此

$$\cos\theta=\left|\cos\langle\boldsymbol{n}_1,\boldsymbol{n}_2\rangle\right|=\frac{|\boldsymbol{n}_1\cdot\boldsymbol{n}_2|}{|\boldsymbol{n}_1||\boldsymbol{n}_2|}=\frac{|A_1A_2+B_1B_2+C_1C_2|}{\sqrt{A_1^2+B_1^2+C_1^2}\times\sqrt{A_2^2+B_2^2+C_2^2}},\quad(5)$$

即(5)式确定平面 π_1 和平面 π_2 的夹角 θ.

从两向量平行、垂直的充分必要条件即可推得：

π_1,π_2 平行或重合相当于$\dfrac{A_1}{A_2}=\dfrac{B_1}{B_2}=\dfrac{C_1}{C_2}$.

π_1,π_2 互相垂直相当于 $A_1A_2+B_1B_2+C_1C_2=0$.

【例 13☆☆】 求两个平面 $x-y+2z-6=0$ 和 $2x+y+z-5=0$ 的夹角.

解：由两平面的夹角公式得

$$\cos\theta=\frac{|A_1A_2+B_1B_2+C_1C_2|}{\sqrt{A_1^2+B_1^2+C_1^2}\times\sqrt{A_2^2+B_2^2+C^2}}=\frac{|1\times2+(-1)\times1+2\times1|}{\sqrt{1^2+(-1)^2+2^2}\sqrt{2^2+1^2+1^2}}=\frac{1}{2},$$

所以两平面的夹角 $\theta=\dfrac{\pi}{3}$.

【练 7☆☆】 求平面 $5x-14y+2z-8=0$ 和 xOy 面的夹角.

2. 两直线的夹角

定义 7.11 两直线的夹角

两直线的方向向量的夹角(通常指锐角)叫作两直线的夹角.

设直线 L_1 和 L_2 的方向向量依次为 $\boldsymbol{s}_1=(m_1,n_1,p_1)$ 和 $\boldsymbol{s}_2=(m_2,n_2,p_2)$，那么 L_1 和 L_2 的夹角 φ 应是 $\langle\boldsymbol{s}_1,\boldsymbol{s}_2\rangle$ 和 $\langle-\boldsymbol{s}_1,\boldsymbol{s}_2\rangle=\pi-\langle\boldsymbol{s}_1,\boldsymbol{s}_2\rangle$ 两者中的锐角，因此

$$\cos\varphi=\left|\cos\langle\boldsymbol{s}_1,\boldsymbol{s}_2\rangle\right|=\frac{|\boldsymbol{s}_1\cdot\boldsymbol{s}_2|}{|\boldsymbol{s}_1||\boldsymbol{s}_2|}=\frac{|m_1m_2+n_1n_2+p_1p_2|}{\sqrt{m_1^2+n_1^2+p_1^2}\times\sqrt{m_2^2+n_2^2+p_2^2}},\quad(6)$$

即(6)式确定直线 L_1 和 L_2 的夹角 θ.

从两向量平行、垂直的充分必要条件可推得下列结论：

两直线 L_1 和 L_2 互相平行或重合相当于$\dfrac{m_1}{m_2}=\dfrac{n_1}{n_2}=\dfrac{p_1}{p_2}$.

两直线 L_1 和 L_2 互相垂直相当于 $m_1m_2+n_1n_2+p_1p_2=0$.

【例 14☆☆】 求直线 $L_1:\dfrac{x+1}{2}=\dfrac{y-2}{-2}=\dfrac{z+1}{3}$ 与直线 $L_2:\dfrac{1-x}{2}=\dfrac{y+2}{1}=\dfrac{z-2}{2}$ 的夹角.

解：由于 L_2 可化为$\dfrac{x-1}{-2}=\dfrac{y+2}{1}=\dfrac{z-2}{2}$，所以

$$\boldsymbol{s}_1=(2,-2,3),\boldsymbol{s}_2=(-2,1,2),$$

于是

$$\cos\theta=\frac{|2\times(-2)+(-2)\times1+3\times2|}{\sqrt{2^2+(-2)^2+3^2}\sqrt{(-2)^2+1^2+2^2}}=0.$$

又 $\theta\in[0,\frac{\pi}{2}]$，所以 $\theta=\frac{\pi}{2}$，即两直线的夹角为$\frac{\pi}{2}$.

【练 8☆☆】

(1) 求直线 $L_1:\frac{x-1}{1}=\frac{y}{-4}=\frac{z+3}{1}$与直线 $L_2:\frac{x}{2}=\frac{y+2}{-2}=\frac{z}{-1}$的夹角.

(2) 求直线 $L_1:\frac{x-2}{-7}=\frac{y}{-2}=\frac{z+1}{8}$与直线 $L_2:\begin{cases}2x-3y+z-6=0\\4x-2y+3z+9=0\end{cases}$的夹角.

3. 直线与平面的夹角

【引例】 在建筑施工中，要实时测量以使墙体或立柱垂直于水平面. 工人师傅的做法是在一根细线一端系一个小铅锤，用手提起细线的另一端，铅锤自然下垂，如果墙体或立柱与铅锤细线保持平行，则墙体或立柱与水平面垂直，如图 7-31 所示. 这个方法的数学原理是直线与平面垂直的实际应用.

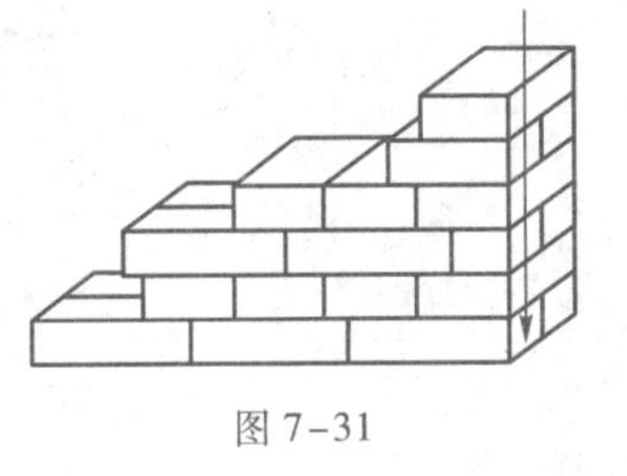

图 7-31

两平面间隔位置关系完全由其法向量决定，因此两平面平行(垂直)的充要条件是法向量互相平行(垂直)；同样两直线间的位置关系完全由其方向向量决定，因此两直线平行(垂直)的充要条件是其方向向量互相平行(垂直).

由此可知，平面与直线的关系完全由平面的法向量与直线的方向向量决定.

定义 7.12　直线与平面的夹角

当直线与平面不垂直时，直线和它在平面上的投影直线的夹角 $\varphi(0\leqslant\varphi\leqslant\frac{\pi}{2})$称为直线与平面的夹角(如图 7-32)，当直线与平面垂直时，规定直线与平面的夹角为$\frac{\pi}{2}$.

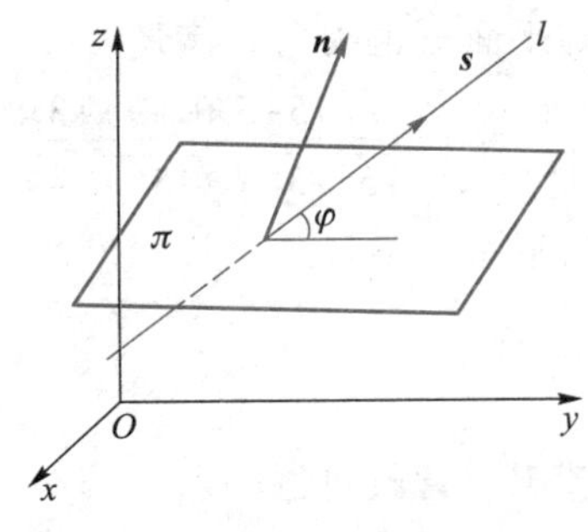

图 7-32

设直线的方向向量为 $\boldsymbol{s}=(m,n,p)$，平面的法向量为 $\boldsymbol{n}=(A,B,C)$，直线与平面的夹角为 φ，那么 $\varphi=\left|\frac{\pi}{2}-\langle s,n\rangle\right|$，因此 $\sin\varphi=|\cos\langle s,n\rangle|$，按两向量夹角余弦的坐标表示式，有

$$\sin\varphi=\frac{|Am+Bn+Cp|}{\sqrt{A^2+B^2+C^2}\sqrt{m^2+n^2+p^2}}. \tag{7}$$

【例 15☆】 求过点$(1,-2,4)$且与平面$2x-3y+z-4=0$垂直的直线方程.

解:因为所求直线垂直于已知平面,所以可以取已知平面的法向量$\boldsymbol{n}=(2,-3,1)$作为所求直线的方向向量,因此可得所求直线方程为

$$\frac{x-1}{2}=\frac{y+2}{-3}=\frac{z-4}{1}.$$

【例 16☆】 设平面π_1的方程为$2x+2y+z-3=0$,平面π_2的方程为$x-y+5=0$,试证两个平面相互垂直.

解:设平面π_1的法向量为$\boldsymbol{n}_1=(2,2,1)$,平面π_2的法向量为$\boldsymbol{n}_2=(1,-1,0)$,易见

$$\boldsymbol{n}_1\cdot\boldsymbol{n}_2=2\times1+2\times(-1)+1\times0=0,$$

即$\boldsymbol{n}_1\perp\boldsymbol{n}_2$.故平面$\pi_1$和平面$\pi_2$互相垂直.

【例 17☆】 试证直线$L_1:\frac{x}{1}=\frac{y+1}{2}=\frac{z}{3}$与直线$L_2:\frac{x+1}{-4}=\frac{y}{5}=\frac{z-3}{-2}$相互垂直.

证:因为直线L_1的方向向量为$\boldsymbol{s}_1=(1,2,3)$,直线L_2的方向向量为$\boldsymbol{s}_2=(-4,5,-2)$,而

$$\boldsymbol{s}_1\cdot\boldsymbol{s}_2=1\times(-4)+2\times5+3\times(-2)=0,$$

所以$\boldsymbol{s}_1\perp\boldsymbol{s}_2$,故$L_1\perp L_2$,证毕.

【例 18☆】 讨论直线$L:\frac{x}{2}=\frac{y-5}{5}=\frac{z-6}{3}$和平面$\pi:15x-9y+5z+15=0$的位置关系.

解:由于直线L的方向向量$\boldsymbol{s}=(2,5,3)$,平面π的法向量$\boldsymbol{n}=(15,-9,5)$,所以,直线L与平面π的夹角φ满足

$$\sin\varphi=\frac{|\boldsymbol{s}\cdot\boldsymbol{n}|}{|\boldsymbol{s}||\boldsymbol{n}|}=\frac{2\times15+5\times(-9)+3\times5}{\sqrt{2^2+5^2+3^2}\times\sqrt{15^2+(-9)^2+5^2}}=0,$$

所以$\varphi=0$,即直线L与平面π平行.

【例 1☆☆☆】 直升机营救问题

两架直升机A与B同时参与任务,从$t=0$时开始,它们分别沿以下直线向两个不同的方向飞行:

$$A:\begin{cases}x=6+40t,\\y=-3+10t,\\z=-3+2t,\end{cases}\qquad B:\begin{cases}x=6+110t,\\y=-3+4t,\\z=-3+t,\end{cases}$$

时间t以 h 为单位,x,y,z以 km 为单位.B因故障,在点$P(446,13,1)$停

止飞行,并在可忽略的时间内降落于点 $P_0(446,13,0)$. 2 h 后,A 知道此事,并以 150 km/h 的速度向 B 飞行,A 需要多长时间才能飞达 B 的位置?

解:由题意知两直升机 A 与 B 同时从 $M(6,-3,-3)$ 分别向两个不同的方向 $\boldsymbol{a}=(40,10,2)$ 与 $\boldsymbol{b}=(110,4,1)$ 飞行,当 B 直升机飞达故障点 $P(446,13,1)$ 时,由

$$B:\begin{cases}446=6+110t,\\13=-3+4t,\\1=-3+t,\end{cases}$$

得飞行时间 $t=4$ h,又过 2 h,即任务开始 6 h 后,直升机 A 飞达的位置为 $M(x,y,z)$,由

$$A:\begin{cases}x=6+40\times6,\\y=-3+10\times6,\\z=-3+2\times6\end{cases}\Rightarrow\begin{cases}x=246,\\y=57,\\z=9.\end{cases}$$

P,M 两地间的距离为

$$|PM|=\sqrt{(446-246)^2+(13-57)^2+(1-3)^2}=4\sqrt{2\ 622},$$

故直升机 A 飞达 P 点所用时间 $t=\dfrac{4\sqrt{2\ 622}}{150}\approx1.365\ 3$ h.

【例 2☆☆☆】 计算机作图透视问题

在用计算机绘图和画透视图时,需要将我们看到的(三维)物体画成二维平面上的投影. 如图 7-33 所示,假设我们的眼睛位于点 $E(x_0,0,0)$处,现在希望将看到的空间中的点 $P_1(x_1,y_1,z_1)$表示成 yOz 平面中的点 $P(0,y,z)$,为此,用 E 点发出的射线将 P_1 点投影到 yOz 平面上,对于计算机制图的设计者来说,问题是:对给定的 E 点和 P_1 点,如何求出相应的 y 和 z?

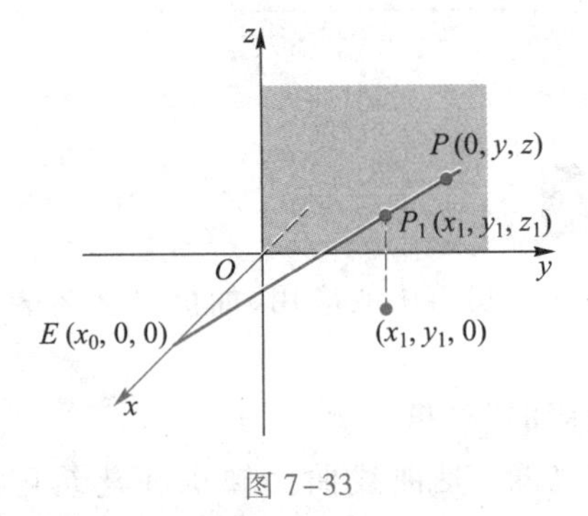

图 7-33

解:写出$\overrightarrow{EP}$与$\overrightarrow{EP_1}$所满足的向量方程

$$\frac{0-x_0}{x_1-x_0}=\frac{y-0}{y_1-0}=\frac{z-0}{z_1-0},$$

解得
$$y=-\frac{x_0y_1}{x_1-x_0},z=-\frac{x_0z_1}{x_1-x_0}.$$

当 $x_1=0$ 时,有 $y=-\frac{x_0y_1}{x_1-x_0}=y_1,z=-\frac{x_0z_1}{x_1-x_0}=z_1$.

当 $x_1=x_0$ 时,有 $y=-\frac{x_0y_1}{x_1-x_0}=\infty,z=-\frac{x_0z_1}{x_1-x_0}=\infty$.

此时,图像满屏 yOz 平面.

当 $x_1\to\infty$ 时,有 $y=-\frac{x_0y_1}{x_1-x_0}=0,z=-\frac{x_0z_1}{x_1-x_0}=0$.

此时,图像缩为一个点(0,0,0).

习题拓展

【基础过关☆】

1. 求过三点 $M_1(1,-1,-2),M_2(-1,2,0),M_3(1,3,1)$ 的平面方程.

2. 把直线 l 的一般方程 $\begin{cases}2x-4y+z=0,\\3x-y-2z+9=0\end{cases}$ 化为点向式方程和参数方程.

7.8 项目三习题拓展答案

【能力达标☆☆】

求直线 $l:\frac{x-1}{2}=\frac{y+1}{-1}=\frac{z}{2}$ 在平面 $\pi:2x-y=0$ 上的投影直线的方程.

【应用拓展☆☆☆】

求两平行平面 $\pi_1:3x+2y-6z-35=0$ 和平面 $\pi_2:3x+2y-6z-56=0$ 间的距离.

7.9 项目四知识目标及重难点

项目四 曲面与空间曲线

教学引入

【引例1】 曲面在建筑中的应用,如世界著名的悉尼歌剧院、哈尔滨索菲亚教堂等.

【引例2】 美丽的“鸟巢”

国家体育场“鸟巢”是曲线曲面知识在建筑应用中的一个经典实例.

国家体育场“鸟巢”工程主体建筑呈空间马鞍椭圆形,南北长333 m,东西宽294 m,高69 m.主体钢结构形成整体的巨型空间马鞍形钢桁架编织式“鸟巢”结构.

理论学习

在日常生活中,我们经常会遇到各种曲面,如反光镜的镜面、管道的外表面以及锥面等等.像在平面解析几何中把平面曲线当作动点的轨迹一样,在空间解析几何中,任何曲面都看作点的几何轨迹.

一、曲面方程的概念

1. 曲面方程的定义

定义 7.13　曲面方程

如果曲面 S 与三元方程 $F(x,y,z)=0$ 有下述关系:

(1) 曲面 S 上任一点的坐标都满足方程 $F(x,y,z)=0$;

(2) 不在曲面 S 上的点的坐标都不满足方程 $F(x,y,z)=0$,

那么,方程 $F(x,y,z)=0$ 就叫作曲面 S 的方程,而曲面 S 就叫作方程 $F(x,y,z)=0$ 的图形.如图 7-34 所示.

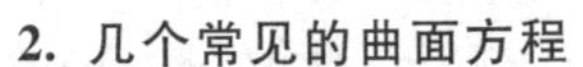

2. 几个常见的曲面方程

① 球面方程

【例 1☆】　建立球心在点 $C(x_0,y_0,z_0)$,半径为 R 的球面方程.如图 7-35 所示.

解:设 $B(x,y,z)$ 是球面上的任意一点,则点 $B(x,y,z)$ 在 S 上等价于 $|CB|=R$ 或 $|CB|^2=R^2$,即 $(x-x_0)^2+(y-y_0)^2+(z-z_0)^2=R^2$.　(1)

(1) 叫做球面 S 的方程.它以 $C(x_0,y_0,z_0)$ 为球心,R 为半径.

球面方程具有下列两个特点:

1) 它是 x,y,z 之间的二次方程,且方程中缺 xy,yz,zx 项;

2) x^2,y^2,z^2 的系数相同且不为零.

特别的,以原点 O 为球心,半径为 R 的球面方程为 $x^2+y^2+z^2=R^2$.

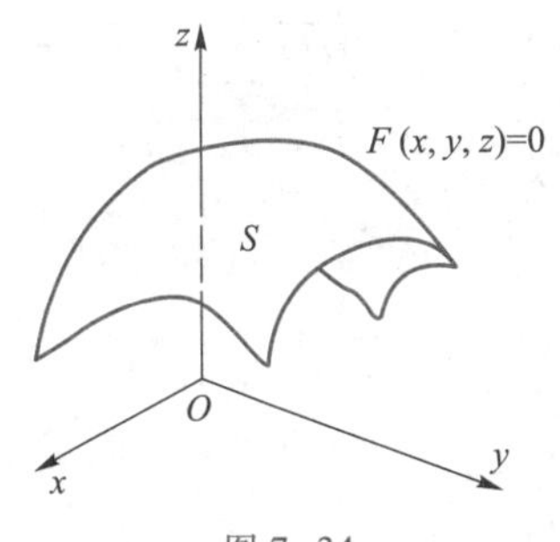

图 7-34

【例 2☆】　设定点 $A(1,0,-2)$,$B(3,-4,0)$,求

(1) $|AB|$;

(2) 以 A 为中心、$|AB|$为半径的球面方程.

解:(1) $|AB|=\sqrt{(3-1)^2+(-4-0)^2+[0-(-2)]^2}=\sqrt{24}$.

(2) 以 A 为中心、$|AB|$为半径的球面方程为

$$(x-1)^2+(y-0)^2+[z-(-2)]^2=24,$$

即

$$(x-1)^2+y^2+(z+2)^2=24.$$

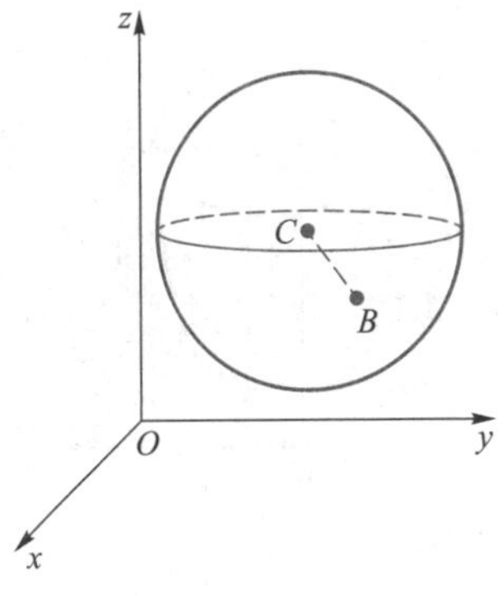

图 7-35

【练 1☆】

1. 求以(1,-2,4)为球心,3 为半径的球面方程.

2. 建立以点 $M(1,-3,-2)$为球心,且过原点的球面方程.

【例 3☆】　方程 $x^2+y^2+z^2-2x+2y-z+3=0$ 是否表示球面?

解:原方程变形得

$$(x-1)^2+(y+1)^2+\left(z-\frac{1}{2}\right)^2=-\frac{3}{4}.$$

显然没有这样的实数 x,y,z 能使上式成立,因而原方程不代表任何图形.

【练 2☆】 方程 $x^2+y^2+z^2-4x+y=0$ 表示怎样的曲面?

② 旋转曲面

定义 7.14 旋转曲面

以一条平面曲线绕其平面上的一条直线旋转一周所成的曲面叫作旋转曲面,旋转曲线和定直线依次叫作旋转曲面的母线和轴.

设在 yOz 坐标面上有一已知曲线 C,它的方程为

$$f(y,z)=0.$$

把这曲线绕 z 轴旋转一周,就得到一个以 z 轴为轴的旋转曲面(图 7-36).它的方程可以求得如下:

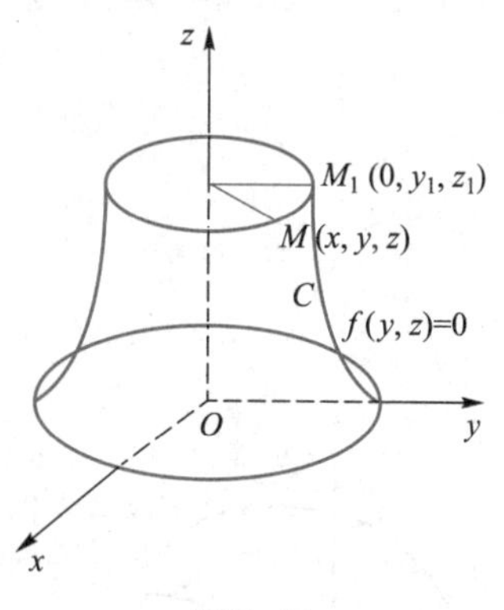

图 7-36

设 $M_1(0,y_1,z_1)$ 为曲线 C 上的任一点,那么有

$$f(y_1,z_1)=0. \tag{2}$$

当曲线 C 绕 z 轴旋转时,点 M_1 也绕 z 轴旋转到另一点 $M(x,y,z)$,这时 $z=z_1$ 保持不变,且点 M 到 z 轴的距离

$$d=\sqrt{x^2+y^2}=|y_1|.$$

将 $z=z_1,y_1=\pm\sqrt{x^2+y^2}$ 代入(2)式,就有

$$f(\pm\sqrt{x^2+y^2},z)=0. \tag{3}$$

这就是所求旋转曲面的方程.

由此可知,在曲线 C 的方程 $f(y,z)=0$ 中将 y 改成 $\pm\sqrt{x^2+y^2}$,便得曲线 C 绕 z 轴旋转所成的旋转曲面的方程.

同理,曲线 C 绕 y 轴旋转所成的旋转曲面的方程为

$$f(y,\pm\sqrt{x^2+z^2})=0. \tag{4}$$

【例 4☆】 求坐标面上的抛物线 $y^2=2pz(p>0)$ 绕 z 轴旋转而成的旋转曲面的方程.

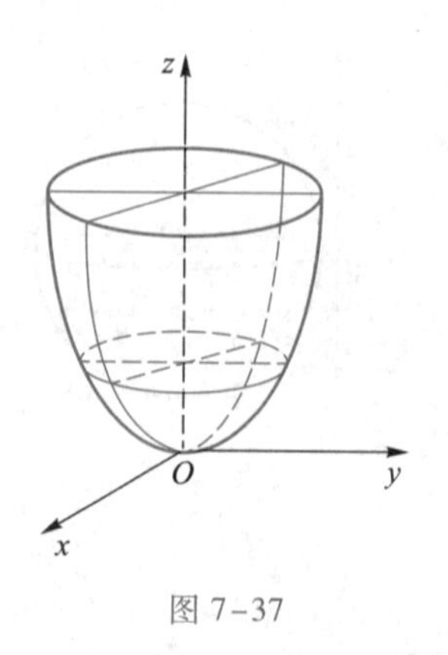

图 7-37

解:绕 z 轴旋转所成的旋转曲面叫旋转抛物面,如图 7-37 所示,它的方程为

$$x^2+y^2=2pz \quad (注:将 y 改成\pm\sqrt{x^2+y^2}).$$

【练 3☆】 求坐标面上的抛物线 $x=ay^2(a>0)$ 绕 x 轴旋转而成的旋转抛物面的方程.

【例 5☆】 将 xOz 坐标面上的双曲线

$$\frac{x^2}{a^2}-\frac{z^2}{c^2}=1$$

分别绕 z 轴和 x 轴旋转,求所生成的旋转曲面的方程.

解:绕 z 轴旋转所生成的旋转曲面叫作旋转单叶双曲面,它的方程为

$$\frac{x^2+y^2}{a^2}-\frac{z^2}{c^2}=1.$$

绕 x 轴旋转所生成的旋转曲面叫作旋转双叶双曲面,它的方程为

$$\frac{x^2}{a^2}-\frac{y^2+z^2}{c^2}=1.$$

③ 柱面

定义 7.15　柱面

一动直线 L 沿定曲线 C 移动,且始终与定直线 l 平行,则称动直线 L 的轨迹为柱面.定曲线 C 叫作柱面的准线,动直线 L 叫作柱面的母线.

我们主要讨论准线在坐标面上,而母线垂直于该坐标面的柱面.这种柱面方程有什么特点呢?下面举例说明.

【例 6☆】　方程 $x^2+y^2=R^2$ 表示什么曲面?

解:在 xOz 坐标面上,方程 $x^2+y^2=R^2$ 表示圆心在原点,半径为 R 的圆.在空间直角坐标系中,方程缺 z,这意味着不论空间中的点的竖坐标 z 怎样,凡是横坐标 x 和纵坐标 y 满足这方程的点都在方程所表示的曲面 S 上;反之,凡是点的横坐标 x 和纵坐标 y 不满足这个方程的,不论竖坐标 z 怎样,这些点都不在曲面 S 上,即点 $P(x,y,z)$ 在曲面 S 上的充分必要条件是点 $P'(x,y,0)$ 在圆 $x^2+y^2=R^2$ 上.而 $P(x,y,z)$ 是在过点 $P'(x,y,0)$ 且平行于 z 轴的直线上,这就是说方程 $x^2+y^2=R^2$ 表示:由通过 xOy 坐标面上的圆 $x^2+y^2=R^2$ 上的每一点且平行于 z 轴(即垂直于 xOy 坐标面)的直线所组成,即方程 $x^2+y^2=R^2$ 表示柱面,该柱面称为圆柱面,如图 7-38 所示.

一般地,如果方程中缺 z,即 $f(x,y)=0$,类似于上面的讨论,可知它表示准线在 xOy 坐标面上,母线平行于 z 轴的柱面.而方程 $g(y,z)=0$, $h(x,z)=0$ 分别表示母线平行于 x 轴和 y 轴的柱面方程.

如方程 $y=x^2$,方程中缺 z,所以它表示母线平行于 z 轴的柱面,它的准线是 xOy 面上的抛物线 $y=x^2$,该柱面叫作抛物柱面,如图 7-39 所示.

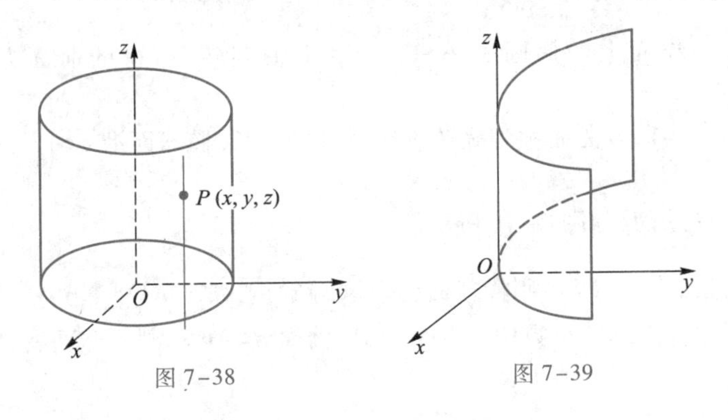

图 7-38　　图 7-39

又如,方程 $x-z=0$ 表示母线平行于 y 轴的柱面,其准线是 xOz 面上的直线 $x-z=0$,所以它是过 y 轴的平面,如图 7-40 所示.

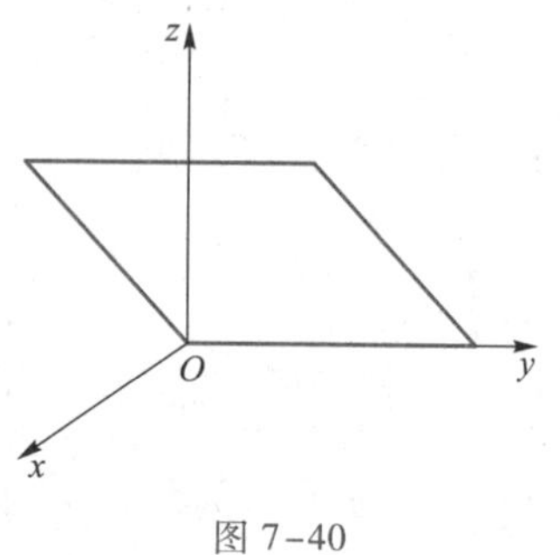

图 7-40

二、二次曲面

最简单的曲面是平面,它可以用一个三元一次方程来表示,所以平面也叫作一次曲面. 与平面解析几何中规定的二次曲线相类似,我们把三元二次方程所表示的曲面叫作二次曲面. 而把平面叫作一次曲面.

如何了解三元方程 $F(x,y,z)=0$ 所表示的曲面的形状呢? 其中一个方法是用坐标面和平行于坐标面的平面与曲面相截,考察其交线(即截痕)的形状,然后加以综合,从而了解曲面的全貌. 这种方法叫作截痕法. 下面我们利用截痕法来讨论几个特殊的二次曲面.

1. 椭球面

由方程

$$\frac{x^2}{a^2}+\frac{y^2}{b^2}+\frac{z^2}{c^2}=1 \quad (a>0,b>0,c>0) \tag{5}$$

所表示的曲面叫作椭球面.

由方程(5)可知

$$\frac{x^2}{a^2}\leqslant 1,\frac{y^2}{b^2}\leqslant 1,\frac{z^2}{c^2}\leqslant 1,$$

即 $|x|\leqslant a$, $|y|\leqslant b$, $|z|\leqslant c$.

这说明椭球面(5)完全包含在一个以原点 O 为中心的长方体内,这长方体的六个面的方程为 $x=\pm a, y=\pm b, z=\pm c$. a,b,c 叫作椭球面的半轴.

为了知道这一曲面的形状,我们先求出它与三个坐标面的交线

$$\begin{cases}\dfrac{x^2}{a^2}+\dfrac{y^2}{b^2}=1,\\ z=0,\end{cases}\quad \begin{cases}\dfrac{x^2}{a^2}+\dfrac{z^2}{c^2}=1,\\ y=0,\end{cases}\quad \begin{cases}\dfrac{y^2}{b^2}+\dfrac{z^2}{c^2}=1,\\ x=0,\end{cases}$$

这些交线都是椭圆.

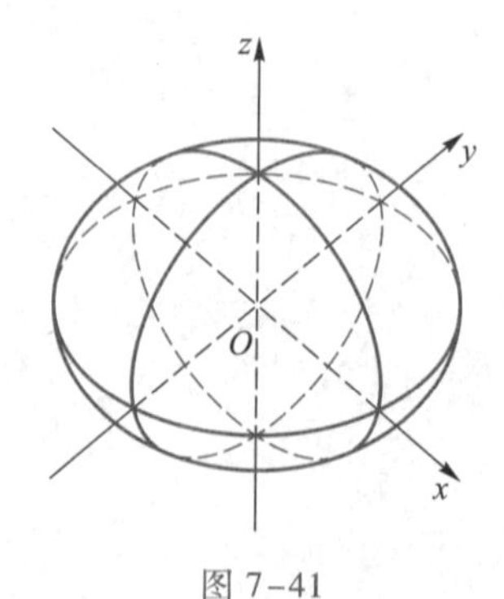

图 7-41

把 xOy 面上的椭圆 $\frac{x^2}{a^2}+\frac{y^2}{b^2}=1$ 绕 y 轴旋转,所得的曲面方程为 $\frac{x^2+z^2}{a^2}+\frac{y^2}{b^2}=1$,该曲面称为旋转椭球面. 再把旋转椭球面沿 z 轴方向伸缩 $\frac{c}{a}$ 便得椭球面,如图 7-41 所示.

特别,当 $a=b=c$,则椭球面变为球面 $x^2+y^2+z^2=a^2$.

如果 a,b,c 三个数中有两个相等,例如 $a=b\neq c$,则椭球面变为旋转椭球面

$$\frac{x^2}{a^2}+\frac{y^2}{a^2}+\frac{z^2}{c^2}=1.$$

a,b,c 称为椭球面的半轴，原点称为椭球面的中心.

下面讨论平行于坐标平面的平面与椭球面的交线.

平面 $z=h(|h|\leqslant c)$ 与椭球面的交线是椭圆

$$\begin{cases}\dfrac{x^2}{a^2}+\dfrac{y^2}{b^2}=1-\dfrac{h^2}{c^2},\\ z=h.\end{cases}$$

当 $|h|$ 由 0 增大到 c 时，椭圆逐渐由大变小，最后缩成一个点. 这些椭圆就形成了椭球面.

同理，用平行于 yOz 面的平面 $x=d(|d|\leqslant a)$ 或平行于 zOx 面的平面 $y=k(|k|\leqslant b)$ 去截椭球面，也有类似的结果.

【例 7☆☆】 已知椭球面 $\dfrac{x^2}{a^2}+\dfrac{y^2}{b^2}+\dfrac{z^2}{c^2}=1(c<a<b)$，试求过 x 轴并与曲面的交线是圆的平面.

解： 设要求的平面方程为 $y+\lambda x=0$，与椭圆的交线

$$\begin{cases}\dfrac{x^2}{a^2}+\dfrac{y^2}{b^2}+\dfrac{z^2}{c^2}=1,\\ y+\lambda x=0\end{cases}$$

表示的是圆，关于原点对称，故圆心在原点，半径为 a，从而交线上的点都在球 $x^2+y^2+z^2=a^2$ 上，即

$$\left[1-\left(\frac{\lambda^2}{b^2}+\frac{1}{c^2}\right)z^2\right]a^2+\lambda^2z^2+z^2=a^2,$$

$$\left(\lambda^2-\frac{a^2\lambda^2}{b^2}-\frac{a^2}{c^2}+1\right)z^2=0,$$

解得 $\lambda=\pm\dfrac{b}{c}\sqrt{\dfrac{a^2-c^2}{b^2-a^2}}$，故满足要求的平面方程为 $y\pm\dfrac{b}{c}\sqrt{\dfrac{a^2-c^2}{b^2-a^2}}z=0$.

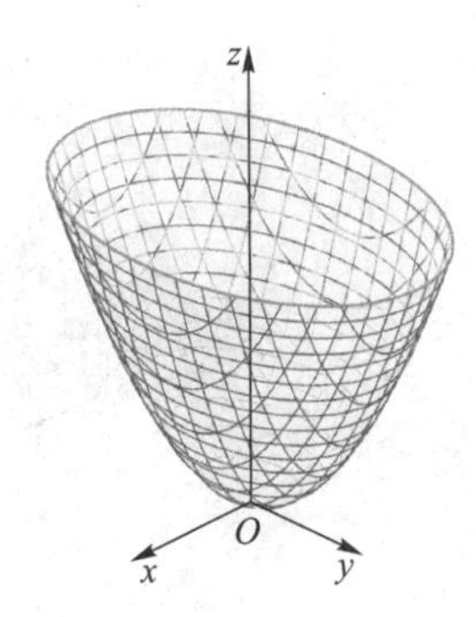

图 7-42

2. 椭圆抛物面

椭圆抛物面的方程为 $\dfrac{z}{c}=\dfrac{x^2}{a^2}+\dfrac{y^2}{b^2}$.

垂直 z 轴的截线是椭圆，垂直 x 轴，y 轴的截线是抛物线，如图 7-42 和 7-43 所示.

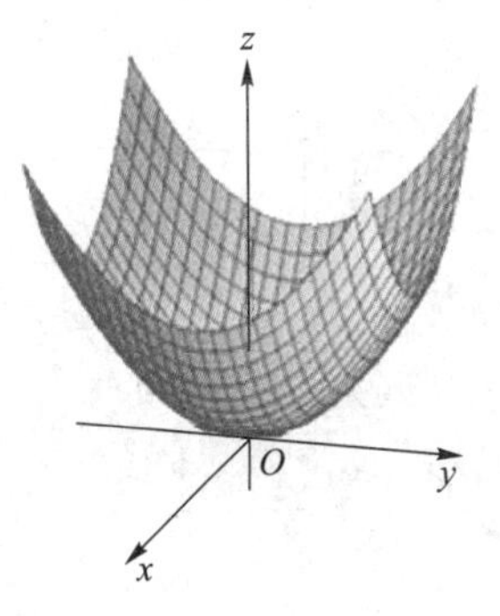

图 7-43

如果 $a=b$，则椭圆抛物面变成旋转抛物面，此时垂直 z 轴的截线是圆，如图 7-44 所示的旋转抛物面方程为

$$\frac{z}{c}=\frac{x^2}{a^2}+\frac{y^2}{a^2}\quad(a=b).$$

同理，如果 $c=b$，则椭圆抛物面变成旋转抛物面，此时垂直 x 轴的截线是圆，如图 7-45 所示的旋转抛物面方程为

$$\frac{x}{a}=\frac{z^2}{b^2}+\frac{y^2}{b^2}\quad(c=b).$$

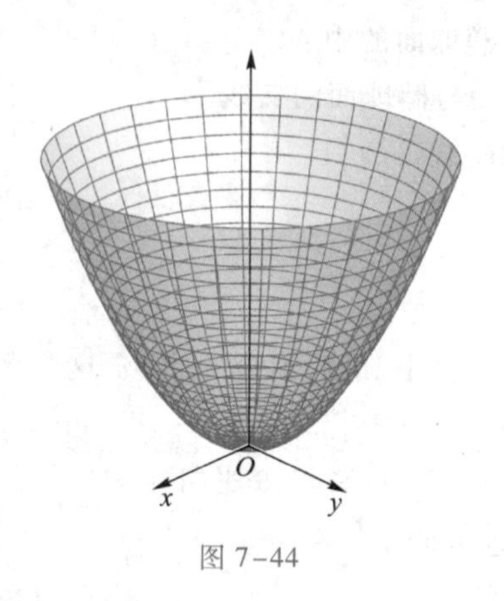

图 7-44

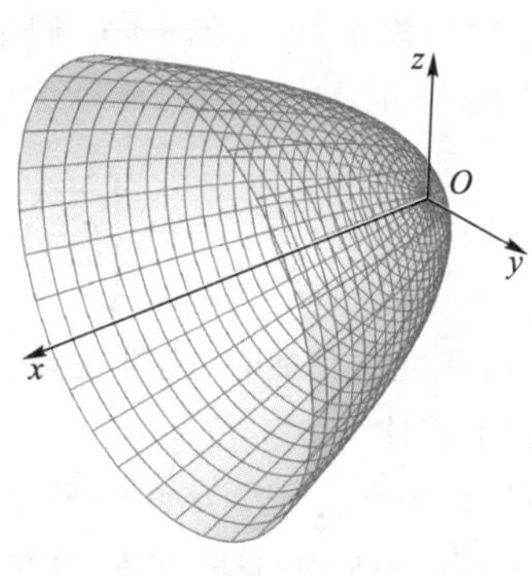

图 7-45

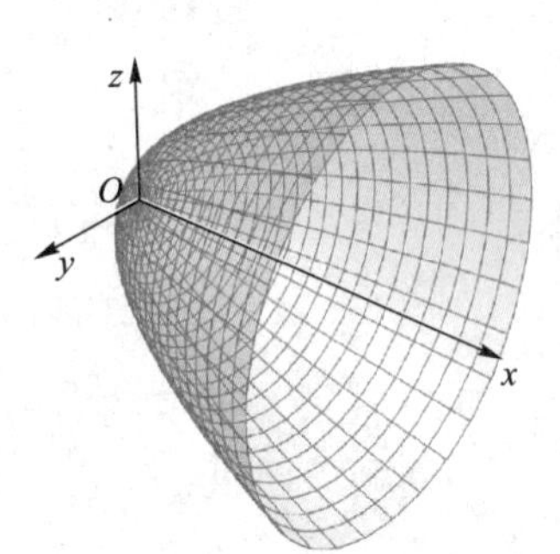

图 7-46

同理，如果 $a=c$，则椭圆抛物面变成旋转抛物面，此时垂直 y 轴的截线是圆，如图 7-46 所示的旋转抛物面方程为

$$\frac{y}{b}=\frac{x^2}{c^2}+\frac{z^2}{c^2}\quad(a=c).$$

【例 8☆】 已知椭圆抛物面的顶点在原点，对称面为 xOz 面与 yOz 面，且过点 $(1,2,6)$ 和 $\left(\frac{1}{3},-1,1\right)$，求这个椭圆抛物面的方程.

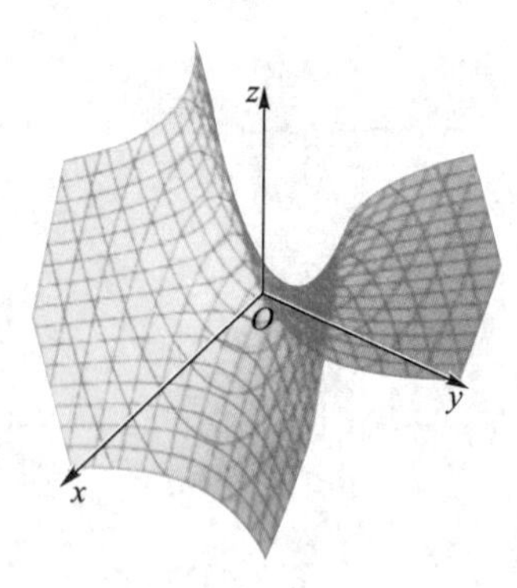

图 7-47

解：根据题意，设要求的椭圆抛物面的方程为 $\frac{x^2}{a^2}+\frac{y^2}{b^2}=cz$，由点 $(1,2,6)$ 和 $\left(\frac{1}{3},-1,1\right)$ 在该曲面上，有

$$\begin{cases}\frac{1}{a^2}+\frac{4}{b^2}=6c,\\[2mm] \frac{1}{9a^2}+\frac{1}{b^2}=c,\end{cases}\quad \text{解出}\begin{cases}\frac{1}{a^2}=\frac{18c}{5},\\[2mm] \frac{1}{b^2}=\frac{3c}{5}.\end{cases}$$

故所求的椭圆抛物面的方程为 $18x^2+3y^2=5z$.

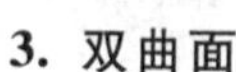

3. 双曲面

① 双曲抛物面

双曲抛物面的方程为 $\frac{z}{c}=\frac{x^2}{a^2}-\frac{y^2}{b^2}$.

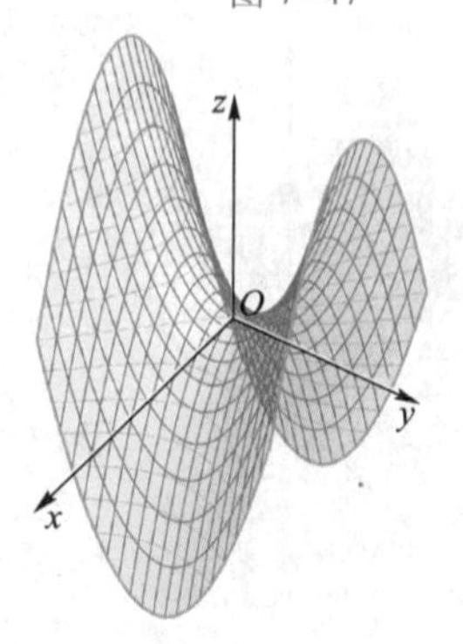

图 7-48

垂直 z 轴的截线是双曲线，垂直 x 轴和 y 轴的截线是抛物线，如图 7-47所示.

当 $c<0$ 的情况，如图 7-48 所示.

当 $c>0$ 的情况，如图 7-49 所示.

② 单叶双曲面

椭圆单叶双曲面的方程为

$$\frac{x^2}{a^2}+\frac{y^2}{b^2}-\frac{z^2}{c^2}=1 \quad (a>0,b>0,c>0).$$

垂直 z 轴的截线是椭圆，垂直 x 轴和 y 轴的截线是双曲线，对称轴对应于系数为负的变量，如图 7-50 所示.

当 $a=b$ 时，椭圆单叶双曲面变成旋转单叶双曲面，如图 7-51 所示.

③ 双叶双曲面

椭圆双叶双曲面的方程为

$$-\frac{x^2}{a^2}-\frac{y^2}{b^2}+\frac{z^2}{c^2}=1 \quad (a>0,b>0,c>0).$$

垂直 z 轴的截线是椭圆，垂直 x 轴和 y 轴的截线是双曲线，两个负号表示有两叶，如图 7-52 所示.

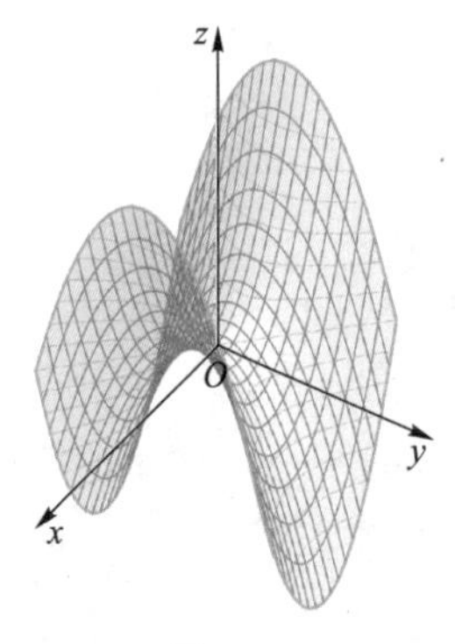

图 7-49

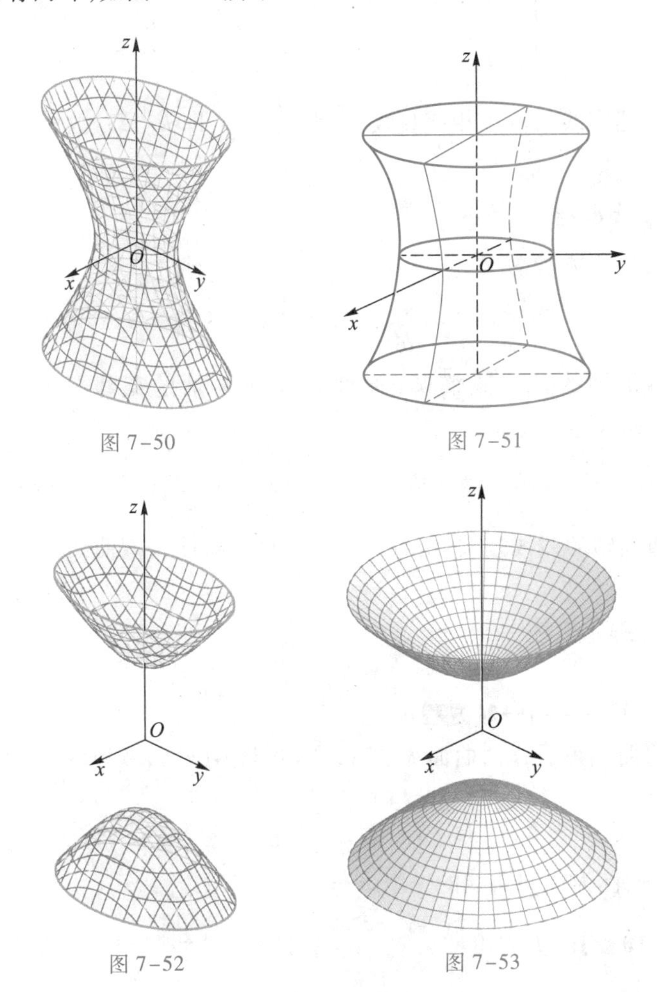

图 7-50　图 7-51

图 7-52　图 7-53

当 $a=b$ 时，椭圆双叶双曲面变成旋转双叶双曲面，如图 7-53 所示.

【例 9☆☆】　已知单叶双曲面 $\frac{x^2}{4}+\frac{y^2}{9}-\frac{z^2}{4}=1$，求使这个平面平行于 yOz 面（或 xOz 面）且与曲面的交线是一对相交直线的平面方程.

解:依题意,若平面平行于 yOz 面,设所求的平面为 $x=k$,则该平面与单叶双曲面的交线为

$$\begin{cases}\dfrac{x^2}{4}+\dfrac{y^2}{9}-\dfrac{z^2}{4}=1,\\ x=k,\end{cases} \text{即} \begin{cases}\dfrac{y^2}{9}-\dfrac{z^2}{4}=1-\dfrac{k^2}{4},\\ x=k.\end{cases}$$

为了使上述交线为两条相交直线,需 $1-\dfrac{k^2}{4}=0$,即 $k=\pm2$. 故所求的平面方程为 $x=\pm2$.

同理,依题意,若平面平行于 xOz 面,设所求的平面为 $y=k$,则该平面与单叶双曲面的交线为

$$\begin{cases}\dfrac{x^2}{4}+\dfrac{y^2}{9}-\dfrac{z^2}{4}=1,\\ y=k,\end{cases} \text{即} \begin{cases}\dfrac{x^2}{4}-\dfrac{z^2}{4}=1-\dfrac{k^2}{9},\\ y=k.\end{cases}$$

为了使上述交线为两条相交直线,需 $1-\dfrac{k^2}{9}=0$,即 $k=\pm3$. 故所求的平面方程为 $y=\pm3$.

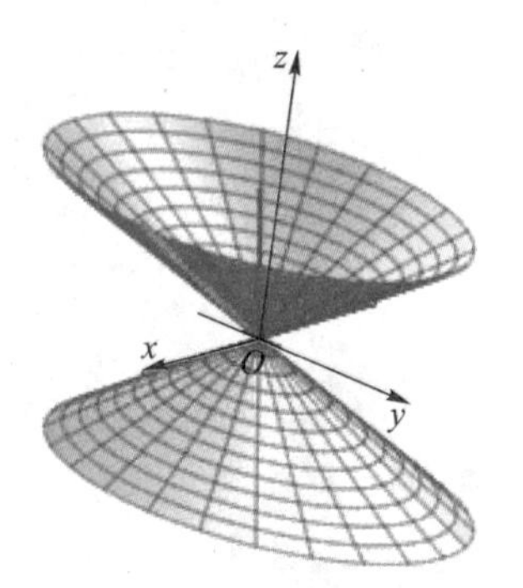

图 7-54

4. 椭圆锥面

椭圆锥面方程为

$$\frac{z^2}{c^2}=\frac{x^2}{a^2}+\frac{y^2}{b^2} \quad (a>0,b>0,c>0).$$

垂直 z 轴的截线是椭圆,垂直 x 轴和 y 轴的截线是双曲线,如图 7-54 所示.

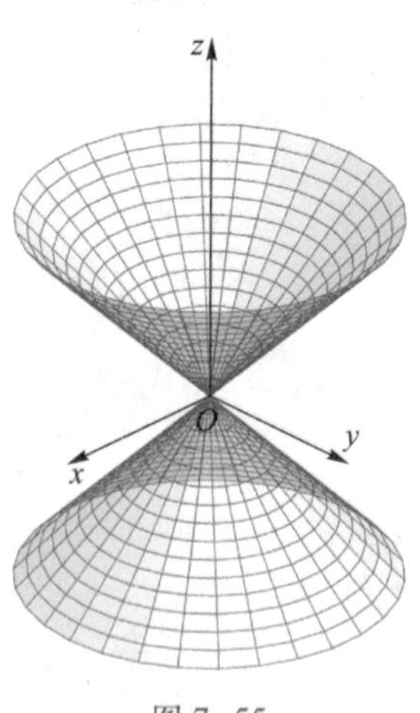

图 7-55

当 $a=b$ 时,椭圆锥面变成圆锥面,$\dfrac{z^2}{c^2}=\dfrac{x^2}{a^2}+\dfrac{y^2}{a^2}$,如图 7-55 所示.

垂直 z 轴的截线是圆,垂直 x 轴和 y 轴的截线是双曲线.

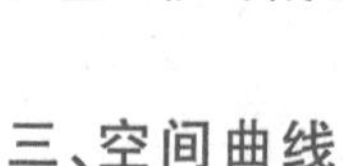

三、空间曲线

1. 空间曲线的一般方程

空间曲线可看作两曲面 $F(x,y,z)=0$ 与 $G(x,y,z)=0$ 的交线

$$\begin{cases}F(x,y,z)=0,\\ G(x,y,z)=0.\end{cases} \tag{6}$$

(6)式称为空间曲线的一般方程.

【例 10☆】 方程组 $\begin{cases}x^2+y^2=R^2,\\ z=a\end{cases}$ 表示什么曲线?

解:$x^2+y^2=R^2$ 表示圆柱面,它的母线平行于 z 轴,而 $z=a$ 表示平行于 xOy 坐标面的平面,因而它们的交线是圆. 所以 $\begin{cases}x^2+y^2=R^2,\\ z=a\end{cases}$ 表示圆,这个圆在 $z=a$ 的平面上.

【例 11☆】　方程组$\begin{cases}x^2-4y^2=4z,\\ y=-2\end{cases}$表示什么曲线?

解:因为 $x^2-4y^2=4z$ 表示双曲抛物面,$y=-2$ 表示平行于 xOz 面的平面,它们的交线是平面 $y=-2$ 上的抛物线. 实际上将 $y=-2$ 代入 $x^2-4y^2=4z$,得 $x^2=4(z+4)$,因此它表示平面 $y=-2$ 上,顶点在$(0,-2,-4)$开口向上的抛物线.

【练 4☆】　指出下列方程表示什么曲线.

(1) $\begin{cases}x^2-y^2=8z,\\ z=8;\end{cases}$　(2) $\begin{cases}x^2+9y^2=9z^2,\\ z=2;\end{cases}$　(3) $\begin{cases}x^2+4y^2+9z^2=36,\\ y=1.\end{cases}$

2. 空间曲线的参数方程

空间曲线 C 的方程除了一般方程之外,也可以用参数形式表示,只要将 C 上动点的坐标 x,y,z 表示为参数 t 的函数

$$\begin{cases}x=x(t),\\ y=y(t),\\ z=z(t).\end{cases}\tag{7}$$

当给定 $t=t_1$ 时,就得到曲线 C 上的一个点(x_1,y_1,z_1),随着 t 的变动便可得曲线 C 上的全部点. 方程组(7)叫作空间曲线的参数方程.

【例 12☆】　设圆柱面 $x^2+y^2=R^2$ 上有一质点,它一方面绕 z 轴以等角速度 ω 旋转,另一方面以等速度 v_0 向 z 轴正方向移动,开始时即 $t=0$ 时,质点在 $A(R,0,0)$处,求质点运动方程.

解:设时间 t 时,质点在 $M(x,y,z)$,如图 7-56 所示,M'是 M 在 xOy 面上的投影,则

$$\angle AOM'=\varphi=\omega t,$$
$$x=|OM'|\cos\varphi=R\cos\omega t,$$
$$y=|OM'|\sin\varphi=R\sin\omega t,$$
$$z=|MM'|=v_0t.$$

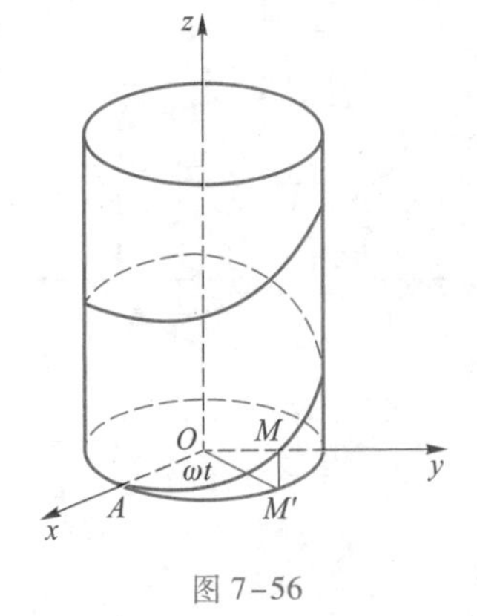

图 7-56

因此质点的运动方程为

$$\begin{cases}x=R\cos\omega t,\\ y=R\sin\omega t,\\ z=v_0t.\end{cases}$$

此方程称为螺旋线的参数方程.

四、空间曲线在坐标面上的投影

设空间曲线 C 的一般方程为

$$\begin{cases}F(x,y,z)=0,\\ G(x,y,z)=0.\end{cases}\tag{8}$$

现在我们来研究由方程组(8)消去变量 z 后所得的方程

$$H(x,y)=0. \tag{9}$$

由于方程(9)是由方程组(8)消去 z 后所得的结果,因此当 x,y 和 z 满足方程组(8)时,前两个数 x,y 必定满足方程(9),这说明曲线 C 上的所有点都在由方程(9)所表示的曲面上.

由前面的学习知道,方程(9)表示一个母线平行于 z 轴的柱面.由前面的讨论可知,这柱面必定包含曲线 C.以曲线 C 为准线、母线平行于 z 轴(即垂直于 xOy 面)的柱面叫作曲线 C 关于 xOy 面的投影柱面,投影柱面与 xOy 面的交线叫作空间曲线 C 在 xOy 面上的投影曲线,或简称投影.因此,方程(9)所表示的柱面必定包含投影柱面,而方程

$$\begin{cases}H(x,y)=0,\\z=0\end{cases}$$

所表示的曲线必定包含空间曲线 C 在 xOy 面上的投影.

同理,消去方程组(8)中变量 x 或变量 y 再分别和 $x=0$ 或 $y=0$ 联立,我们就可得包含空间曲线 C 在 yOz 面或 xOz 上的投影的曲线方程

$$\begin{cases}R(y,z)=0,\\x=0\end{cases}\text{或}\begin{cases}T(x,z)=0,\\y=0.\end{cases}$$

【例 13☆】 求旋转抛物面 $y^2+z^2-2x=0$ 和平面 $z=3$ 的交线 C 在 xOy 面上的投影曲线方程.

解:曲线 C 的方程为

$$\begin{cases}y^2+z^2-2x=0,\\z=3,\end{cases}$$

消去 z,得柱面方程 $y^2=2x-9$,容易看出,这是交线 C 关于 xOy 面的投影柱面方程,于是,交线 C 在 xOy 面上的投影曲线方程为$\begin{cases}y^2=2x-9,\\z=0.\end{cases}$

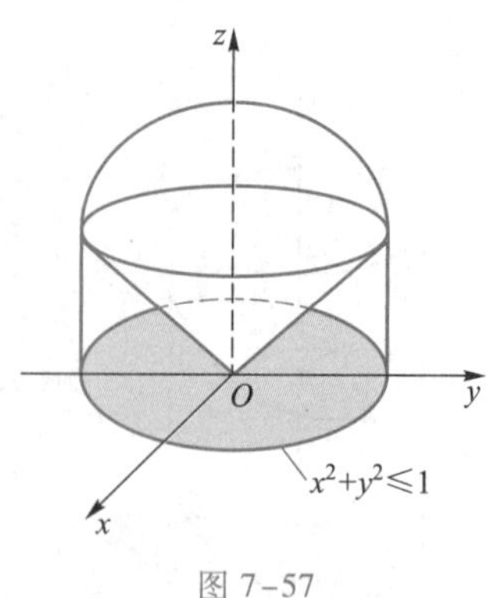

图 7-57

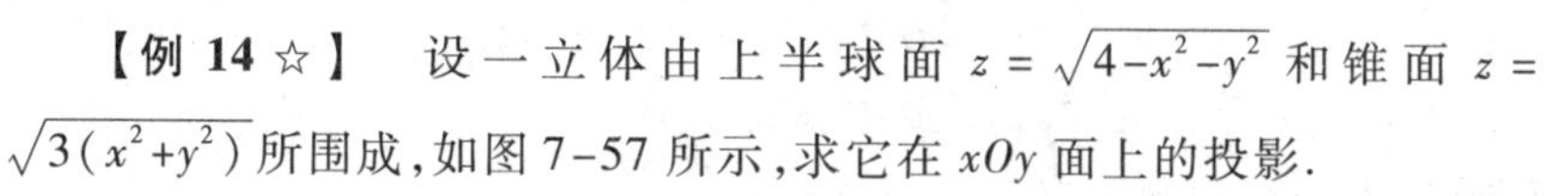
【例 14 ☆】 设一立体由上半球面 $z=\sqrt{4-x^2-y^2}$ 和锥面 $z=\sqrt{3(x^2+y^2)}$ 所围成,如图 7-57 所示,求它在 xOy 面上的投影.

解:半球面和锥面的交线为

$$C:\begin{cases}z=\sqrt{4-x^2-y^2},\\z=\sqrt{3(x^2+y^2)},\end{cases}$$

消去 z,得到 $x^2+y^2=1$,容易看出,这恰好是交线 C 关于 xOy 面的投影柱面,因此交线 C 在 xOy 面上的投影曲线为

$$\begin{cases}x^2+y^2=1,\\z=0,\end{cases}$$

这是一个 xOy 面上的圆.于是所求立体在 xOy 面上的投影就是该圆在 xOy 面上所围成的部分:$x^2+y^2\leqslant 1$.

在重积分和曲面积分的计算中,往往要确定一个立体或曲面在坐标面上的投影,这时就需要利用投影柱面和投影曲线.

【练 5☆】

1. 求曲线$\begin{cases}x^2+y^2-z=0,\\ z=x+1\end{cases}$在 xOy 面上投影曲线方程.

2. 求上半球 $0\leqslant z\leqslant\sqrt{a^2-x^2-y^2}$ 与圆柱体 $x^2+y^2\leqslant ax(a>0)$ 的公共部分在 xOy 面和 xOz 上的投影.

实际应用

建筑和机械中的圆柱面不胜枚举. 如建筑物支柱、给排水管道、机械轴具等很多地方都有柱面应用.

【例 1☆☆☆】　建筑和机械中的圆柱面

设柱面的准线为$\begin{cases}x=y^2+z^2,\\ x=2z,\end{cases}$母线垂直于准线所在的平面,求柱面方程.

解:由题意知,母线平行于向量$(1,0,-2)$,任取准线上一点 $M_0(x_0,y_0,z_0)$,过 M_0 的母线方程为

$$\begin{cases}x=x_0+t,\\ y=y_0,\\ z=z_0-2t,\end{cases}\Rightarrow\begin{cases}x_0=x-t,\\ y_0=y,\\ z_0=z+2t.\end{cases}$$

而 $M_0(x_0,y_0,z_0)$在准线上,于是

$$\begin{cases}x-t=y^2+(z+2t)^2,\\ x-t=2(z+2t),\end{cases}$$

消去 t 得所求柱面方程 $4x^2+25y^2+z^2+4xz-20x-10z=0$.

有声电影机聚光灯(如图 7-58 所示)为旋转椭球聚光镜(如图 7-59所示). 将光源放在旋转椭球面聚光镜的焦点 F_1,光线经过旋转

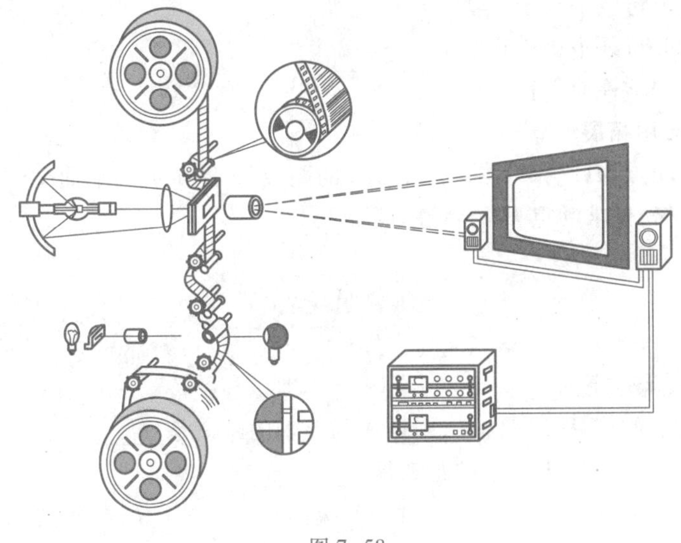

图 7-58

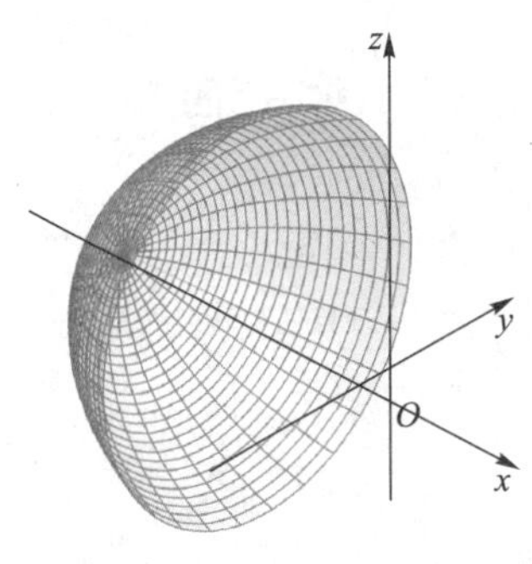

图 7-59

椭球面聚光镜反射到椭圆的另一个焦点 F_2. 实际应用中是在 O,F_2 之间再放一个凸透镜，使光线到达点 F_2 之前再次聚焦，通过凸透镜聚焦的光线，照射从片门经过的胶片后通过镜头映到屏幕上，观众就看到影像了.

【例 2☆☆☆】 有声电影机聚光灯

设动点 $M(x,y,z)$ 与点 $(1,0,0)$ 的距离等于从这点到平面 $x=4$ 的距离的 $\frac{1}{2}$，试求动点 M 的轨迹方程.

解：由题意得

$$\sqrt{(x-1)^2+y^2+z^2}=\frac{1}{2}|x-4|\Leftrightarrow 3x^2+4y^2+4z^2=12,$$

即

$$\frac{x^2}{4}+\frac{y^2}{3}+\frac{z^2}{3}=1.$$

卫星天线和车灯都可以用类似(图 7-60)的抛物面得到.

图 7-60

习题拓展

【基础过关☆】

1. 将 yOz 面上的椭圆 $\frac{y^2}{a^2}+\frac{z^2}{b^2}=1$ 分别绕 z 轴和 y 轴旋转，求所形成的旋转曲面方程.

2. 方程 $x^2+y^2+z^2+2x+6y-4z=0$ 表示什么曲线？

【能力达标☆☆】

已知柱面的准线为 $\begin{cases}(x-1)^2+(y+3)^2+(z-2)^2=25,\\ x+y-z+2=0,\end{cases}$ 且

(1) 母线平行于 x 轴；

(2) 母线平行于直线 $x=y,z=c$.

分别求柱面方程.

【应用拓展☆☆☆】

设动点 $M(x,y,z)$ 与点 $(4,0,0)$ 的距离等于 M 点到平面 $x=1$ 的距离的 2 倍，试求动点 M 的轨迹方程.

7.10 项目四习题拓展答案

习题七

一、填空题

1. 已知点 $A(2,-1,1)$，则点 A 与 x 轴的距离是________，与 y 轴的距离是________，与 z 轴的距离是________.

2. 向量 $\boldsymbol{u}=(-2,6,-3)$ 的模 $|\boldsymbol{u}|=$________，方向余弦 $\cos\alpha=$________，方向余弦 $\cos\beta=$________，方向余弦 $\cos\gamma=$________，与

向量 $\boldsymbol{u}$ 方向相同的单位向量 $\boldsymbol{e}_u=$________.

3. 设向量 $\boldsymbol{a}=(2,-1,4)$ 与向量 $\boldsymbol{b}=(1,k,2)$ 平行，则 $k=$________.

4. 以点 $A(2,-1,-2)$，$B(0,2,1)$，$C(2,3,0)$ 为顶点，作平行四边形 $ABCD$，则平行四边形 $ABCD$ 的面积是________.

5. $|\boldsymbol{a}\times\boldsymbol{b}|^2+(\boldsymbol{a}\cdot\boldsymbol{b})^2=$________.

6. 过点 $(2,1,0)$ 与直线 $\frac{x-1}{3}=\frac{y}{1}=\frac{z}{-1}$ 垂直的平面方程为________.

7. 平面 $x+y+kz+1=0$ 与直线 $\frac{x}{2}=\frac{y}{-1}=\frac{z}{1}$ 平行，则 $k=$________.

8. 过点 $P(2,0,-1)$，且平行于向量 $\boldsymbol{a}=(2,1,-1)$ 及 $\boldsymbol{b}=(3,0,4)$ 的平面方程为________.

9. 球面方程 $2x^2+2y^2+2z^2-z=0$ 的球心为________，半径为________.

10. 曲线 $\begin{cases}x^2+y^2+z^2=25,\\x^2+y^2=4\end{cases}$ 在 xOy 平面上的投影方程是________.

二、选择题

1. 向量 $\boldsymbol{a}=(a_x,a_y,a_z)$ 与 x 轴垂直，则(　　).

A. $a_x=0$　　B. $a_y=0$

C. $a_z=0$　　D. $a_x=a_y=0$

2. 设 $\boldsymbol{a},\boldsymbol{b},\boldsymbol{c}$ 为三个任意向量，则 $(\boldsymbol{a}+\boldsymbol{b})\times\boldsymbol{c}=$(　　).

A. $\boldsymbol{a}\times\boldsymbol{c}+\boldsymbol{c}\times\boldsymbol{b}$　　B. $\boldsymbol{c}\times\boldsymbol{a}+\boldsymbol{c}\times\boldsymbol{b}$

C. $\boldsymbol{a}\times\boldsymbol{c}+\boldsymbol{b}\times\boldsymbol{c}$　　D. $\boldsymbol{c}\times\boldsymbol{a}+\boldsymbol{b}\times\boldsymbol{c}$

3. 下列等式中正确的是(　　).

A. $\boldsymbol{i}+\boldsymbol{j}=\boldsymbol{k}$　　B. $\boldsymbol{i}\cdot\boldsymbol{j}=\boldsymbol{k}$

C. $\boldsymbol{i}\cdot\boldsymbol{i}=\boldsymbol{j}\cdot\boldsymbol{j}$　　D. $\boldsymbol{i}\times\boldsymbol{i}=\boldsymbol{i}\cdot\boldsymbol{i}$

4. 设 $\boldsymbol{a}=(-1,1,2)$，$\boldsymbol{b}=(3,0,4)$，则 $\mathrm{Prj}_{\boldsymbol{b}}\boldsymbol{a}=$(　　).

A. $\frac{5}{\sqrt{6}}$　　B. 1

C. $-\frac{5}{\sqrt{6}}$　　D. -1

5. 直线 $\frac{x-3}{1}=\frac{y}{-1}=\frac{z+2}{2}$ 与平面 $x-y-z+1=0$ 的关系是(　　).

A. 垂直　　B. 相交但不垂直

C. 直线在平面上　　D. 平行

6. 直线 $l:\frac{x-1}{2}=\frac{y+1}{-1}=\frac{z}{2}$ 与平面 $\pi:2x-y=0$ 的夹角为(　　).

A. $\frac{\pi}{2}$　　B. $\frac{\pi}{3}$

C. $\arccos\frac{\sqrt{5}}{3}$　　D. $\frac{\pi}{6}$

7. 平面 $x-2y+z+1=0$ 与平面(　　)垂直.

A. $-x+2y-z-5=0$　　B. $2x-y+3z+3=0$

C. $x-y-3z+5=0$　　D. $3x-5y+z+1=0$

8. 曲面 $z=2x^2+4y^2$ 称为(　　).

A. 椭球面　　B. 圆锥面

C. 旋转抛物面　　D. 椭圆抛物面

9. $(x+1)^2+(y-2)^2+(z-3)^2=4$ 在空间直角坐标系中表示(　　).

A. 椭圆锥面　　B. 圆锥面

C. 抛物面　　D. 球面

10. 双曲抛物面 $x^2-\frac{y^2}{3}=2z$ 与 xOy 坐标面的交线是(　　).

A. 椭圆　　B. 相交于原点的两条直线

C. 抛物线　　D. 双曲线

三、计算题

1. 求过点 $A(0,0,1)$,$B(0,1,0)$,$O(0,0,0)$ 的平面方程.

2. 指出 $\frac{x^2}{a^2}+\frac{y^2}{b^2}=1$ 所表示的曲面,并画出图形.

7.11　习题七答案

3. 已知两球面的方程为 $\begin{cases}x^2+y^2+z^2=1,\\x^2+(y-1)^2+(z-1)^2=1,\end{cases}$ 求它们的交线 C 在 xOy 面上的投影方程.

模块八

多元函数微分学

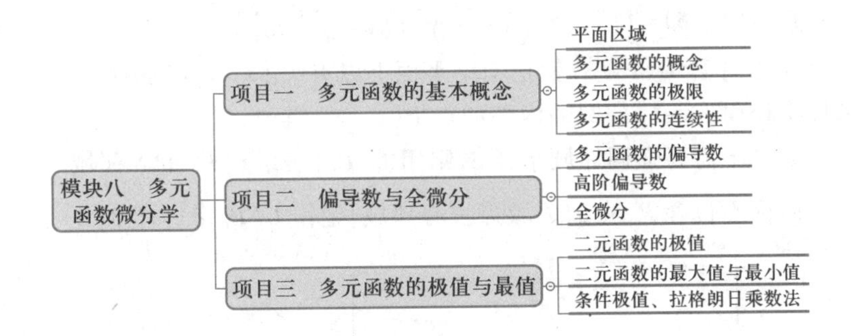

项目一　多元函数的基本概念

8.1　模块八思维导图

8.2　微分学的进阶之路——多元微分学的发展

8.3　项目一教学目标及重难点

教学引入

登山者在登山的过程中,海拔高度会随着登山者位置的改变而改变,而且在同一地点的温度、气压等物理量还会随着时间的变化而变化.火箭在发射过程中,它的飞行速度和其在空中的位置,会和火箭自身的参数设置、发动机运行状况、风速等多种因素有关.实际上,在自然科学、经济领域和工程技术中,都存在这样的量,它们的变化往往涉及多方面的因素,反映到数学上,就是一个变量依赖多个变量的情形,这就是我们将要研究的多元函数.

多元函数微积分学是一元函数微积分学的推广和发展.学习的基本思想和方法是把多元函数的问题转化为一元函数的问题,用一元函数的知识和方法加以解决;本模块将在一元函数微分学的基础上,以二元函数为主,简单介绍多元函数的定义、极限、连续等基本概念以及多元函数的微分法及其应用.

理论学习

一、区域

讨论一元函数时,经常用到区间和邻域概念.由于讨论多元函数的需要,我们首先推广邻域和区间概念.

1. 邻域

定义 8.1 邻域

设 $P_0(x_0,y_0)$ 是 xOy 平面上的一个点,δ 是某一正数,与点 $P_0(x_0,y_0)$ 距离小于 δ 的点 $P(x,y)$ 的全体,称为点 P_0 的 δ 邻域,记为 $U(P_0,\delta)$,即

$$U(P_0,\delta)=\{P\mid |PP_0|<\delta\},$$

也就是 $U(P_0,\delta)=\left\{(x,y)\mid \sqrt{(x-x_0)^2+(y-y_0)^2}<\delta\right\}$.

在几何上,$U(P_0,\delta)$ 就是 xOy 平面上以点 $P_0(x_0,y_0)$ 为中心、$\delta>0$ 为邻域半径(图 8-1)的圆的内部的点 $P(x,y)$ 的全体.

如果不需要强调邻域半径 δ,则用 $U(P_0)$ 表示点 P_0 的 δ 邻域.

而称不包含 P_0 点的邻域为去心邻域,记作 $\mathring{U}(P_0,\delta)$(图 8-2).

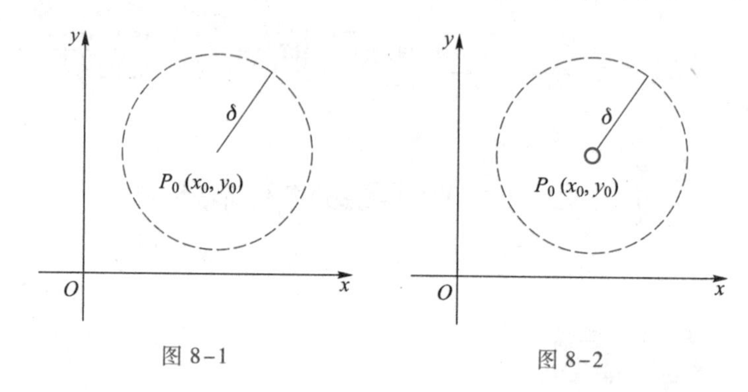

图 8-1　　图 8-2

2. 区域

定义 8.2 区域

设 E 是平面上的一个点集,P 是平面上的一个点. 如果存在点 P 的某一邻域 $U(P)$,使 $U(P)\subset E$(图 8-3),则称 P 为 E 的内点. 显然,E 的内点属于 E.

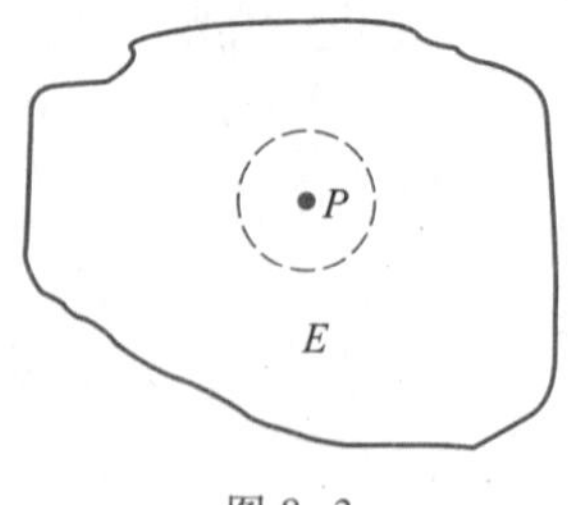

图 8-3

如果点集 E 的点都是内点,则称 E 为开集. 如点集 $E_1=\{(x,y)\mid 4<x^2+y^2<9\}$ 中的每个点都是 E_1 的内点,因此 E_1 为开集.

如果点 P 的任一邻域内既有属于 E 的点,也有不属于 E 的点(点 P 本身可以属于 E,也可以不属于 E),则称 P 为 E 的边界点(图 8-4).

E 的边界点的全体称为 E 的边界. 如点集 $E_1=\{(x,y)\mid 4<x^2+y^2<9\}$ 的边界是圆周 $x^2+y^2=4$ 和 $x^2+y^2=9$.

设 D 是开集,如果对于 D 内任何两点,都能用折线连接起来,且该折线上的点都属于 D,则称开集 D 是连通的(图 8-5).

连通的开集称为区域或开区域. 如 $\{(x,y)\mid 4<x^2+y^2<9\}$,$\{(x,y)\mid x+y<2\}$ 都是区域.

开区域连同它的边界一起,称为闭区域. 如 $\{(x,y)\mid 4\leqslant x^2+y^2\leqslant 9\}$,

$\{(x,y)\mid x+y\leqslant 2\}$都是闭区域.

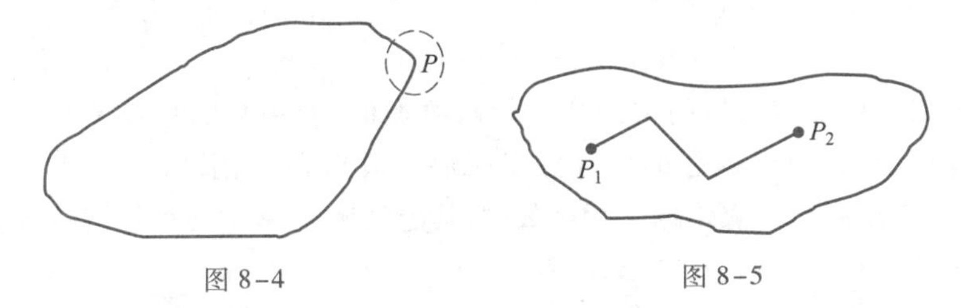

图 8-4　　图 8-5

区域(或闭区域)可以分为有界区域和无界区域.一个区域D,如果能包含在一个以原点为圆心的圆内,即存在集合$E=\{(x,y)\mid x^2+y^2<R^2\}$,使得$D\subset E$,那么称$D$是有界区域,否则称$D$是无界区域.

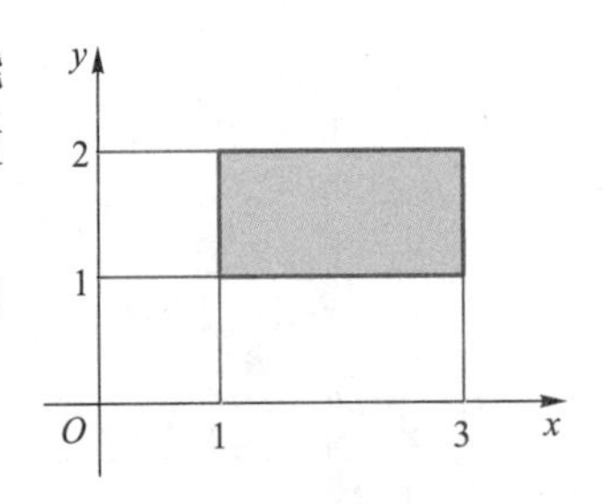

图 8-6

如矩形区域$D=\{(x,y)\mid 1\leqslant x\leqslant 3,1\leqslant y\leqslant 2\}$是一有界闭区域(图 8-6).

半平面区域$D=\{(x,y)\mid y\geqslant 0\}$是一无界开区域(图 8-7).

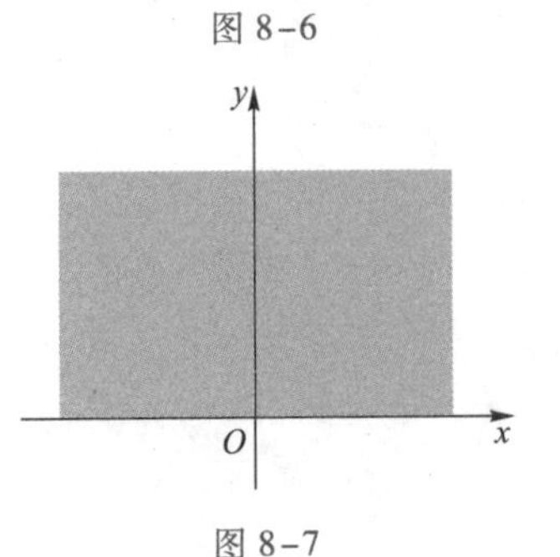

图 8-7

环形区域$D=\{(x,y)\mid 1<x^2+y^2<4\}$是有界开区域(图 8-8).

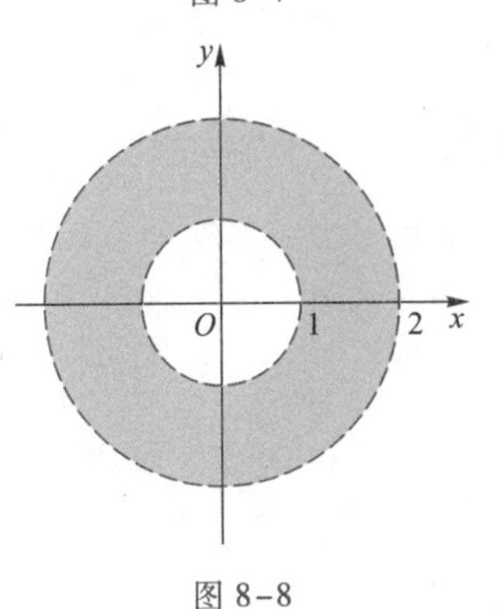

图 8-8

二、多元函数的概念

1. 二元函数的定义

定义 8.3 二元函数

设D是平面上的一个点集,如果对于每个点$P(x,y)\in D$,变量z按照一定法则总有确定的值和它对应,则称变量z是变量x,y的二元函数(或点P的函数),记为

$$z=f(x,y)(\text{或 } z=f(P)).$$

点集D称为该函数的定义域,x,y称为自变量,z称为因变量,数集$\{z\mid z=f(x,y),(x,y)\in D\}$称为该函数的值域.

当$x=x_0,y=y_0$时,对应的函数值记作$z\Big|_{\substack{x=x_0\\y=y_0}}$,$z\Big|_{(x_0,y_0)}$或$f(x_0,y_0)$.

类似地,可以定义三元函数$u=f(x,y,z)$及三元以上的函数.二元及二元以上的函数统称为多元函数.

2. 二元函数的定义域与函数值

一元函数仅刻画了一个变数与实数之间的对应关系,而多元函数描述多个变数与实数之间的对应关系.

【引例 1】 运动物体的动能

物体运动的动能E与物体的质量m和运动的速度v两个量有关联.对于任意有序数对(m,v)都对应着唯一一个动能E_k,已知它们的对应关系是$E_k=\dfrac{1}{2}mv^2$.

【引例 2】 地面下的温度

地面下任意一点的温度 T 是这点的深度 x 和时间 t 的函数

$$T=f(x,t)=\cos(0.017t-0.2x)\mathrm{e}^{-0.2x}.$$

二元函数定义域的求法与一元函数类似,若函数的自变量具有某种实际意义,则根据它的实际意义来决定其取值范围. 和一元函数类似,讨论用解析式表示的二元函数时,其定义域 D 是指使得该解析式有意义的一切点 (x,y) 的集合.

【例 1☆】 求函数 $f(x,y)=\sqrt{1-x^2-y^2}$ 的定义域,并计算 $f(0,0)$,$f(0,1)$.

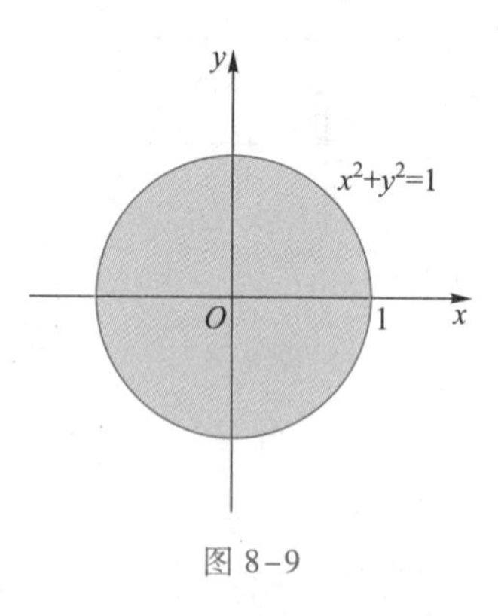

图 8-9

解:要使这个解析式有意义,x,y 必须满足

$$1-x^2-y^2\geqslant 0,$$

于是 $D=\{(x,y)\mid x^2+y^2\leqslant 1\}$,$D$ 为 xOy 平面上以原点为圆心,1 为半径的圆内部及其边界区域(如图 8-9),且

$$f(0,0)=\sqrt{1-0^2-0^2}=1,\quad f(0,1)=\sqrt{1-0^2-1^2}=0.$$

【练 1☆】 求函数 $f(x,y)=\dfrac{\sqrt{1-y}}{x}$ 的定义域,并计算 $f(1,0)$ 的值.

【例 2☆☆】 求函数 $z=\ln(4-x^2-y^2)-\sqrt{y-x}$ 的定义域.

解:定义域 D 满足 $\begin{cases}4-x^2-y^2>0,\\ y-x\geqslant 0,\end{cases}$ 即 $\begin{cases}x^2+y^2<4,\\ y\geqslant x\end{cases}$ 的点的全体,故定义域可表示为

$$D=\{(x,y)\mid y\geqslant x,x^2+y^2<4\}\text{(图 8-10)}.$$

【例 3☆☆】 求函数 $z=\dfrac{1}{\sqrt{x}}\ln(y-x)$ 的定义域.

解:要使这个解析式有意义,x,y 必须满足 $\begin{cases}x>0,\\ y-x>0,\end{cases}$ 于是

$$D=\{(x,y)\mid x>0,y>x\}.$$

点集 D 为 xOy 右半平面位于直线 $y=x$ 上方的部分,如图 8-11 所示.

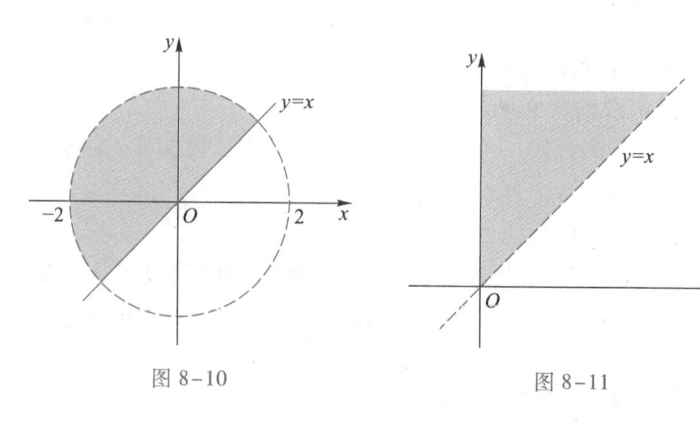

图 8-10　图 8-11

【**练 2☆**】　求函数 $z=\ln(x^2-2y+1)$ 的定义域，并画出定义域的图形.

3. 二元函数的几何意义

设函数 $z=f(x,y)$ 的定义域为平面区域 D，对于 D 中的任意一点 $P(x,y)$，根据函数关系式对应唯一确定的函数值 z，这样便得到一个三元有序数组 (x,y,z)，相应地在空间得到一点 $M(x,y,z)$. 当点 $P(x,y)$ 在 D 内变动时，与之对应的动点 $M(x,y,z)$ 就在空间中变动，当点 $P(x,y)$ 取遍整个定义域 D 时，动点 $M(x,y,z)$ 就构成了空间中的一张曲面 S. 我们称此曲面为二元函数 $z=f(x,y)$ 的几何图形（图 8-12）. 函数的定义域 D 就是该曲面 S 在 xOy 平面上的投影区域.

如函数 $f(x,y)=\sqrt{1-x^2-y^2}$，其图形是球心在原点，半径为 1 的上半球面（如图 8-13 所示）.

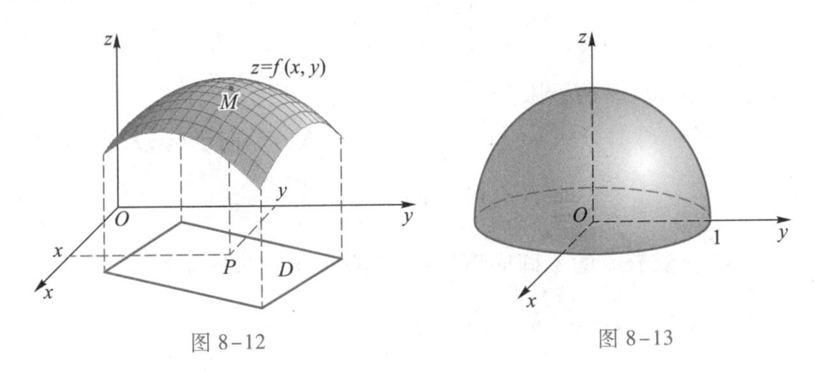

图 8-12　　　　图 8-13

三、多元函数的极限

与一元函数的极限概念类似，如果在 $P(x,y)\to P_0(x_0,y_0)$ 的过程中，对应的函数值 $f(x,y)$ 无限接近于一个确定的常数 A，我们就说 A 是函数 $f(x,y)$ 当 $x\to x_0, y\to y_0$ 时的极限. 下面给出多元函数极限的定义.

定义 8.4　二元函数的极限

设二元函数 $z=f(x,y)$ 在点 $P_0(x_0,y_0)$ 的某一邻域 $U(P_0)$ 内有定义（P_0 可以除外）. 点 $P(x,y)$ 是 $U(P_0)$ 内异于 P_0 的任意一点. 如果当点 $P(x,y)$ 以任何方式无限接近 $P_0(x_0,y_0)$ 时，对应的函数值无限地接近某个确定的常数 A，则称当 $x\to x_0, y\to y_0$ 时，$f(x,y)$ 有极限 A，记作

$$\lim_{(x,y)\to(x_0,y_0)} f(x,y)=A \text{ 或 } \lim_{P\to P_0} f(x,y)=A$$

$$\text{或} \lim_{\substack{x\to x_0\\ y\to y_0}} f(x,y)=A \text{ 或 } f(x,y)\to A\ ((x,y)\to(x_0,y_0)).$$

上述定义的二元函数的极限又叫作二重极限.

注意

(1) 二元函数的极限在形式上虽然与一元函数的极限类似,但由于 $P \to P_0$ 的路径是任意的,即可涉及无穷多个方向和无穷多种方式,因此求二元函数的极限要比求一元函数的极限复杂很多. 如果点 $P(x,y)$ 只以某些特殊方式趋于 $P_0(x_0,y_0)$ 时,函数 $f(x,y)$ 趋于常数 A,我们是不能断定 $f(x,y)$ 存在极限的. 但如果当 $P(x,y)$ 以不同方式趋于 $P_0(x_0,y_0)$ 时,$f(x,y)$ 趋于不同的常数,那么可以断定 $f(x,y)$ 的极限不存在.

(2) 二重极限是一元函数极限的推广,因此一元函数极限的运算法则和定理,都可以直接类推到二元函数的极限.

【例 4☆☆】 讨论二元函数

$$f(x,y)=\begin{cases}\dfrac{xy}{x^2+y^2}, & x^2+y^2\neq 0,\\ 0, & x^2+y^2=0\end{cases}$$

当 $(x,y)\to(0,0)$ 时的极限是否存在.

解: 当 (x,y) 沿直线 $y=kx$(k 为任意实常数)趋向于 $(0,0)$ 时,有

$$\lim_{\substack{x\to 0\\ y=kx\to 0}} f(x,y)=\lim_{x\to 0}\frac{kx^2}{x^2+k^2x^2}=\frac{k}{1+k^2},$$

显然,极限值随着 k 的不同而不同,因此该函数的极限不存在.

【例 5☆】 求极限 $\lim\limits_{\substack{x\to 0\\ y\to 0}}\dfrac{x^2+y^2}{\sqrt{1+x^2+y^2}-1}$.

解: 显然,当 $x\to 0, y\to 0$ 时,$x^2+y^2\to 0$,根据极限的加法法则及复合函数的极限定理有

$$\lim_{\substack{x\to 0\\ y\to 0}}\sqrt{1+x^2+y^2}=\sqrt{\lim_{\substack{x\to 0\\ y\to 0}}1+\lim_{\substack{x\to 0\\ y\to 0}}(x^2+y^2)}=\sqrt{1+0}=1,$$

故

$$\lim_{\substack{x\to 0\\ y\to 0}}\frac{x^2+y^2}{\sqrt{1+x^2+y^2}-1}=\lim_{\substack{x\to 0\\ y\to 0}}\frac{(x^2+y^2)(\sqrt{1+x^2+y^2}+1)}{(\sqrt{1+x^2+y^2}-1)(\sqrt{1+x^2+y^2}+1)}$$

$$=\lim_{\substack{x\to 0\\ y\to 0}}(\sqrt{1+x^2+y^2}+1)=2.$$

【例 6☆】 求 $\lim\limits_{(x,y)\to(0,2)}\dfrac{\sin xy}{x}$.

解: 由积的极限运算法则,得

$$\lim_{(x,y)\to(0,2)}\frac{\sin(xy)}{x}=\lim_{(x,y)\to(0,2)}\frac{\sin(xy)}{xy}\cdot y$$

$$=\lim_{xy\to 0}\frac{\sin(xy)}{xy}\cdot\lim_{y\to 2}y=1\cdot 2=2.$$

【练 3☆】 求 $\lim\limits_{(x,y)\to(0,0)} xy\sin\dfrac{1}{x}$.

四、多元函数的连续性

理解了函数极限的概念,就不难说明多元函数的连续性.

定义 8.5　二元函数连续的定义

设函数 $f(x,y)$ 在开区域(或闭区域) D 内有定义, $P_0(x_0,y_0)$ 是 D 的内点或边界点,且 $P_0\in D$. 如果

$$\lim_{(x,y)\to(x_0,y_0)} f(x,y)=f(x_0,y_0),$$

则称函数 $f(x,y)$ 在点 $P_0(x_0,y_0)$ 连续.

如果函数 $f(x,y)$ 在开区域(或闭区域) D 内的每一点连续,则称函数 $f(x,y)$ 在 D 内连续,或者称 $f(x,y)$ 是 D 内的连续函数.

以上关于二元函数的连续性概念,可相应地推广到多元函数 $f(P)$ 上去.

若函数 $f(x,y)$ 在点 $P_0(x_0,y_0)$ 处不连续,则 P_0 称为函数 $f(x,y)$ 的不连续点或间断点. 例如, $(0,0)$ 是函数 $f(x,y)=\dfrac{1}{x^2+y^2}$ 的一个间断点.

可以证明多元连续函数的和、差、积、商(分母不为零处)是连续函数,多元函数的复合函数也是连续函数.

与一元初等函数类似,多元初等函数是指可用一个式子表示的多元函数,这个式子是由多元多项式及基本初等函数经过有限次的四则运算和有限次复合运算得到的(这里指出,基本初等函数是一元函数,在构成多元初等函数时,它必须与多元函数复合). 例如 $\dfrac{3y-x^2+5}{1+y^2}$, $\sin(2+xy+z)$, $\ln(e^{x^2}+y^2)$ 等.

重要结论　一切多元初等函数在其定义区域内是连续的.

【例 7☆】　求 $\lim\limits_{\substack{x\to1\\y\to1}}\dfrac{2x-y^2}{x^2+y^2}$.

解: 函数 $f(x,y)=\dfrac{2x-y^2}{x^2+y^2}$ 是初等函数,它的定义域为

$$D=\{(x,y)\mid x^2+y^2\neq0\},$$

是一个区域,而点 $(1,1)\in D$,所以

$$\lim_{\substack{x\to1\\y\to1}}\frac{2x-y^2}{x^2+y^2}=\frac{2\times1-1^2}{1^2+1^2}=\frac{1}{2}.$$

一般地,求 $\lim\limits_{(x,y)\to(x_0,y_0)} f(x,y)$ 时,如果 $f(x,y)$ 是初等函数,且 (x_0,y_0) 是 $f(x,y)$ 的定义域的内点,则 $f(x,y)$ 在点 (x_0,y_0) 处连续,于是

$$\lim_{(x,y)\to(x_0,y_0)} f(x,y)=f(x_0,y_0).$$

【练 4☆】　求 $\lim\limits_{(x,y)\to(1,1)}\dfrac{2-xy}{x^2+y^2}$.

习题拓展

【基础过关☆】

1. 求函数 $z=\sqrt{\sqrt{y}-x}$ 的定义域,并绘出定义域的图形.

2. 求极限 $\lim\limits_{(x,y)\to(0,2)}\dfrac{2x+y}{x+y}$.

【能力达标☆☆】

1. 求函数 $z=\ln(xy)+\sqrt{1-x^2}$ 的定义域,并绘出定义域的图形.

2. 求下列极限:

(1) $\lim\limits_{(x,y)\to(0,0)}\arccos\sqrt{x^2+y^2}$; (2) $\lim\limits_{(x,y)\to(3,0)}\dfrac{\tan(xy)}{x}$;

(3) $\lim\limits_{(x,y)\to(0,0)}\dfrac{2-\sqrt{4+xy}}{xy}$; (4) $\lim\limits_{(x,y)\to(0,0)}\left(x\sin\dfrac{1}{y}+y\sin\dfrac{1}{x}\right)$.

【思维拓展☆☆☆】

证明下列极限不存在:

(1) $\lim\limits_{(x,y)\to(0,0)}\dfrac{x+y}{x-y}$; (2) $\lim\limits_{(x,y)\to(0,0)}\dfrac{x^3y}{x^6+y^2}$.

8.4 模块八项目一习题拓展答案

项目二 偏导数与全微分

8.5 项目二教学目标及重难点

教学引入

学习一元函数时,为了研究函数的变化率引入了导数的概念.对于多元函数同样需要讨论它的变化率.但多元函数的自变量不止一个,因变量与自变量的关系要比一元函数复杂得多.

我们知道理想气体的状态方程 $PV=RT$,可以改写为 $V=\dfrac{RT}{P}$.在等压过程中,P 为常数,因此可以将 V 看成是 T 的一元函数.于是,气体体积 V 关于温度 T 的变化率就是 $\dfrac{\mathrm{d}V}{\mathrm{d}T}=\dfrac{R}{P}>0$,这说明在等压过程中体积随温度的增加而增加.另一方面,在等温过程中,T 为常数,此时可以将 V 看成是 P 的一元函数.于是,气体体积 V 关于压强 P 的变化率就是 $\dfrac{\mathrm{d}V}{\mathrm{d}P}=-\dfrac{RT}{P^2}<0$,这说明在等温过程中体积随压强的增加而减少.

以二元函数 $z=f(x,y)$ 为例，如果只有自变量 x 变化，而自变量 y 固定（即看作常量），这时它就是 x 的一元函数，这时函数对 x 的导数，就称为二元函数 z 对于 x 的偏导数. 本项目主要以二元函数为例，讨论多元函数的偏导数.

一、多元函数的偏导数

1. 偏导数的定义

定义 8.6　偏导数

设函数 $z=f(x,y)$ 在点 (x_0,y_0) 的某一邻域内有定义，当 y 固定在 y_0 而 x 在 x_0 处有增量 Δx 时，相应地函数有增量

$$\Delta z_x=f(x_0+\Delta x,y_0)-f(x_0,y_0).$$

如果

$$\lim_{\Delta x\to 0}\frac{f(x_0+\Delta x,y_0)-f(x_0,y_0)}{\Delta x} \tag{1}$$

存在，则称此极限为函数 $z=f(x,y)$ 在点 (x_0,y_0) 处对 x 的偏导数，记作

$$\left.\frac{\partial z}{\partial x}\right|_{\substack{x=x_0\\y=y_0}},\left.\frac{\partial f}{\partial x}\right|_{\substack{x=x_0\\y=y_0}},\left.z_x\right|_{\substack{x=x_0\\y=y_0}}\text{或}f_x(x_0,y_0).$$

即

$$f_x(x_0,y_0)=\lim_{\Delta x\to 0}\frac{f(x_0+\Delta x,y_0)-f(x_0,y_0)}{\Delta x}. \tag{2}$$

类似地，函数 $z=f(x,y)$ 在点 (x_0,y_0) 处对 y 的偏导数定义为

$$\lim_{\Delta y\to 0}\frac{f(x_0,y_0+\Delta y)-f(x_0,y_0)}{\Delta y}, \tag{3}$$

记作

$$\left.\frac{\partial z}{\partial y}\right|_{\substack{x=x_0\\y=y_0}},\left.\frac{\partial f}{\partial y}\right|_{\substack{x=x_0\\y=y_0}},\left.z_y\right|_{\substack{x=x_0\\y=y_0}}\text{或}f_y(x_0,y_0).$$

如果函数 $z=f(x,y)$ 在区域 D 内每一点 (x,y) 处对 x 的偏导数都存在，那么这个偏导数就是 x,y 的函数，它就称为函数 $z=f(x,y)$ 对自变量 x 的偏导函数，简称偏导数，记作

$$\frac{\partial z}{\partial x},\frac{\partial f}{\partial x},z_x\text{或}f_x(x,y).$$

类似地，可以定义函数 $z=f(x,y)$ 对自变量 y 的偏导函数，记作

$$\frac{\partial z}{\partial y},\frac{\partial f}{\partial y},z_y\text{或}f_y(x,y).$$

由偏导函数的定义知，$f(x,y)$ 在点 (x_0,y_0) 处对 x 的偏导数 $f_x(x_0,$

y_0)显然就是偏导函数 $f_x(x,y)$ 在点(x_0,y_0)处的函数值;$f_y(x_0,y_0)$就是偏导函数 $f_y(x,y)$ 在点(x_0,y_0)处的函数值,即

$$f_x(x_0,y_0)=f_x(x,y)\Big|_{\substack{x=x_0\\y=y_0}},\quad f_y(x_0,y_0)=f_y(x,y)\Big|_{\substack{x=x_0\\y=y_0}}.$$

偏导数的概念还可以推广到二元以上的函数,如三元函数 $u=f(x,y,z)$ 在点(x,y,z)处对 x 的偏导数定义为

$$f_x(x,y,z)=\lim_{\Delta x\to 0}\frac{f(x+\Delta x,y,z)-f(x,y,z)}{\Delta x},$$

其中(x,y,z)是函数 $u=f(x,y,z)$ 的定义域的内点. 它们的求法也仍然是一元函数的微分法问题.

2. 偏导数的计算

从偏导数的定义可以看出,实际上已将二元函数看成一个自变量在变动,另一个自变量视为常数的一元函数,因此二元函数 $z=f(x,y)$ 的偏导数问题仍然是一元函数的微分法问题. 求$\frac{\partial z}{\partial x}$时,只要将 y 视为常量,对变量 x 求导;求$\frac{\partial z}{\partial y}$时,只需将 x 看成常量,而对变量 y 求导.

【例 1☆】 求 $z=x^2-3xy+2y^2$ 在点(1, 2)处的偏导数.

解:把 y 视为常量,对 x 求导,得

$$\frac{\partial z}{\partial x}=2x-3y.$$

把 x 视为常量,而对 y 求导得

$$\frac{\partial z}{\partial y}=-3x+4y.$$

将(1, 2)代入上面的结果,得

$$\frac{\partial z}{\partial x}\Big|_{(1,2)}=2\times1-3\times2=-4,$$

$$\frac{\partial z}{\partial y}\Big|_{(1,2)}=-3\times1+4\times2=5.$$

【练 1☆☆】 设 $z=x^2ye^y$,求 $z_x\big|_{(1,0)}$,$z_y\big|_{(1,0)}$.

【例 2☆☆】 求 $z=\frac{x^2y^2}{x-y}$在点(2,1)处的偏导数.

解:把 y 视为常量,对 x 求导,得

$$\frac{\partial z}{\partial x}=\frac{2xy^2(x-y)-x^2y^2}{(x-y)^2}=\frac{x^2y^2-2xy^3}{(x-y)^2}.$$

把 x 视为常量,而对 y 求导得

$$\frac{\partial z}{\partial y}=\frac{2x^2y(x-y)-(-1)x^2y^2}{(x-y)^2}=\frac{2x^3y-x^2y^2}{(x-y)^2}.$$

将(2,1)代入上面结果,得

$$\left.\frac{\partial z}{\partial x}\right|_{\substack{x=2\\y=1}}=\frac{2^2\times1^2-2\times2\times1^3}{(2-1)^2}=0,$$

$$\left.\frac{\partial z}{\partial y}\right|_{\substack{x=2\\y=1}}=\frac{2\times2^3\times1-2^2\times1^2}{(2-1)^2}=12.$$

【练 2☆☆】　设 $z=\ln(xy)$,求点(1, 2)处的偏导数.

【例 3☆☆】　求 $z=x^2\sin 2y$ 的偏导数.

解:把 y 视为常量,而对 x 求导得

$$\frac{\partial z}{\partial x}=\sin 2y\cdot(x^2)'=2x\sin 2y.$$

把 x 视为常量,而对 y 求导得

$$\frac{\partial z}{\partial y}=x^2\cdot(\sin 2y)'=2x^2\cos 2y.$$

【练 3☆】　求下列函数的偏导数:

(1) $z=x^2-3xy+y^3$;　　(2) $z=e^{2x}\cos y$.

【例 4☆☆】　求 $z=x^y(x>0$ 且 $x\neq1)$ 的偏导数.

解:把 y 视为常量,而对 x 求导得

$$\frac{\partial z}{\partial x}=yx^{y-1}.$$

把 x 视为常量,而对 y 求导得

$$\frac{\partial z}{\partial y}=x^y\ln x.$$

注意　偏导数的记号$\frac{\partial z}{\partial x}$或$\frac{\partial z}{\partial y}$是一个整体记号,不能看作分子与分母之商.这与一元函数的导数$\frac{dy}{dx}$可看成函数的微分 dy 与自变量的微分 dx 之商是不同的.

【例 5☆☆☆】　已知一定量理想气体的状态方程为 $PV=RT$(R 为常数),证明

$$\frac{\partial P}{\partial V}\cdot\frac{\partial V}{\partial T}\cdot\frac{\partial T}{\partial P}=-1.$$

证:因为

$$P=\frac{RT}{V},\frac{\partial P}{\partial V}=-\frac{RT}{V^2},$$

$$V=\frac{RT}{P},\frac{\partial V}{\partial T}=\frac{R}{P},$$

$$T=\frac{PV}{R},\frac{\partial T}{\partial P}=\frac{V}{R},$$

所以

$$\frac{\partial P}{\partial V}\cdot\frac{\partial V}{\partial T}\cdot\frac{\partial T}{\partial P}=-\frac{RT}{V^2}\cdot\frac{R}{P}\cdot\frac{V}{R}=-\frac{RT}{PV}=-1.$$

【例 6☆☆☆】 设 $f(x,y)=x^3+(y^2-1)\arctan\sqrt{\dfrac{x}{y}}$，求 $f_x(x,1)$，$f_y(x,1)$.

解：先将 $y=1$ 代入函数得到 $f(x,1)=x^3$，则

$$f_x(x,1)=3x^2,$$

$$f_y(x,y)=2y\arctan\sqrt{\frac{x}{y}}+(y^2-1)\left(\arctan\sqrt{\frac{x}{y}}\right)',$$

所以 $f_y(x,1)=2\arctan\sqrt{x}$.

【练 4☆☆☆】 设 $f(x,y)=x+(y-1)\arcsin\sqrt{\dfrac{x}{y}}$，求 $f_x(x,1)$.

【例 7☆☆☆】 求三元函数 $u=xy+yz+zx$ 的偏导数.

解：将 y,z 看成常数，对 x 求导得 $\dfrac{\partial u}{\partial x}=y+z$，

将 x,z 看成常数，对 y 求导得 $\dfrac{\partial u}{\partial y}=x+z$，

将 x,y 看成常数，对 z 求导得 $\dfrac{\partial u}{\partial z}=x+y$.

3. 偏导数的几何意义

二元函数 $z=f(x,y)$ 在点 $P_0(x_0,y_0)$ 的偏导数有下述几何意义：

设 $M_0(x_0,y_0,f(x_0,y_0))$ 为曲面 $z=f(x,y)$ 上的一点，过 M_0 作平面 $y=y_0$，截此曲面得一曲线，此曲线在平面 $y=y_0$ 上的方程为 $z=f(x,y_0)$，则导数 $\left.\dfrac{\mathrm{d}}{\mathrm{d}x}f(x,y_0)\right|_{x=x_0}$，即偏导数 $f_x(x_0,y_0)$，就是这曲线在点 M_0 处的切线 M_0T_1 对 x 轴的斜率（如图 8-14）. 同样，偏导数 $f_y(x_0,y_0)$ 的几何意义是曲面被平面 $x=x_0$ 所截得的曲线在点 M_0 处的切线 M_0T_2 对 y 轴的斜率.

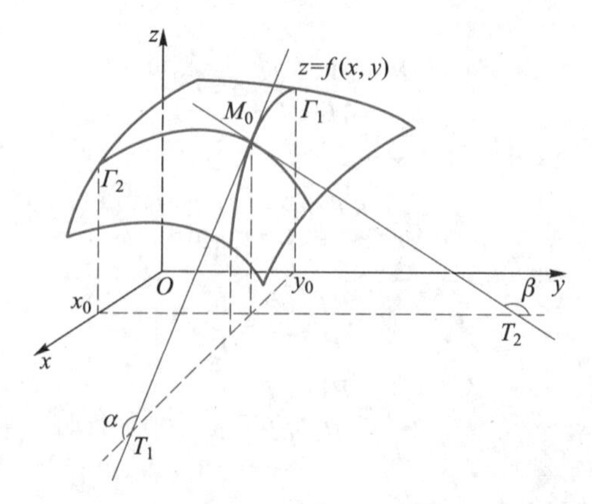

图 8-14

二、高阶偏导数

定义 8.7　高阶偏导数

设函数 $z=f(x,y)$ 在区域 D 内有偏导数，$\frac{\partial z}{\partial x}=f_x(x,y)$，$\frac{\partial z}{\partial y}=f_y(x,y)$，于是在 D 内 $f_x(x,y)$，$f_y(x,y)$ 都是 x，y 的函数. 如果这两个函数的偏导数也存在，那么称它们是函数 $z=f(x,y)$ 的二阶偏导数. 按照对变量求导次序的不同有下列四个二阶偏导数：

$$\frac{\partial}{\partial x}\left(\frac{\partial z}{\partial x}\right)=\frac{\partial^2 z}{\partial x^2}=f_{xx}(x,y),\frac{\partial}{\partial y}\left(\frac{\partial z}{\partial x}\right)=\frac{\partial^2 z}{\partial x\partial y}=f_{xy}(x,y),$$

$$\frac{\partial}{\partial x}\left(\frac{\partial z}{\partial y}\right)=\frac{\partial^2 z}{\partial y\partial x}=f_{yx}(x,y),\frac{\partial}{\partial y}\left(\frac{\partial z}{\partial y}\right)=\frac{\partial^2 z}{\partial y^2}=f_{yy}(x,y),$$

其中$\frac{\partial^2 z}{\partial x\partial y}$和$\frac{\partial^2 z}{\partial y\partial x}$称为混合偏导数. 同样可得三阶、四阶……以及 n 阶偏导数.

二阶及二阶以上的偏导数统称为高阶偏导数.

【例 8☆☆】　设 $z=x^3y+2xy^2-3y^3$，求偏导数$\frac{\partial^2 z}{\partial x^2}$，$\frac{\partial^2 z}{\partial x\partial y}$，$\frac{\partial^2 z}{\partial y\partial x}$，$\frac{\partial^2 z}{\partial y^2}$和$\frac{\partial^3 z}{\partial x^3}$.

解：$\frac{\partial z}{\partial x}=3x^2y+2y^2$，$\frac{\partial z}{\partial y}=x^3+4xy-9y^2$，

$\frac{\partial^2 z}{\partial x^2}=\frac{\partial}{\partial x}(3x^2y+2y^2)=6xy$，$\frac{\partial^2 z}{\partial x\partial y}=\frac{\partial}{\partial y}(3x^2y+2y^2)=3x^2+4y$，

$\frac{\partial^2 z}{\partial y\partial x}=\frac{\partial}{\partial x}(x^3+4xy-9y^2)=3x^2+4y$，$\frac{\partial^2 z}{\partial y^2}=\frac{\partial}{\partial y}(x^3+4xy-9y^2)=4x-18y$，

$\frac{\partial^3 z}{\partial x^3}=\frac{\partial}{\partial x}(6xy)=6y$.

【例 9☆☆】　设 $z=x+5y-\sqrt{x^2+y^2}$，求$\frac{\partial^2 z}{\partial x^2}$，$\frac{\partial^2 z}{\partial y\partial x}$，$\frac{\partial^2 z}{\partial x\partial y}$，$\frac{\partial^2 z}{\partial y^2}$.

解：

$$\frac{\partial z}{\partial x}=1-\frac{x}{\sqrt{x^2+y^2}},\frac{\partial z}{\partial y}=5-\frac{y}{\sqrt{x^2+y^2}},$$

$$\frac{\partial^2 z}{\partial x^2}=-\frac{y^2}{(x^2+y^2)^{\frac{3}{2}}},\frac{\partial^2 z}{\partial y^2}=-\frac{x^2}{(x^2+y^2)^{\frac{3}{2}}},$$

$$\frac{\partial^2 z}{\partial x\partial y}=\frac{xy}{(x^2+y^2)^{\frac{3}{2}}},\frac{\partial^2 z}{\partial y\partial x}=\frac{xy}{(x^2+y^2)^{\frac{3}{2}}}.$$

上面两个例子中两个二阶混合偏导数相等，即$\frac{\partial^2 z}{\partial x\partial y}=\frac{\partial^2 z}{\partial y\partial x}$. 这不是偶然的，事实上，有下面的定理：

定理 8.1 如果函数 $z=f(x,y)$ 的两个二阶混合偏导数 $\frac{\partial^2 z}{\partial y\partial x}$ 及 $\frac{\partial^2 z}{\partial x\partial y}$ 在区域 D 内连续,那么在该区域内这两个二阶混合偏导数必相等. 即

$$\frac{\partial^2 z}{\partial x\partial y}=\frac{\partial^2 z}{\partial y\partial x}.$$

此定理说明,二阶混合偏导数在连续条件下与求导的次序无关. 证明从略.

【练 5☆☆】 设 $z=xy-2x^2y^2+y^3$,求二阶偏导数.

三、全微分与多元复合函数求导

1. 全微分的定义

定义 8.8 全增量

设函数 $z=f(x,y)$ 在点 $P(x,y)$ 的某邻域内有定义,并设 $P'(x+\Delta x,y+\Delta y)$ 为这邻域内的任意一点,则称这两点的函数值之差 $f(x+\Delta x,y+\Delta y)-f(x,y)$ 为函数在点 P 对应于自变量增量 $\Delta x,\Delta y$ 的全增量,记作 Δz,即

$$\Delta z=f(x+\Delta x,y+\Delta y)-f(x,y). \tag{1}$$

通常,计算全增量 Δz 比较复杂. 与一元函数类似,我们希望能用自变量的增量 $\Delta x,\Delta y$ 的线性函数来近似地代替函数的全增量 Δz,下面引入二元函数全微分的概念.

定义 8.9 全微分

如果函数 $z=f(x,y)$ 在点 (x,y) 的全增量

$$\Delta z=f(x+\Delta x,y+\Delta y)-f(x,y)$$

可表示为

$$\Delta z=A\Delta x+B\Delta y+o(\rho), \tag{2}$$

其中 A,B 不依赖于 Δx 和 Δy,而仅与 x 和 y 有关,$\rho=\sqrt{(\Delta x)^2+(\Delta y)^2}$,那么称函数 $z=f(x,y)$ 在点 (x,y) 可微分,而 $A\Delta x+B\Delta y$ 称为函数 $z=f(x,y)$ 在点 (x,y) 的全微分,记作 $\mathrm{d}z$,即 $\mathrm{d}z=A\Delta x+B\Delta y$.

如果函数在区域 D 内各点处都可微分,那么称这个函数在 D 内可微分.

下面讨论函数 $z=f(x,y)$ 在点 (x,y) 可微的条件.

定理 8.2 必要条件

如果函数 $z=f(x,y)$ 在点 (x,y) 可微分,则该函数在点 (x,y) 的偏导数 $\frac{\partial z}{\partial x},\frac{\partial z}{\partial y}$ 必定存在,且函数 $z=f(x,y)$ 在点 (x,y) 的全微分为

$$\mathrm{d}z=\frac{\partial z}{\partial x}\Delta x+\frac{\partial z}{\partial y}\Delta y. \tag{3}$$

证明略.

习惯上,我们将自变量的增量 Δx 与 Δy 分别记作 dx 与 dy,并分别称为自变量 x 与 y 的微分,这样函数 $z=f(x,y)$ 的全微分可写为

$$dz=\frac{\partial z}{\partial x}dx+\frac{\partial z}{\partial y}dy. \tag{4}$$

通常我们把二元函数的全微分等于它的两个偏微分之和这件事称为二元函数的微分符合叠加原理.

叠加原理也适用于二元以上的函数.如果三元函数 $u=f(x,y,z)$ 可微分,那么它的全微分就等于它的三个偏微分之和,即

$$du=\frac{\partial u}{\partial x}dx+\frac{\partial u}{\partial y}dy+\frac{\partial u}{\partial z}dz.$$

两个偏导数 $\frac{\partial z}{\partial x},\frac{\partial z}{\partial y}$ 存在,并不能保证函数 $z=f(x,y)$ 在点 (x,y) 处可微.如函数

$$f(x,y)=\begin{cases}\frac{xy}{x^2+y^2},(x,y)\neq(0,0),\\0,(x,y)=(0,0)\end{cases}$$

在点 $(0,0)$ 处的两个偏导数 $f_x(0,0)$ 和 $f_y(0,0)$ 存在,而它在点 $(0,0)$ 处不连续,故它在点 $(0,0)$ 处不可微.

定理 8.3　充分条件

如果函数 $z=f(x,y)$ 的偏导数 $\frac{\partial z}{\partial x},\frac{\partial z}{\partial y}$ 在点 (x,y) 连续,则函数在该点可微分.

【例 10☆☆】　求函数 $z=x^3y^2$ 在点 $(2,-1)$ 处,当 $\Delta x=0.03,\Delta y=-0.02$ 时的全增量和全微分.

解:
$$\frac{\partial z}{\partial x}=3x^2y^2,\frac{\partial z}{\partial y}=2x^3y,$$

$$dz=\frac{\partial z}{\partial x}\Delta x+\frac{\partial z}{\partial y}\Delta y=(3x^2y^2)\Delta x+(2x^3y)\Delta y.$$

当 $x=2,y=-1,\Delta x=0.03,\Delta y=-0.02$ 时,$dz=0.68$,

$$\Delta z=(2+0.03)^3\times(-1-0.02)^2-2^3\times(-1)^2\approx0.7033.$$

【练 6☆☆】　求函数 $z=x^3y^3$ 在点 $(1,2)$ 处,当 $\Delta x=0.01,\Delta y=-0.01$ 时的全增量与全微分.

【例 11☆☆】　求函数 $z=xe^{xy}$ 的全微分.

解:
$$\frac{\partial z}{\partial x}=e^{xy}+xe^{xy}y=e^{xy}(1+xy),\frac{\partial z}{\partial y}=xe^{xy}x=x^2e^{xy},$$

所以
$$dz=\frac{\partial z}{\partial x}dx+\frac{\partial z}{\partial y}dy=e^{xy}(1+xy)dx+x^2e^{xy}dy.$$

【例 12☆☆】　求函数 $z=\frac{x}{y}$ 在点 $(2,1)$ 处的全微分.

解:因为$\left.\frac{\partial z}{\partial x}\right|_{\substack{x=2\\y=1}}=\left.\frac{1}{y}\right|_{\substack{x=2\\y=1}}=1,\left.\frac{\partial z}{\partial y}\right|_{\substack{x=2\\y=1}}=-\left.\frac{x}{y^2}\right|_{\substack{x=2\\y=1}}=-2$,

所以
$$\left.dz\right|_{\substack{x=2\\y=1}}=\left.\left(\frac{\partial z}{\partial x}dx+\frac{\partial z}{\partial y}dy\right)\right|_{\substack{x=2\\y=1}}=dx-2dy.$$

【练 7☆☆】 求函数 $z=x^2+3xy+y^2$ 在点(1,2)处的全微分.

2. 全微分在近似计算中的应用

由二元函数的全微分的定义及全微分存在的充分条件可知,当二元函数 $z=f(x,y)$ 在点 $P(x,y)$ 的两个偏导数 $f_x(x,y)$,$f_y(x,y)$ 连续,并且 $|\Delta x|$,$|\Delta y|$ 都较小时,就有近似公式
$$\Delta z\approx dz=f_x(x,y)\Delta x+f_y(x,y)\Delta y. \tag{5}$$
因为 $\Delta z=f(x+\Delta x,y+\Delta y)-f(x,y)$,也即
$$f(x+\Delta x,y+\Delta y)\approx f(x,y)+f_x(x,y)\Delta x+f_y(x,y)\Delta y. \tag{6}$$

【例 13☆☆】 利用全微分计算 $(1.04)^{2.02}$ 的近似值.

解:设函数 $f(x,y)=x^y$,要计算的值就是函数在 $x=1.04$,$y=2.02$ 时的函数值 $f(1.04,2.02)$.

取 $x=1$,$y=2$,$\Delta x=0.04$,$\Delta y=0.02$. 由于
$$f(1,2)=1,f_x(x,y)=yx^{y-1},f_y(x,y)=x^y\ln x,$$
则 $f_x(1,2)=2$,$f_y(1,2)=0$. 所以,有
$$(1.04)^{2.02}\approx 1+2\times 0.04+0\times 0.02=1.08.$$

【练 8☆☆】 利用全微分近似计算 $(0.99)^{2.02}$ 的值.

【例 14☆☆☆】 某工厂生产的饮料罐为圆柱体,内半径为 4 cm,内高为 10 cm,壁厚为 0.05 cm,利用微分估计制作一个饮料罐所需材料的体积大约是多少(包括上、下底)?

解:这个饮料罐的外半径为(4+0.05) cm,外高为(10+0.05×2) cm. 由圆柱体的体积公式
$$V=\pi r^2 h,$$
取 $r=4$,$h=10$,$\Delta r=0.05$,$\Delta h=0.05\times 2=0.1$,则所需材料的体积是
$$\Delta V=\pi(r+\Delta r)^2(h+\Delta h)-\pi r^2 h,$$
$$\Delta V\approx dV=\frac{\partial V}{\partial r}dr+\frac{\partial V}{\partial h}dh=2\pi rh dr+\pi r^2 dh.$$
将 $r=4$,$h=10$,$\Delta r=0.05$,$\Delta h=0.05\times 2=0.1$ 代入上式得
$$\Delta V\approx dV=2\pi\times 4\times 10\times 0.05+\pi\times 4^2\times 0.1=5.6\pi\approx 17.59(cm^3).$$

【例 15☆☆☆】 有一个圆柱体,受压后发生变形,它的半径 r 由 20 cm减少到 19.9 cm,高度 h 由 40 cm 增加到 40.2 cm,试求圆柱体体积 V 变化的近似值.

解:圆柱体体积计算公式
$$V=f(r,h)=\pi r^2 h.$$
取 $r_0=20$,$h_0=40$,则 $\Delta r=-0.1$,$\Delta h=0.2$. 因为

$$\left.\frac{\partial V}{\partial r}\right|_{(20,40)}=2\pi rh\,|_{(20,40)}=1\ 600\pi,$$

$$\left.\frac{\partial V}{\partial h}\right|_{(20,40)}=\pi r^2\,|_{(20,40)}=400\pi,$$

$$\Delta V\approx 1\ 600\pi\times(-0.1)+400\pi\times 0.2\approx -80\pi(\mathrm{cm}^3).$$

即此圆柱体受压后,体积大约减少了 $80\pi\ \mathrm{cm}^3$.

做任何事情都要学会抓主要矛盾. 二元函数全微分的一个重要应用就是近似计算. 当函数增量的准确值难以计算时,在保证误差的前提下,我们通过简单的计算主要部分就可得到其近似值. 这与我们生活,工作中处理问题的道理是一样的,要迅速地解决矛盾和问题,只需要抓住主要问题和矛盾,忽略次要因素,这样就能够简单、快捷地解决问题.

3. 复合函数的求导法则

多元复合函数的求导法则是一元复合函数求导法则的推广. 下面分两种情形讨论.

(1) 复合函数的中间变量均为一元函数的情形.

定理 8.4

如果一元函数 $u=\varphi(t)$, $v=\psi(t)$ 均在点 t 处可导,二元函数 $z=f(u,v)$ 在对应点 (u,v) 处具有连续的偏导数,则复合函数 $z=f[\varphi(t),\psi(t)]$ 在点 t 处可导,且有求导公式

$$\frac{\mathrm{d}z}{\mathrm{d}t}=\frac{\partial z}{\partial u}\frac{\mathrm{d}u}{\mathrm{d}t}+\frac{\partial z}{\partial v}\frac{\mathrm{d}v}{\mathrm{d}t},\tag{7}$$

$\frac{\mathrm{d}z}{\mathrm{d}t}$ 称为全导数.

公式(7)的右边是偏导数与导数乘积的和式,它与函数的结构有密切的关系. 定理 8.4 中的复合函数 z 有两个中间变量 u 和 v,而 u 和 v 都仅有一个自变量 t,用函数的结构图形象地表示,如图 8-15 所示.

从函数的结构图可看出,由 z 通过中间变量 u 和 v 到达 t 有两条途径,途径的条数恰好与公式(7)中和式的项数相等. 每条途径上的偏导数和导数相乘恰是和式中的项. 因此,通过函数结构图,可以直接写出公式(7). 这种方法具有一般性,如

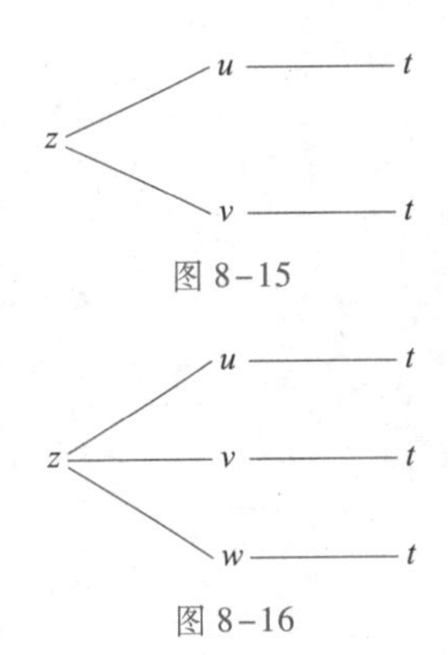

图 8-15

图 8-16

设 $u=\varphi(t)$, $v=\psi(t)$, $w=\omega(t)$ 均在点 t 处可导,三元函数 $z=f(u,v,w)$ 在对应点 (u,v,w) 处具有连续的偏导数,求复合函数 $z=f[\varphi(t),\psi(t),\omega(t)]$ 的全导数.

函数的结构图如图 8-16 所示.

从函数的结构图可看出,由 z 通过中间变量 u,v,w 到达 t 有三条途径,故和式中含三项,所以全导数为

$$\frac{dz}{dt}=\frac{\partial z}{\partial u}\frac{du}{dt}+\frac{\partial z}{\partial v}\frac{dv}{dt}+\frac{\partial z}{\partial w}\frac{dw}{dt}.$$

【例 16☆☆】 设 $z=\tan(xy)$，$x=e^t$，$y=(1+t)^2$，求全导数$\frac{dz}{dt}$.

解：法一 $\frac{dz}{dt}=\frac{\partial z}{\partial x}\frac{dx}{dt}+\frac{\partial z}{\partial y}\frac{dy}{dt}=y\sec^2(xy)e^t+x\sec^2(xy)\times 2(1+t)$

$$=\sec^2(xy)[ye^t+2x(1+t)]$$

$$=e^t(1+t)(3+t)\sec^2[e^t(1+t)^2].$$

法二 也可将 z 化为关于 t 的一元函数再求导，即 $z=\tan[e^t(1+t)^2]$，则

$$\frac{dz}{dt}=\sec^2[e^t(1+t)^2][e^t(1+t)^2+e^t\times 2(1+t)]$$

$$=e^t(1+t)(3+t)\sec^2[e^t(1+t)^2].$$

【练 9☆☆】 设 $z=e^{uv}$，$u=\sin t$，$v=\cos t$，求全导数$\frac{dz}{dt}$.

（2）复合函数的中间变量均是二元函数的情形.

定理 8.5

设函数 $u=\varphi(x,y)$，$v=\psi(x,y)$ 在点 (x,y) 处都具有偏导数$\frac{\partial u}{\partial x}$，$\frac{\partial u}{\partial y}$及$\frac{\partial v}{\partial x}$，$\frac{\partial v}{\partial y}$，函数 $z=f(u,v)$ 在对应点 (u,v) 处具有连续的偏导数$\frac{\partial z}{\partial u}$，$\frac{\partial z}{\partial v}$，则复合函数 $z=f[\varphi(x,y),\psi(x,y)]$ 在点 (x,y) 处的两个偏导数存在，并有求导公式

$$\frac{\partial z}{\partial x}=\frac{\partial z}{\partial u}\frac{\partial u}{\partial x}+\frac{\partial z}{\partial v}\frac{\partial v}{\partial x},$$

$$\frac{\partial z}{\partial y}=\frac{\partial z}{\partial u}\frac{\partial u}{\partial y}+\frac{\partial z}{\partial v}\frac{\partial v}{\partial y}.$$

定理 8.5 中的复合函数的函数结构图如图 8-17 所示.

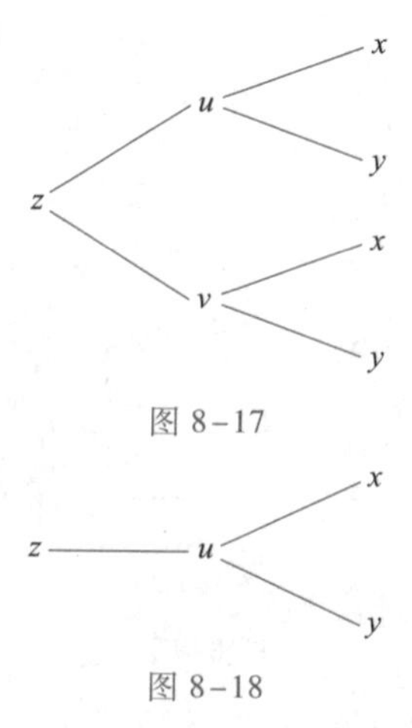

图 8-17

图 8-18

我们同样可以借助函数结构图，利用前面的分析方法与结论，直接讨论其他复合函数的求导公式，下面讨论两种情形：

① 设函数 $u=\varphi(x,y)$ 在点 (x,y) 处的两个偏导数都存在，函数 $z=f(u)$ 在对应点 u 处具有连续的导数，求复合函数 $z=f[\varphi(x,y)]$ 在点 (x,y) 处的两个偏导数$\frac{\partial z}{\partial x}$和$\frac{\partial z}{\partial y}$.

此复合函数的函数结构图如图 8-18 所示.

由 z 经中间变量 u 到达 x 有一条途径，故求导结果只有一项. 所以

$$\frac{\partial z}{\partial x}=\frac{dz}{du}\frac{\partial u}{\partial x},\frac{\partial z}{\partial y}=\frac{dz}{du}\frac{\partial u}{\partial y}.$$

【例 17☆☆】 设 $z=\arcsin u$，$u=x^2+y^2$，求$\frac{\partial z}{\partial x}$，$\frac{\partial z}{\partial y}$.

解：$\frac{\partial z}{\partial x}=\frac{\mathrm{d}z}{\mathrm{d}u}\frac{\partial u}{\partial x}=\frac{1}{\sqrt{1-u^2}}\times 2x=\frac{2x}{\sqrt{1-(x^2+y^2)^2}}$，

$\frac{\partial z}{\partial y}=\frac{\mathrm{d}z}{\mathrm{d}u}\frac{\partial u}{\partial y}=\frac{1}{\sqrt{1-u^2}}\times 2y=\frac{2y}{\sqrt{1-(x^2+y^2)^2}}$.

② 设函数 $u=\varphi(x,y),v=\psi(x,y),w=\omega(x,y)$ 在点 (x,y) 处两个偏导数都存在，函数 $z=f(u,v,w)$ 在对应点 (u,v,w) 处具有连续的偏导数，求复合函数 $z=f[\varphi(x,y),\psi(x,y),\omega(x,y)]$ 在点 (x,y) 处的两个偏导数.

复合函数的函数结构图如图 8-19 所示.

由 z 经中间变量 u,v,w 到达 x 有三条途径，故求导结果应是三项相加. 所以

$$\frac{\partial z}{\partial x}=\frac{\partial z}{\partial u}\frac{\partial u}{\partial x}+\frac{\partial z}{\partial v}\frac{\partial v}{\partial x}+\frac{\partial z}{\partial w}\frac{\partial w}{\partial x},$$

$$\frac{\partial z}{\partial y}=\frac{\partial z}{\partial u}\frac{\partial u}{\partial y}+\frac{\partial z}{\partial v}\frac{\partial v}{\partial y}+\frac{\partial z}{\partial w}\frac{\partial w}{\partial y}.$$

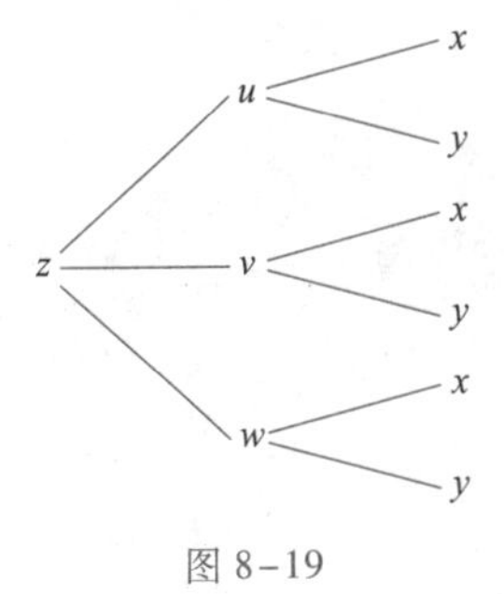

图 8-19

【例 18☆☆】 求函数 $z=uv,u=x\sin y,v=\ln(x-y)$ 的偏导数 $\frac{\partial z}{\partial x},\frac{\partial z}{\partial y}$.

解：因为
$$\frac{\partial z}{\partial u}=v,\ \frac{\partial z}{\partial v}=u,$$

$$\frac{\partial u}{\partial x}=\sin y,\ \frac{\partial u}{\partial y}=x\cos y,$$

$$\frac{\partial v}{\partial x}=\frac{1}{x-y},\ \frac{\partial v}{\partial y}=\frac{-1}{x-y},$$

故
$$\frac{\partial z}{\partial x}=\frac{\partial z}{\partial u}\frac{\partial u}{\partial x}+\frac{\partial z}{\partial v}\frac{\partial v}{\partial x}=v\sin y+u\frac{1}{x-y}=\sin y\ln(x-y)+\frac{x\sin y}{x-y},$$

$$\frac{\partial z}{\partial y}=\frac{\partial z}{\partial u}\frac{\partial u}{\partial y}+\frac{\partial z}{\partial v}\frac{\partial v}{\partial y}=vx\cos y+u\left(\frac{-1}{x-y}\right)=x\cos y\ln(x-y)-\frac{x\sin y}{x-y}.$$

【练 10☆☆】 求函数 $z=\mathrm{e}^{uv},u=xy,v=\frac{x}{y}$ 的偏导数 $\frac{\partial z}{\partial x},\frac{\partial z}{\partial y}$.

四、偏导数在经济学中的应用

我们在一元函数中学习了边际经济量分析和弹性分析，在二元函数中也有类似的概念.

1. 边际成本、边际收入、边际利润、边际产量

设生产 A,B 两种产品的产量分别为 x,y，总成本函数为 $C=C(x,y)$，那么总成本 $C(x,y)$ 分别对产量 x 和对产量 y 的偏导数 $C_x(x,y)$ 和 $C_y(x,y)$ 称为总成本的边际成本.

设生产 A,B 两种产品的产量分别为 x,y，总收入函数为 $R=R(x,y)$，那么总收入 $R(x,y)$ 分别对产量 x 和对产量 y 的偏导数 $R_x(x,y)$ 和

$R_y(x,y)$称为总收入的边际收入.

设生产 A,B 两种产品的产量分别为 x,y,总利润函数为 $L=L(x,y)$,那么总利润 $L(x,y)$分别对产量 x 和对产量 y 的偏导数 $L_x(x,y)$和 $L_y(x,y)$称为总利润的边际利润.

$C_x(x,y)$,$R_x(x,y)$,$L_x(x,y)$表示的经济意义分别是:在两种产品的产量为(x,y)的基础上,再多生产一个单位的 B 产品时,总成本 $C(x,y)$、总收入 $R(x,y)$、总利润 $L(x,y)$的增量.

$C_y(x,y)$,$R_y(x,y)$,$L_y(x,y)$表示的经济意义分别是:在两种产品的产量为(x,y)的基础上,再多生产一个单位的 A 产品时,总成本 $C(x,y)$、总收入 $R(x,y)$、总利润 $L(x,y)$的增量.

在西方经济学中,用来预测工业系统或企业生产发展水平的函数模型为

$$Q(K,L)=AK^{\alpha}L^{\beta},$$

其中,Q 为产量,K 为投入的资本数量,L 为投入的劳动力数量,A,α,β 为正常数,且 $0<\alpha,\beta<1$. 这就是经典的柯布-道格拉斯生产函数.

由偏导数定义知

$$\frac{\partial Q}{\partial K}=A\alpha K^{\alpha-1}L^{\beta}=\alpha\frac{Q}{K},$$

表示当劳动力投入保持不变,而资本投入发生变化时,产量的变化率称为资本的边际产量.

$$\frac{\partial Q}{\partial L}=A\beta K^{\alpha}L^{\beta-1}=\beta\frac{Q}{L},$$

表示当资本投入保持不变,而劳动力投入发生变化时,产量的变化率称为劳动力的边际产量.

【例 19☆☆☆】 某企业的生产函数为 $Q(K,L)=100K^{\frac{1}{2}}L^{\frac{2}{3}}$,其中 Q 是产量(单位:件),K 是资本投入(单位:千元),L 是劳动力投入(单位:千工时). 计算当 $K=9,L=8$ 时的边际产量,并解释其经济意义.

解:资本的边际产量为$\frac{\partial Q}{\partial K}=\frac{1}{2}\frac{Q}{K}$,劳动的边际产量为$\frac{\partial Q}{\partial L}=\frac{2}{3}\frac{Q}{L}$,将 $K=9,L=8$ 代入得 $Q=1\ 200$,$\frac{\partial Q}{\partial K}=\frac{200}{3}$,$\frac{\partial Q}{\partial L}=100$.

经济意义:当资本投入 9 千元、劳动投入 8 千工时的时候,企业的产量是 1 200 件. 如果劳动量投入保持不变,每增加一单位(1 千元)的资本投入,产品增加 200/3 件;如果资本投入保持不变,每增加一单位(1 千工时)的劳动投入,产品增加 100 件.

【例 20☆☆☆】 某工厂生产甲、乙两种产品,当它们的产量分别为 x 和 y 时,设这两种产品的总成本为 $f(x,y)=\frac{70}{5+x}+\frac{145}{(4+y)^2}$. 试求每种产品边际成本.

解:产品的边际成本就是总成本关于该产品产量的变化率,也就是成本函数对甲、乙两种产品产量 x 和 y 的偏导数.

甲种产品的边际成本是 $\frac{\partial f}{\partial x}=-\frac{70}{(5+x)^2}$,

乙种产品的边际成本是 $\frac{\partial f}{\partial y}=-\frac{290}{(4+y)^3}$.

【例 21☆☆☆】 设某工厂生产 A,B 两种不同产品,产量分别为 x,y 的总成本函数为 $C(x,y)=100+2x^2+3xy+\frac{1}{2}y^2$,求总成本 $C(x,y)$ 对产量 x 和对产量 y 的边际成本函数.

解:总成本 $C(x,y)$ 对产量 x 和对产量 y 的边际成本函数分别为

$$C_x(x,y)=\left(100+2x^2+3xy+\frac{1}{2}y^2\right)'_x=4x+3y,$$

$$C_y(x,y)=\left(100+2x^2+3xy+\frac{1}{2}y^2\right)'_y=3x+y.$$

【练 11☆☆】 设某工厂生产 A,B 两种不同产品,产量分别为 x,y 的总成本函数为 $C(x,y)=200+3x^2+4xy+y^2$,求总成本 $C(x,y)$ 对产量 x 和对产量 y 的边际成本函数.

【例 22☆☆☆】 设某工厂生产 A,B 两种不同产品,其产量分别为 x,y 的总成本函数为 $C(x,y)=x^2+3x+3xy+5y+3y^2$(单位:元). 出售产品 x,y 的单价分别为 30 元和 50 元. 求产量 $x=7,y=4$ 时的边际利润,并说明其经济意义.

解:出售 A,B 两种不同产品产量分别为 x,y 的总收入函数为

$$R(x,y)=30x+50y,$$

所以总利润函数为

$$L(x,y)=R(x,y)-C(x,y)=27x+45y-x^2-3xy-3y^2.$$

对 x,y 的边际利润分别为

$$L_x(x,y)=27-2x-3y,L_y(x,y)=45-3x-6y.$$

当 $x=7,y=4$ 时有

$$L_x(7,4)=27-2\times7-3\times4=1,L_y(7,4)=45-3\times7-6\times4=0.$$

$L_x(7,4)=1$ 的经济意义:当产量 $x=7,y=4$ 时,再多生产一个单位的 A 产品,利润将增加 1 元.

$L_y(7,4)=0$ 的经济意义:当产量 $x=7,y=4$ 时,再多生产一个单位的 B 产品,利润为 0,说明此时利润不增加.

2. 偏弹性

设某货物的需求量 Q 是其价格 p 及消费者收入 R 的函数 $Q=Q(p,R)$,我们称

$$\frac{EQ}{Ep}=-\frac{p}{Q(p,R)}\frac{\partial Q}{\partial p}$$

为需求对价格的偏弹性;称

$$\frac{EQ}{ER}=-\frac{R}{Q(p,R)}\frac{\partial Q}{\partial R}$$

为需求对收入的偏弹性.

【例 23☆☆☆】 设某城市每个家庭对肉类的需求量为

$$Q=Q(p,R)=0.002R+10\sqrt{p}+\frac{\sqrt{R}}{p}+7(\text{单位:kg}).$$

其中 p 表示肉类的平均单价(单位:元/kg),R 表示家庭的年收入(单位:元,$R\geqslant 6\,000$,6 000 元表示最低年收入). 求当 $R=30\,000$,$p=12$ 时需求对价格的偏弹性.

解:需求对价格的偏弹性为

$$\frac{EQ}{Ep}=-\frac{p}{Q(p,R)}\frac{\partial Q}{\partial p}=-\frac{p}{0.002R+10\sqrt{p}+\frac{\sqrt{R}}{p}+7}\times\left(\frac{5}{\sqrt{p}}-\frac{\sqrt{R}}{p^2}\right).$$

将 $R=30\,000$,$p=12$ 代入上式得

$$\left.\frac{EQ}{Ep}\right|_{\substack{p=12\\R=30\,000}}\approx -2.5\%.$$

结果表明,当家庭年收入为 30 000,肉类价格为 12 元/kg 时,若价格 p 上涨 1%,则需求量将下降 2.5%.

【练 12☆☆】 已知某种商品的需求量 Q 与价格 p 和消费者收入 R 之间的函数关系为 $Q=\frac{R}{p^2}$,求需求对价格的偏弹性函数.

3. 交叉价格弹性

假定货物 1 的需求量 Q_1 是货物 1 的价格 p_1、货物 2 的价格 p_2 与消费者收入 R 的函数,即 $Q_1=Q_1(p_1,p_2,R)$,称 $E_{12}=\frac{\partial Q_1}{\partial p_2}\times\frac{p_2}{Q_1}$为货物 1 和货物 2 需求的交叉价格弹性,用来衡量当货物 1 的价格和收入保持不变时,货物 1 需求量的变动对货物 2 价格变动的灵敏程度.

若 $E_{12}<0$,则货物 1 和货物 2 之间存在着互补关系;

若 $E_{12}>0$,则货物 1 和货物 2 之间存在着替代关系.

特别,当 $|E_{12}|$ 接近于 0 时,货物 1 和货物 2 之间几乎互不相关.

【例 24☆☆☆】 设货物 1 的需求量 Q_1 与货物 1 的价格 p_1,货物 2 的价格 p_2 及消费者收入 R 的函数关系为

$$Q_1=Q_1(p_1,p_2,R)=12-4p_1+3p_2+\frac{R}{10},$$

求当 $p_1=2$,$p_2=4$,$R=200$ 时货物 1 和货物 2 需求的交叉价格弹性 E_{12},并说明二者的关系.

解:当 $p_1=2$,$p_2=4$,$R=200$ 时,$Q_1=12-4\times2+3\times4+\frac{200}{10}=36$,$\frac{\partial Q_1}{\partial p_2}=3$,

所以

$$E_{12}\Bigg|_{\substack{p_2=4\\Q_1=36}}=\frac{\partial Q_1}{\partial p_2}\times\frac{p_2}{Q_1}\Bigg|_{\substack{p_2=4\\Q_1=36}}=3\times\frac{4}{36}=\frac{1}{3}>0.$$

说明货物1和货物2之间存在替代关系.

实际应用

【例1☆☆☆】 偏导数在并联电路中的应用

在一个由电阻 R_1 和 R_2 组成的并联电路中(图8-20),其中 $R_1<R_2$,问改变哪一个电阻,总电阻 R 的值变化较大?

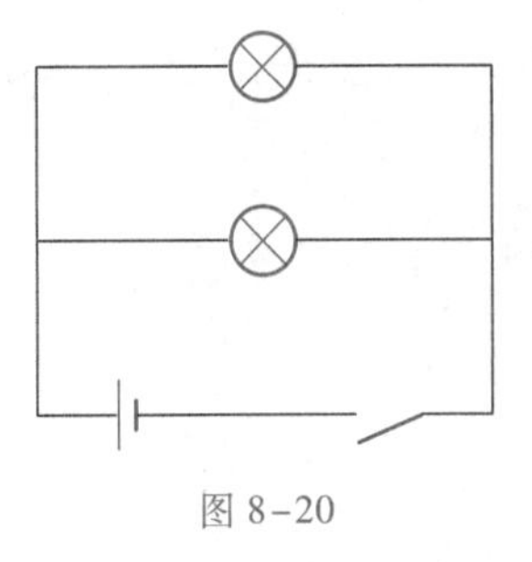

图8-20

解:由并联电路相关定理可知$\frac{1}{R}=\frac{1}{R_1}+\frac{1}{R_2}$,即 $R=\frac{R_1R_2}{R_1+R_2}$. 故

$$\frac{\partial R}{\partial R_1}=\frac{R_2(R_1+R_2)-R_1R_2}{(R_1+R_2)^2}=\frac{R_2^2}{(R_1+R_2)^2},$$

$$\frac{\partial R}{\partial R_2}=\frac{R_1(R_1+R_2)-R_1R_2}{(R_1+R_2)^2}=\frac{R_1^2}{(R_1+R_2)^2}.$$

因为 $R_1<R_2$,故$\frac{\partial R}{\partial R_2}<\frac{\partial R}{\partial R_1}$.

因此,在该并联电路中改变电阻值小的电阻 R_1,总电阻变化较大.这个结论与实验结果完全一致.

【例2☆☆☆】 电阻值分别为 R_1,R_2 和 R_3 的电阻并联后电阻值为 R,当 $R_1=20\Omega$,$R_2=30\Omega$,$R_3=60\Omega$ 时,求$\frac{\partial R}{\partial R_1}$的值.

解:由欧姆定律有

$$\frac{1}{R}=\frac{1}{R_1}+\frac{1}{R_2}+\frac{1}{R_3}.$$

而$\frac{\partial R}{\partial R_1}$,就是将 R_2 和 R_3 看着常量,关于 R_1 对等式两端求导,得

$$\frac{\partial}{\partial R_1}\left(\frac{1}{R}\right)=\frac{\partial}{\partial R_1}\left(\frac{1}{R_1}+\frac{1}{R_2}+\frac{1}{R_3}\right),$$

$$-\frac{1}{R^2}\frac{\partial R}{\partial R_1}=-\frac{1}{R_1^2}+0+0,$$

$$\frac{\partial R}{\partial R_1}=\frac{R^2}{R_1^2}=\left(\frac{R}{R_1}\right)^2.$$

当 $R_1=20\ \Omega$,$R_2=30\ \Omega$,$R_3=60\ \Omega$ 时,有

$$\frac{1}{R}=\frac{1}{20}+\frac{1}{30}+\frac{1}{60}=\frac{3+2+1}{60}=\frac{1}{10},$$

得 $R=10\ \Omega$,故$\frac{\partial R}{\partial R_1}=\left(\frac{10}{20}\right)^2=\frac{1}{4}$.

【例3☆☆☆】 拉普拉斯方程$\frac{\partial^2u}{\partial x^2}+\frac{\partial^2u}{\partial y^2}=0$在热力学、流体力学和

电势理论中都有应用. 试验证函数 $u(x,y)=e^x\sin y$ 是拉普拉斯方程 $u_{xx}+u_{yy}=0$ 的解.

证明:

$$u_x=e^x\sin y,u_y=e^x\cos y,$$
$$u_{xx}=e^x\sin y,u_{yy}=-e^x\sin y,$$
$$u_{xx}+u_{yy}=e^x\sin y-e^x\sin y=0.$$

即函数 $u(x,y)=e^x\sin y$ 是拉普拉斯方程 $u_{xx}+u_{yy}=0$ 的解.

【例 4☆☆☆】 波动方程 $a^2\dfrac{\partial^2 u}{\partial x^2}=\dfrac{\partial^2 u}{\partial t^2}$ 可作为简化模型描述海浪、声浪、光波或一条抖动的绳子的运动. 验证函数 $u(x,t)=\sin(x-at)$ 是波动方程的解.

证明: $u_x=\cos(x-at),u_t=-a\cos(x-at),$

$u_{xx}=-\sin(x-at),u_{tt}=-a^2\sin(x-at)=a^2u_{xx}.$

即函数 $u(x,t)=\sin(x-at)$ 是波动方程 $a^2\dfrac{\partial^2 u}{\partial x^2}=\dfrac{\partial^2 u}{\partial t^2}$ 的解.

教师寄语

古人说,"路漫漫其修远兮,吾将上下而求索". 在追寻真理(真知)方面,前方的道路还很漫长,我们需要百折不挠,不遗余力地去追求和探索.

习题拓展

【基础过关☆】

1. 已知函数 $z=\ln(x^2+y^2)$,求 $\dfrac{\partial z}{\partial x}\Big|_{(1,1)}$.

2. 计算函数的全微分 $z=xy+\dfrac{x}{y}$.

【能力达标☆☆】

1. 求下列函数的偏导数:

(1) $z=\dfrac{x+y}{x-y}$; (2) $z=\dfrac{\cos x^2}{y}$.

2. 求下列函数的 $\dfrac{\partial^2 z}{\partial x^2},\dfrac{\partial^2 z}{\partial y^2}$ 和 $\dfrac{\partial^2 z}{\partial y\partial x}$:

(1) $z=x^4+y^4-3xy^2$; (2) $z=x\ln(xy)$.

3. 计算函数 $z=e^{xy}$ 在点 $(2,1)$ 处的全微分.

【思维拓展☆☆☆】

1. 求下列函数的偏导数:

(1) $z=(1+xy)^2$; (2) $u=x^{\frac{1}{y}}$.

2. 求函数 $z=y\cos(x-2y)$,当 $x=\dfrac{\pi}{4},y=\pi,\Delta x=\dfrac{\pi}{4},\Delta y=\pi$ 时的全

8.6 项目二习题拓展答案

微分.

3. 计算三元函数 $u(x,y,z)=x+\sin\frac{y}{2}+e^{yz}$ 的全微分.

项目三　多元函数的极值与最值

8.7　项目三教学目标及重难点

教学引入

在实际问题中,往往会遇到多元函数的最大值、最小值问题. 与一元函数类似,多元函数的最大值、最小值与极大值、极小值有密切关系,因此,我们以二元函数为例,先讨论多元函数的极值问题.

【引例】 某公司通过电视台和报刊两种方式做某种产品的推销广告. 根据统计资料知:销售收入 R(万元)与电台广告费 x(万元)、报刊广告费 y(万元)的关系为 $R(x,y)=15+14x+32y-8xy-2x^2-10y^2$,下面需讨论两个问题:

问题一　在不限制广告费用时,最佳的广告策略是什么?

问题二　若提供的广告费用为 1.5 万元时,最佳的广告策略是什么?

上述要讨论的最佳广告策略,也就是利润最大的问题. 其中问题二是增加了一个限制条件的最大值问题.

理论学习

一、二元函数的极值

定义 8.10　极值

设函数 $z=f(x,y)$ 在点 (x_0,y_0) 的某邻域内有定义,对于该邻域内异于点 (x_0,y_0) 的点 (x,y),如果都适合不等式

$$f(x,y)<f(x_0,y_0)\ (\text{或}\ f(x,y)>f(x_0,y_0)),$$

则称函数在点 (x_0,y_0) 有极大值(或极小值) $f(x_0,y_0)$. 极大值、极小值统称为极值. 使得函数取得极值的点称为极值点. 点 (x_0,y_0) 称为函数 $f(x,y)$ 的极大值点(或极小值点).

如,半球面 $f(x,y)=\sqrt{1-x^2-y^2}$ 在点 $(0,0)$ 有极大值,也是最大值;旋转抛物面 $f(x,y)=x^2+y^2$ 在点 $(0,0)$ 有极小值,也是最小值;而函数 $f(x,y)=xy$ 在点 $(0,0)$ 处既不取极大值也不取极小值.

三元及三元以上的函数极值概念以此类推.

一元函数的极值借助导数来解决,二元函数的极值问题,也可以利用偏导数来解决.

定理 8.6 极值的必要条件

设函数 $z=f(x,y)$ 在点 (x_0,y_0) 具有偏导数,且在点 (x_0,y_0) 处有极值,则它在该点的偏导数必然为零,即

$$f_x(x_0,y_0)=f_y(x_0,y_0)=0.$$

类似地可推得,如果三元函数 $u=f(x,y,z)$ 在点 (x_0,y_0,z_0) 具有偏导数,则它在点 (x_0,y_0,z_0) 具有极值的必要条件为

$$f_x(x_0,y_0,z_0)=f_y(x_0,y_0,z_0)=f_z(x_0,y_0,z_0)=0.$$

与一元函数类似,凡是能使 $f_x(x,y)=0$, $f_y(x,y)=0$ 同时成立的点 (x_0,y_0) 称为函数 $z=f(x,y)$ 的驻点. 从定理 8.6 可知,具有偏导数的函数的极值点必定是驻点. 但函数的驻点不一定是极值点.

如,点 $(0,0)$ 是函数 xy 的驻点,但函数在该点并无极值.

如何判断一个驻点是否为极值点呢? 下面的定理回答了这个问题:

定理 8.7 极值的充分条件

设函数 $z=f(x,y)$ 在点 (x_0,y_0) 的某邻域内连续,且有一阶及二阶连续偏导数,又 $f_x(x_0,y_0)=0$, $f_y(x_0,y_0)=0$,令

$$A=f_{xx}(x_0,y_0),B=f_{xy}(x_0,y_0),C=f_{yy}(x_0,y_0),$$

$$\Delta=B^2-AC,$$

则 $f(x,y)$ 在点 (x_0,y_0) 处是否取得极值的条件如下:

(1) $\Delta<0$ 时具有极值,且当 $A<0$ 时 $f(x_0,y_0)$ 有极大值,当 $A>0$ 时有极小值;

(2) $\Delta>0$ 时没有极值;

(3) $\Delta=0$ 时可能有极值,也可能没有极值,需另作讨论.

由定理 8.6 和定理 8.7,我们把具有二阶连续偏导数的函数 $z=f(x,y)$ 求极值的一般步骤归纳如下:

第一步,求出偏导数 $f_x,f_y,f_{xx},f_{xy},f_{yy}$;

第二步,解方程组 $\begin{cases}f_x(x_0,y_0)=0,\\f_y(x_0,y_0)=0,\end{cases}$ 求得所有驻点;

第三步,对于每一个驻点,确定二阶导数值 A,B,C 和 Δ 的值;

第四步,根据 Δ 的符号,判定 $f(x_0,y_0)$ 是否为极值,是极大值还是极小值.

【例 1☆】 求函数 $f(x,y)=x^3+y^3-3xy+3$ 的极值.

解: 第一步,先求出偏导数 $f_x,f_y,f_{xx},f_{xy},f_{yy}$.

$$f_x(x,y)=3x^2-3y,f_y(x,y)=3y^2-3x,$$

$$f_{xx}(x,y)=6x, f_{xy}(x,y)=-3, f_{yy}(x,y)=6y.$$

第二步，解方程组$\begin{cases}f_x(x_0,y_0)=0,\\f_y(x_0,y_0)=0,\end{cases}$求得所有驻点.

$$\begin{cases}f_x(x,y)=3x^2-3y=0,\\f_y(x,y)=3y^2-3x=0,\end{cases}$$

解得驻点$(0,0)$和$(1,1)$.

第三步，对于每一个驻点，确定二阶导数值A,B,C和Δ的值.

在点$(0,0)$处$A=f_{xx}(0,0)=0, B=f_{xy}(0,0)=-3, C=f_{yy}(0,0)=0$,

$$\Delta=B^2-AC=(-3)^2-0\times0=9>0,$$

因此，点$(0,0)$不是极值点.

在点$(1,1)$处$A=f_{xx}(1,1)=6, B=f_{xy}(1,1)=-3, C=f_{yy}(1,1)=6$,

$$\Delta=B^2-AC=(-3)^2-6\times6=-27<0.$$

第四步，根据Δ的符号，判定$f(x_0,y_0)$是否为极值，是极大值还是极小值.

$A=6>0$，因此$(1,1)$是函数的极小值点，且函数的极小值是

$$f(1,1)=1^3+1^3-3\times1\times1+3=2.$$

与一元函数类似，二元函数偏导数不存在的点也可能是极值点. 例如，函数$z=\sqrt{x^2+y^2}$在点$(0,0)$处的偏导数不存在，但$(0,0)$却是函数的极小值点. 因此，在求函数极值时，除了考虑驻点外，如果有偏导数不存在的点，那么这些点也应当考虑，它们都是可能的极值点.

【练 1☆☆】　求函数$f(x,y)=x^2-xy+y^2+9x-6y+20$的极值.

【例 2☆☆】　求函数$f(x,y)=y^3-x^2+6x-12y+5$的极值.

解：

$$f_x(x,y)=-2x+6, f_y(x,y)=3y^2-12,$$

$$f_{xx}(x,y)=-2, f_{xy}(x,y)=0, f_{yy}(x,y)=6y.$$

$$\begin{cases}f_x(x,y)=-2x+6=0,\\f_y(x,y)=3y^2-12=0,\end{cases}$$

得驻点$(3,2)$和$(3,-2)$.

在驻点$(3,2)$处，$A=f_{xx}(3,2)=-2, B=f_{xy}(3,2)=0, C=f_{yy}(3,2)=12$,

$$\Delta=B^2-AC=0-(-2)\times12=24>0,$$

因此驻点$(3,2)$不是极值点.

在驻点$(3,-2)$处，

$$A=f_{xx}(3,-2)=-2, B=f_{xy}(3,-2)=0, C=f_{yy}(3,-2)=-12,$$

$$\Delta=B^2-AC=0-(-2)\times(-12)=-24<0，且 A=-2<0,$$

故驻点$(3,-2)$是极大值点，极大值为$f(3,-2)=(-2)^3-3^2+6\times3-12\times(-2)+5=30$.

教师寄语

有了目标就有了方向. 同样是考察一个点的运动，从一元函数变到

二元函数,仅仅增添了一个变量,这个点的运动就从两个可供选择的方向变动到有无穷多可选择的方向,但该点朝向极值点的方向只有一个.从二元函数到多元函数的变化,让我们看到方向的重要性.这就像在人生抉择中,做二元的选择(是或者否)很容易,选择太多反而就不知所措了.如果我们确定了目标(极值点),在众多的选择中找到自己想要的,那么二元的选择就不再是问题.比如,同学们经常会纠结"要不要升本",当你在犹豫这个二元选择问题时,不如问问自己这个抉择后会出现的那个多元选择"读完本科干吗",如果在这个多元选择中你确定了自己的目标(极值点),那之前的那个"要不要升本"就不是问题了.

二、二元函数的最值

如果函数 $z=f(x,y)$ 在闭区域 D 上连续,那么它在 D 上一定有最大(小)值.函数最大(小)值的求法,与一元函数解法类似,可利用函数的极值来求.特别地,在实际问题中,常根据问题的性质知道函数在区域 D 内一定有最大值或最小值,而函数在 D 内又只有一个驻点,则可断定驻点就是极值点,也一定是取得最大(小)值的点.

【例 3☆☆】 求函数 $z=x^2y(5-x-y)$ 在闭区域 $D:x\geqslant0,y\geqslant0,x+y\leqslant4$ 上的最值.

解:函数 $z=x^2y(5-x-y)$ 在区域 D 内处处可导,

$$z_x=2xy(5-x-y)+x^2y(-1)=xy(10-3x-2y),$$

$$z_y=x^2(5-x-y)+x^2y(-1)=x^2(5-x-2y).$$

求解方程组

$$\begin{cases}xy(10-3x-2y)=0,\\x^2(5-x-2y)=0,\end{cases}$$

得到区域 D 内的驻点 $\left(\frac{5}{2},\frac{5}{4}\right)$,在驻点处的函数值为 $z=\frac{625}{64}$.

在边界 $x=0,y=0$ 上函数 $z=0$.

在边界 $x+y=4$ 上,将 $y=4-x$ 代入函数中,使函数 z 成为变量 x 的一元函数

$$z=x^2(4-x),0\leqslant x\leqslant4.$$

对此函数求导得

$$\frac{\mathrm{d}z}{\mathrm{d}x}=x(8-3x),$$

可知函数在区间 $(0,4)$ 内的驻点为 $x=\frac{8}{3}$,函数值为 $z=\frac{256}{27}$.

在区间端点 $x=0,x=4$ 处,$z=0$.所以 $z=\frac{256}{27}$ 为函数在区域 D 的边界上的最大值.$\frac{625}{64}>\frac{256}{27}$,所以二元函数 z 在区域 D 上的最大值为 $z=\frac{625}{64}$,

最小值 $z=0$.

三、条件极值、拉格朗日乘数法

上面所讨论的极值问题,对于函数的自变量,除了限制在函数的定义域内以外,并无其他条件,所以有时候称为无条件极值. 但在实际问题中,有时会遇到对函数的自变量还有附加条件的极值问题. 像这种对自变量有附加条件的极值称为条件极值.

对于有些实际问题,可以把条件极值化为无条件极值,用前面的方法求解.

但在很多情形下,我们有另一种直接寻求条件极值的方法,可以不必先把问题化为无条件极值的问题,这就是拉格朗日乘数法.

下面我们得到直接求函数 $z=f(x,y)$ 在条件 $\varphi(x,y)=0$ 下的可能极值点的方法——拉格朗日乘数法求解步骤:

(1) 构造拉格朗日辅助函数

$$F(x,y)=f(x,y)+\lambda\varphi(x,y),$$

其中参数 λ 是待定常数;

(2) 组成方程组

$$\begin{cases} F_x(x,y)=f_x(x,y)+\lambda\varphi_x(x,y)=0, \\ F_y(x,y)=f_y(x,y)+\lambda\varphi_y(x,y)=0, \\ \varphi(x,y)=0; \end{cases}$$

(3) 求出方程组的解 $x=x_0, y=y_0$(解可能不止一组),则所求点 (x_0,y_0) 就是函数 $z=f(x,y)$ 在条件 $\varphi(x,y)=0$ 下的可能极值点.

上述方法可以推广到自变量多于两个而附加条件多于一个的情形.

例如,要求函数 $u=f(x,y,z)$ 在约束条件 $g(x,y,z)=0, h(x,y,z)=0$ 下的可能极值点,也可按以下三个步骤求解:

(1) 构造拉格朗日辅助函数

$$F(x,y,z)=f(x,y,z)+\lambda_1 g(x,y,z)+\lambda_2 h(x,y,z),$$

其中 λ_1,λ_2 均是待定常数;

(2) 组成方程组

$$\begin{cases} F_x(x,y,z)=f_x(x,y,z)+\lambda_1 g_x(x,y,z)+\lambda_2 h_x(x,y,z)=0, \\ F_y(x,y,z)=f_y(x,y,z)+\lambda_1 g_y(x,y,z)+\lambda_2 h_y(x,y,z)=0, \\ F_z(x,y,z)=f_z(x,y,z)+\lambda_1 g_z(x,y,z)+\lambda_2 h_z(x,y,z)=0, \\ g(x,y,z)=0, \\ h(x,y,z)=0; \end{cases}$$

(3) 求出方程组的解 $x=x_0,y=y_0,z=z_0$，则所求点 (x_0,y_0,z_0) 就是函数可能的极值点.

【例 4☆☆】 在约束条件 $x+y-1=0$ 下，求函数 $z=f(x,y)=\sqrt{1-x^2-y^2}$ 的极值.

解:法一 化为无条件极值问题.

由方程 $x+y-1=0$ 得 $y=1-x$，将其代入所给二元函数中得

$$z=\sqrt{1-x^2-(1-x)^2}=\sqrt{2x-2x^2},$$

化成了求一元函数极值的问题，显然该函数的定义域为 $[0,1]$.

由 $\dfrac{dz}{dx}=\dfrac{2-4x}{2\sqrt{2x-2x^2}}=0$，得驻点 $x=\dfrac{1}{2}$.

因 $x\in\left(0,\dfrac{1}{2}\right)$ 时，$\dfrac{dz}{dx}>0$；$x\in\left(\dfrac{1}{2},1\right)$ 时，$\dfrac{dz}{dx}<0$.

故 $x=\dfrac{1}{2}$ 是函数的极大值点，极大值为

$$z\Big|_{x=\frac{1}{2}}=\sqrt{2\times\frac{1}{2}-2\times\left(\frac{1}{2}\right)^2}=\frac{\sqrt{2}}{2}.$$

即二元函数的极大值点是 $\left(\dfrac{1}{2},\dfrac{1}{2}\right)$，极大值是 $\dfrac{\sqrt{2}}{2}$.

法二 用拉格朗日乘数法.

作辅助函数 $F(x,y)=\sqrt{1-x^2-y^2}+\lambda(x+y-1)$，解方程组

$$\begin{cases}F_x(x,y)=\dfrac{-x}{\sqrt{1-x^2-y^2}}+\lambda=0,\\ F_y(x,y)=\dfrac{-y}{\sqrt{1-x^2-y^2}}+\lambda=0,\\ x+y-1=0,\end{cases}$$

得 $x=y=\dfrac{1}{2}$. 根据问题的实际意义，该函数应有极大值.

故所求的点 $\left(\dfrac{1}{2},\dfrac{1}{2}\right)$ 是极大值点，极大值

$$f\left(\frac{1}{2},\frac{1}{2}\right)=\sqrt{1-x^2-y^2}\Big|_{\left(\frac{1}{2},\frac{1}{2}\right)}=\frac{\sqrt{2}}{2}.$$

【例 5☆☆】 平面 $x+2y-2z-9=0$ 上哪一点到原点的距离最短？

解:设平面上的点为 $P(x,y,z)$，由两点间的距离公式，点 $P(x,y,z)$ 与原点 $O(0,0,0)$ 的距离为 $d=\sqrt{x^2+y^2+z^2}$，d^2 最小，d 也最小，故问题转化成求函数 $f(x,y,z)=x^2+y^2+z^2$ 在条件 $x+2y-2z-9=0$ 下的最小值的问题.

作辅助函数

$$F(x,y,z)=x^2+y^2+z^2+\lambda(x+2y-2z-9),$$

解方程组

$$\begin{cases}F_x(x,y,z)=2x+\lambda=0,\\ F_y(x,y,z)=2y+2\lambda=0,\\ F_z(x,y,z)=2z-2\lambda=0,\\ x+2y-2z-9=0,\end{cases}$$

得出 $P(1,2,-2)$ 是唯一符合要求的极值点，而已知是极小值，故平面上的点 $P(1,2,-2)$ 到原点的距离最小.

【练 2☆☆】 求函数 $z=x^2+y^2$ 在条件 $2x+y-2=0$ 下的极值.

【例 6☆☆】 将正数 12 分成三个正数 x,y,z 之和使得 $u=x^3y^2z$ 为最大.

解：作辅助函数

$$F(x,y,z)=x^3y^2z+\lambda(x+y+z-12),$$

解方程组

$$\begin{cases}F_x=3x^2y^2z+\lambda=0,\\ F_y=2x^3yz+\lambda=0,\\ F_z=x^3y^2+\lambda=0,\\ x+y+z-12=0,\end{cases}$$

得 $x=6,y=4,z=2$. 由问题本身可知函数最大值一定存在，且驻点唯一，故 $(6,4,2)$ 为最大值点.

即当 $x=6,y=4,z=2$ 时，函数 u 取最大值为 $u_{\max}=6^3\times4^2\times2=6\ 912$.

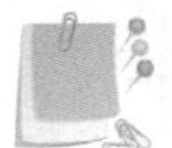

实际应用

【例 1☆☆】 某工厂要用钢板制作一个容积为 32 m^3 的无盖长方体水箱（图 8-21），问长、宽、高各为多少时用料最省.

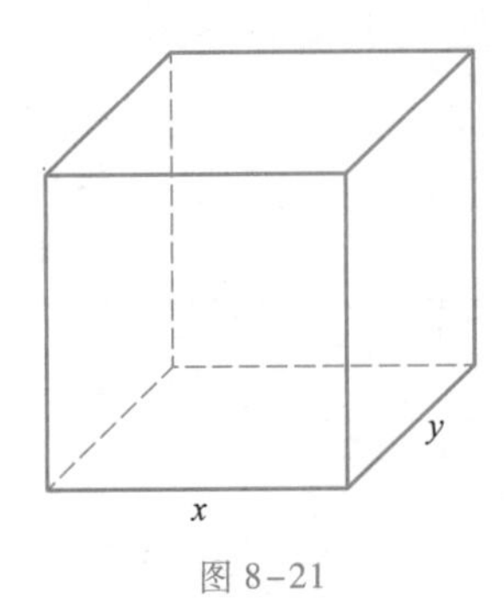

图 8-21

解：设水箱的长为 x m，宽为 y m，则高为 $\dfrac{32}{xy}$ m. 此无盖长方体水箱的表面积为

$$S=xy+2\left(x\cdot\frac{32}{xy}+y\cdot\frac{32}{xy}\right)=xy+\frac{64}{x}+\frac{64}{y}(x>0,y>0).$$

可见所用材料面积为 $S=S(x,y)$ 是 x 和 y 的二元函数，求使这个函数取得最小值的点 (x,y). 解方程组

$$\begin{cases}S_x=y-\dfrac{64}{x^2}=0,\\ S_y=x-\dfrac{64}{y^2}=0,\end{cases}$$

得唯一的驻点 $(4,4)$.

根据题意可知，水箱所用材料面积的最小值一定存在，并且在开区

域 $D=\{(x,y)\mid x>0,y>0\}$ 内取得. 又函数在 D 内只有唯一驻点 $(4,4)$, 因此可以断定当 $x=4,y=4$ 时 S 取得最小值. 即长、宽、高分别为 4 m, 4 m和 2 m 时,水箱用料最省.

【例 2☆☆】 某工厂生产 A,B 两种型号的产品,A 型产品的需求函数为 $D_1=8-x+2y$,B 型产品的需求函数为 $D_2=10+2x-5y$,其中 x,y 分别为 A,B 两种产品的价格(单位:万元). 而总成本函数 $C=3D_1+2D_2$. 问价格 x,y 分别取何值时可使产品的利润最大? 最大利润为多少?

解:设函数 $F(x,y)$ 为产品的总利润,总利润=总收益-总成本.

辅助函数
$$\begin{aligned}F(x,y)&=(xD_1+yD_2)-C=(x-3)D_1+(y-2)D_2\\&=(x-3)(8-x+2y)+(y-2)(10+2x-5y)\\&=-x^2-5y^2+7x+14y+4xy-44,\end{aligned}$$

解方程组 $\begin{cases}F_x(x,y)=7-2x+4y=0,\\F_y(x,y)=14+4x-10y=0,\end{cases}$ 得唯一驻点为 $\left(\dfrac{63}{2},14\right)$.

由题意知最大利润存在,且驻点唯一,所以利润 L 在唯一驻点 $\left(\dfrac{63}{2},14\right)$ 处取得最大值,即当产品 A,B 的价格分别为 $\dfrac{63}{2}$(万元)与 14(万元)时,产品的利润最大,最大利润为 $L\left(\dfrac{63}{2},14\right)=164.25$(万元).

【练 3☆☆】 求解引例问题一.

【例 3☆☆】 玩具店的王女士想用 400 元钱来进货两种货品:玩具水枪和汽车模型,设她进货 x 把水枪,y 个汽车模型,每把水枪进价 8 元,每个汽车模型 10 元. 现假设效果函数为 $U(x,y)=\ln x+\ln y$,请问王女士该如何进货才能达到最佳效果.

解:这是一个附有约束条件的极值问题,求最佳方案. 即是求目标函数 $U(x,y)=\ln x+\ln y$ 在约束条件 $8x+10y=400$ 元的极值点.

作辅助函数

$$F(x,y)=\ln x+\ln y+\lambda(8x+10y-400),$$

解方程组

$$\begin{cases}F_x(x,y)=\dfrac{1}{x}+8\lambda=0,\\[2ex]F_y(x,y)=\dfrac{1}{y}+10\lambda=0,\\[2ex]8x+10y-400=0,\end{cases}$$

得 $x=25,y=20$.

原问题显然存在最大值,且驻点唯一,故 $(25,20)$ 为所求最大值点. 也就是说王女士进货 25 把水枪,20 个汽车模型,会达到最佳的效果.

【练 4☆☆】 求解引例问题二.

【例 4☆☆】 经济学中柯布-道格拉斯生产函数为$f(x,y)=Ax^{\alpha}y^{\beta}$，其中 x 为投入的资本数量，y 为投入的劳动力数量，$A,\alpha,\beta(0<\alpha,\beta<1)$为正常数，由不同企业的具体情况决定，函数值$f(x,y)$为生产量. 现已知某制造商的柯布-道格拉斯生产函数$f(x,y)=100x^{\frac{3}{4}}y^{\frac{1}{4}}$，其中每单位资本与每个劳动力的成本分别是 150 元及 250 元，该制造商的总预算是 50 000 元，问他该如何分配这笔钱用于雇佣劳动力及资本投入，以使生产量达到最高.

解：这是个条件极值问题. 求目标函数$f(x,y)=100x^{\frac{3}{4}}y^{\frac{1}{4}}$在约束条件$150x+250y=50\ 000$下的最大值.

作拉格朗日函数$F(x,y)=100x^{\frac{3}{4}}y^{\frac{1}{4}}+\lambda(150x+250y-50\ 000)$，得

$$\begin{cases}F_x(x,y)=75x^{-\frac{1}{4}}y^{\frac{1}{4}}+150\lambda=0,\\F_y(x,y)=25x^{\frac{3}{4}}y^{-\frac{3}{4}}+250\lambda=0,\\150x+250y-50\ 000=0,\end{cases}$$

解得 $x=250,y=50$.

由问题本身可知函数最大值一定存在，且驻点唯一，故$(250,50)$为最大值点. 即当该制造商投入 250 个单位资本及雇佣 50 个劳动力时，可获得最大生产量$f(250,50)=16\ 719$.

【例 5☆☆】 销售收入 R 与花费在两种广告宣传上的费用 x 和 y 之间的关系为$R=\dfrac{200x}{5+x}+\dfrac{100y}{10+y}$(单位：万元). 利润额相当于 20% 的销售收入，并且扣除广告费用. 已知广告费用总额预算金 25 万元，求如何分配两种广告费用才能使利润最大？

8.8　柯布-道格拉斯生产函数模型

解：利润为$L(x,y)=\dfrac{20}{100}R-x-y=\dfrac{1}{5}\left(\dfrac{200x}{5+x}+\dfrac{100y}{10+y}\right)-x-y$.

由题意 $x+y=25$，作辅助函数

$$F(x,y)=\frac{1}{5}\left(\frac{200x}{5+x}+\frac{100y}{10+y}\right)-x-y+\lambda(x+y-25),$$

解方程组

$$\begin{cases}F_x(x,y)=\dfrac{1}{5}\times\dfrac{1\ 000}{(5+x)^2}-1+\lambda=0,\\F_y(x,y)=\dfrac{1}{5}\times\dfrac{1\ 000}{(10+y)^2}-1+\lambda=0,\\x+y-25=0,\end{cases}$$

解得 $x=15,y=10$.

根据问题的实际意义，在点$(15,10)$处 $L(x,y)$有唯一的极大值，所以，当两种广告费分别为 15 万元和 10 万元时利润最大.

习题拓展

【基础过关☆】

1. 讨论函数 $z=(x^2+y^2)^2$ 在点(0,0)处是否取得极值,若是,取极大值还是极小值.

2. 求 $z=x^3+y^3-6xy$ 的驻点.

【能力达标☆☆】

1. 求二元函数 $f(x,y)=x^2(2+y^2)+y\ln y$ 的驻点.

2. 某厂要用铁板做一个体积为 2 m^3 的有盖长方体水箱,当长、宽、高各取怎样的尺寸,才能使用料最省?

【思维拓展☆☆☆】

1. 求函数 $f(x,y)=x^3-y^3+3x^2+3y^2-9x$ 的极值.

2. 某工厂生产 A、B 两种型号的产品,A 型产品的售价为 1 000 元/件,B 型产品的售价为 900 元/件,生产 x 件 A 型产品和 y 件 B 型产品的总成本为 $40\ 000+200x+300y+3x^2+xy+3y^2$ 元. 问 A,B 两种产品各生产多少时总利润最大? 最大利润为多少?

8.9 项目三习题拓展答案

3. 求 $f(x,y)=x^2+y^2$ 在条件 $\frac{x}{a}+\frac{y}{b}=1$ 下的极值(其中 $a,b\neq 0$).

习题八

一、选择题

1. 极限 $\lim\limits_{(x,y)\to(0,4)}\frac{\sin xy}{x}=$(　　).

A. 0　　B. 4

C. $\frac{1}{4}$　　D. 不存在

2. 设二元函数 $z=x^3-y^2+3xy$, $\frac{\partial^2 z}{\partial x\partial y}=$(　　).

A. -1　　B. 6

C. 3　　D. 2

3. 设 $z=x\sin y$,则 $dz\Big|_{\left(1,\frac{\pi}{4}\right)}=$(　　).

A. $\frac{\sqrt{2}}{2}$　　B. $\sqrt{2}$

C. $\frac{\sqrt{2}}{2}(dx+dy)$　　D. $-\frac{\sqrt{2}}{2}(dx+dy)$

4. 已知二元函数 $z=ye^{xy}$,则 $\frac{\partial z}{\partial y}=$(　　).

A. xe^{xy}　　　　　B. $(1+xy)e^{xy}$

C. x^2e^{xy}　　　　　D. ye^{xy}

5. 函数 $f(x,y)=\sqrt{2-x^2-y^2}$ 的驻点为(　　).

A. $(0,0)$　　　　　B. $(1,1)$

C. $(0,0)$和$(1,1)$　　D. $(k,k)(k\in\mathbf{R})$

二、填空题

1. 函数 $z=\dfrac{\sqrt{y}}{x^2+y^2}$的定义域为________.

2. 设 $x^2+y^2+z^2=1$,则 $dz=$________.

3. 设 $z=x^3y+2xy^2$,则$\left.\dfrac{\partial z}{\partial x}\right|_{(1,1)}=$________,$\left.\dfrac{\partial^2 z}{\partial y^2}\right|_{(1,1)}=$________.

4. 已知函数 $z=e^{-\left(\frac{1}{x}+\frac{1}{y}\right)}$,则 $x^2\dfrac{\partial z}{\partial x}+y^2\dfrac{\partial z}{\partial y}=$________.

5. 设 $z=e^{y(x^2+y^2)}$,则 $dz=$________.

三、解答题

1. 已知二元函数设 $f(x,y)=\begin{cases}x^2-xy, x^2+y^2\leqslant 1,\\ 3x+y, x^2+y^2>1,\end{cases}$ 求:

(1) $f(1,1)$;　　(2) $f(1,-2)$;　　(3) $f(0,1)$.

2. 讨论二元函数

$$f(x,y)=\begin{cases}\dfrac{xy}{x^2+2y^2}, x^2+y^2\neq 0,\\ 0, x^2+y^2=0\end{cases}$$

当$(x,y)\to(0,0)$时的极限是否存在.

3. 设 $z=\arctan\dfrac{y}{x}$,求$\dfrac{\partial^2 z}{\partial x^2},\dfrac{\partial^2 z}{\partial x\partial y},\dfrac{\partial^2 z}{\partial y^2}$及全微分 dz.

4. 求函数 $f(x,y)=x^4+y^4-x^2-2xy-y^2$ 的极值.

5. 设某工厂生产 A,B 两种产品,其销售价格分别为 $p_1=12$(万元),$p_2=18$(万元),总成本 C 是两种产品的产量 x 和 y(单位:百台)的函数 $C(x,y)=2x^2+xy+2y^2$,问当两种产品的产量为多少时,可获得最大利润?最大利润是多少?

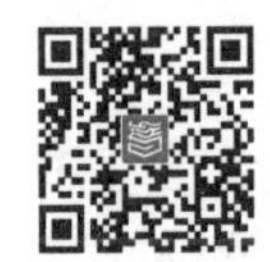

8.10　习题八答案

模块九
多元函数积分学

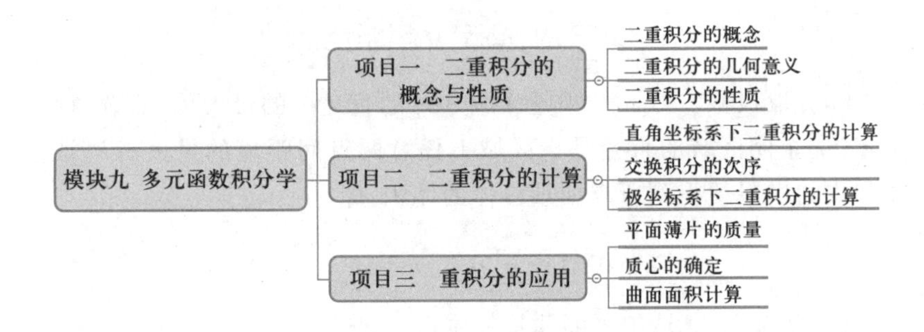

项目一 二重积分的概念与性质

9.1 模块九思维导图

9.2 多元积分学的发展

9.3 项目一知识目标及重难点

教学引入

在一元函数积分学中我们知道,定积分是某种确定形式的和的极限.这种和的极限概念推广到定义在区域、曲线及曲面上多元函数的情形,便得到重积分、曲线积分及曲面积分的概念,这些概念在工程、科学技术中广泛使用.本模块主要研究二重积分的概念、性质、计算方法及其简单的应用.

【引例 1】 曲顶柱体的体积

设有一立体的底是 xOy 平面上的闭区域 D,它的侧面是以 D 的边界曲线为准线而母线平行于 z 轴的柱面,它的顶是曲面 $z=f(x,y)$ ($f(x,y)\geqslant 0$) 且在 D 上连续(图 9-1).这种立体叫作曲顶柱体.下面我们讨论如何定义并计算这个曲顶柱体的体积.

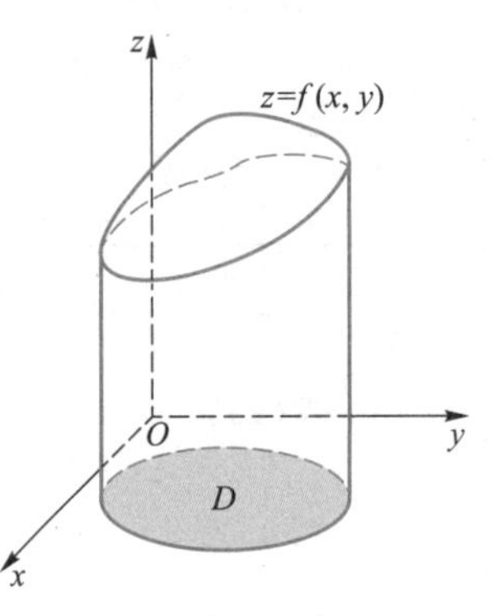

图 9-1

我们知道,平顶柱体的体积=底面积×高,而曲顶柱体的顶是曲面,当点 (x,y) 在区域 D 上变动时,高 $f(x,y)$ 是个变量,因此它的体积不能直接用上述公式来定义和计算,但我们可以借助定积分中求曲边梯形面积的方法来寻求曲顶柱体的体积的方法:

(1) 分割 用一组曲线把 D 分割成 n 个小区域 $\Delta\sigma_1,\Delta\sigma_2,\cdots,$

$\Delta\sigma_i,\cdots,\Delta\sigma_n(i=1,2,\cdots,n)$，同时又表示它们的面积. 以每个小区域 $\Delta\sigma_i$ 为底作 n 个母线平行于 z 轴的小柱体.

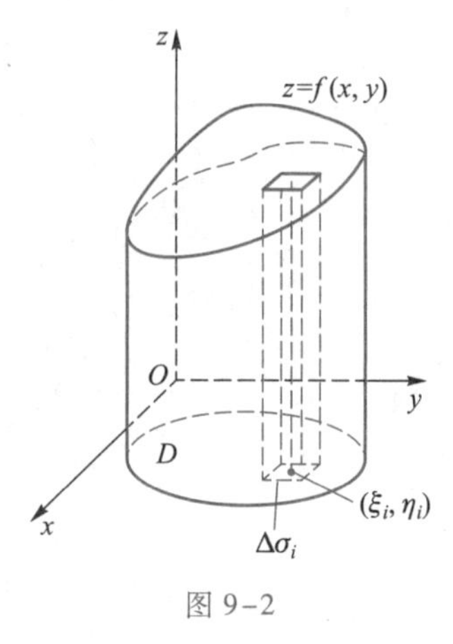

图 9-2

（2）近似替代　在小区域 $\Delta\sigma_i$ 上任取一点 $(\xi_i,\eta_i)(i=1,2,\cdots,n)$，以 $f(\xi_i,\eta_i)$ 为高，$\Delta\sigma_i$ 为底的小平顶柱体体积 $f(\xi_i,\eta_i)\Delta\sigma_i$ 作为对应的小曲顶柱体的体积的近似值（图 9-2），

$$\Delta V_i\approx f(\xi_i,\eta_i)\Delta\sigma_i.$$

（3）求和　n 个平顶柱体的体积和，就是所求曲顶柱体体积的近似值

$$V=\sum_{i=1}^{n}\Delta V_i\approx\sum_{i=1}^{n}f(\xi_i,\eta_i)\Delta\sigma_i.$$

（4）取极限　令 n 个小闭区域 $\Delta\sigma_i$ 的直径中的最大值（记作 λ）趋于零（一个闭区域的直径是指区域上任意两点间距离的最大者），取上述和式的极限便得到所求曲顶柱体的体积，即

$$V=\lim_{\lambda\to 0}\sum_{i=1}^{n}f(\xi_i,\eta_i)\Delta\sigma_i.$$

【引例 2】　非均匀平面薄片的质量

平面薄片当面密度为常数时是均匀薄片，它的质量可以用公式

质量 = 面密度×薄片的面积

来计算. 若薄片是非均匀的，即各点处的密度不同，则计算薄片的质量，就不能用上面的公式. 该如何计算呢？解决方法与引例 1 类似.

设有一平面薄片，在 xOy 平面上位于区域 D，薄片的面密度为 $\mu=\mu(x,y)$（$\mu=\mu(x,y)>0$ 且在 D 上连续）.

（1）分割　由 $\mu(x,y)$ 的连续性知，用有限条曲线把 D 分割成直径很小的 n 个小薄片 $\Delta\sigma_1,\Delta\sigma_2,\cdots,\Delta\sigma_i,\cdots,\Delta\sigma_n(i=1,2,\cdots,n)$ 后，用 $\Delta\sigma_i$ 表示第 i 个小薄片的面积.

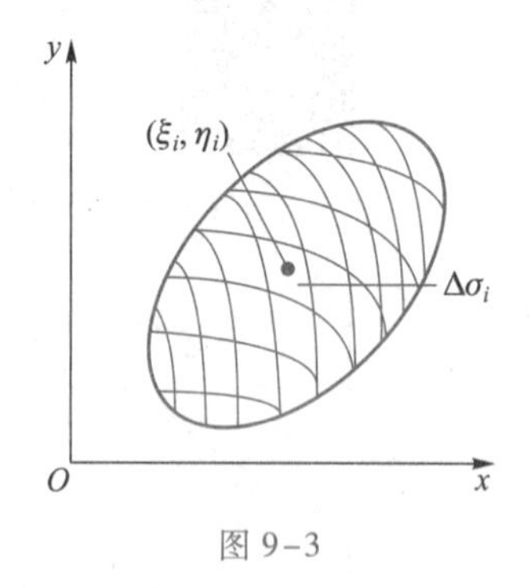

图 9-3

（2）近似替代　每个小薄片都可以近似地看成均匀的小薄片. 如果在第 i 个小薄片所位于的小区域 $\Delta\sigma_i$ 上任取一点 (ξ_i,η_i)（图 9-3），那么该小薄片的质量的近似值为

$$\Delta m_i\approx\mu(\xi_i,\eta_i)\Delta\sigma_i\quad(i=1,2,\cdots,n).$$

（3）求和　把 n 个小薄片质量的近似值相加得到整块薄板质量的近似值，即

$$M\approx\sum_{i=1}^{n}\mu(\xi_i,\eta_i)\Delta\sigma_i.$$

（4）取极限　令 n 个小闭区域 $\Delta\sigma_i$ 的直径中的最大值（记作 λ）趋于零，取上述和式的极限便得所求薄板质量的精确值，即

$$M=\lim_{\lambda\to 0}\sum_{i=1}^{n}\mu(\xi_i,\eta_i)\Delta\sigma_i.$$

虽然上述两个引例的实际意义不同，但是所求的量都归结为求同一形式的和的极限. 在物理、几何和工程技术中，还有许多量需要采用

类似的方法去计算. 因此有必要一般地研究这种特定的和式的极限,并抽象出二重积分的定义.

理论学习

一、二重积分的概念

1. 二重积分的定义

定义 9.1　二重积分的定义

设 $f(x,y)$ 是有界闭区域 D 上的有界函数,将闭区域 D 任意分成 n 个小闭区域 $\Delta\sigma_1,\Delta\sigma_2,\cdots,\Delta\sigma_n$,其中 $\Delta\sigma_i$ 表示第 i 个小闭区域,也表示它的面积. 在每个 $\Delta\sigma_i$ 上任取一点 (ξ_i,η_i),作乘积 $f(\xi_i,\eta_i)\Delta\sigma_i(i=1,2,\cdots,n)$,并作和 $\sum\limits_{i=1}^{n} f(\xi_i,\eta_i)\Delta\sigma_i$. 如果当各小闭区域的直径中的最大值 λ 趋于零时,和的极限总存在,则称此极限值为函数 $f(x,y)$ 在闭区域 D 上的二重积分,记作 $\iint\limits_D f(x,y)\mathrm{d}\sigma$,即

$$\iint\limits_D f(x,y)\mathrm{d}\sigma=\lim_{\lambda\to 0}\sum_{i=1}^{n} f(\xi_i,\eta_i)\Delta\sigma_i,$$

其中 $f(x,y)$ 叫作被积函数,$f(x,y)\mathrm{d}\sigma$ 叫作被积表达式,$\mathrm{d}\sigma$ 叫作面积元素,x 与 y 叫作积分变量,D 叫作积分区域,$\sum\limits_{i=1}^{n} f(\xi_i,\eta_i)\Delta\sigma_i$ 叫作积分和.

注意　(1) 当 $f(x,y)$ 在闭区域 D 上连续时,函数 $f(x,y)$ 在 D 上的二重积分必定存在. 我们总假定函数 $f(x,y)$ 在闭区域 D 上连续,所以 $f(x,y)$ 在 D 上的二重积分都是存在的.

(2) 在二重积分的定义中对闭区域 D 的划分是任意的,如果在直角坐标系中用平行于坐标轴的直线网来划分 D,那么除了包含边界点的一些小闭区域外,其余的小闭区域都是矩形(图 9-4). 设矩形闭区域 $\Delta\sigma_i$ 的边长为 Δx_i 和 Δy_i,则 $\Delta\sigma_i=\Delta x_i\cdot\Delta y_i$,因此在直角坐标系中,有时也把面积元素 $\mathrm{d}\sigma$ 记作 $\mathrm{d}x\mathrm{d}y$,而把二重积分记作

$$\iint\limits_D f(x,y)\mathrm{d}x\mathrm{d}y,$$

其中 $\mathrm{d}x\mathrm{d}y$ 叫作直角坐标系中的面积元素.

因此,曲顶柱体的体积可记为

$$V=\iint\limits_D f(x,y)\mathrm{d}\sigma,$$

非均匀分布的平面薄片的质量可记为

$$M=\iint\limits_D \mu(x,y)\mathrm{d}\sigma.$$

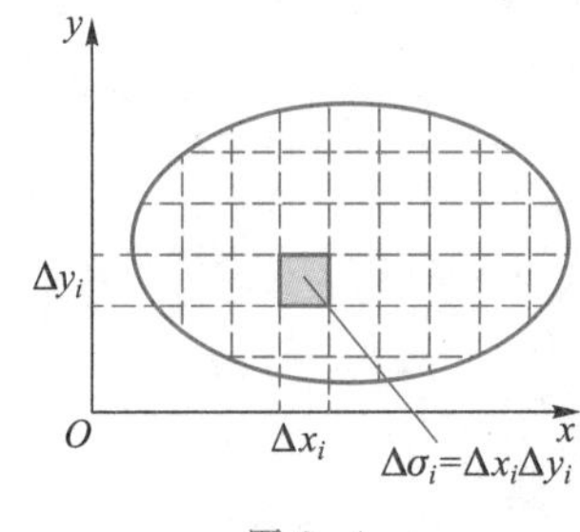

图 9-4

教师寄语

定积分思想可以概括为“分割(化整为小)、近似替代(局部近似)、求和(化小为整)、取极限(精确化)”. 世界上任何复杂的事情都是由简单的事情构成的,需要我们用智慧去分解,理性平和地去划分. 再大的梦想也是一步一步实现的,我们每个人一生都有很多的梦想,包括我们的中国梦,梦想的实现需要我们将梦想分成若干小的具体的目标,脚踏实地实现一个一个小的目标. 在我们拼搏、奋斗的路上,只要我们认准方向,一直努力地不断追求,总有一天我们的梦想和中国梦都会实现的.

2. 二重积分的几何意义

一般地

(1) 如果$f(x,y)\geqslant 0$,被积函数$f(x,y)$可解释为曲顶柱体的顶点在(x,y)处的竖坐标,所以二重积分的几何意义就是柱体的体积.

(2) 如果$f(x,y)<0$,柱体就在xOy面的下方,二重积分的绝对值等于柱体的体积,但二重积分的值是负的.

(3) 二重积分$f(x,y)$在D的若干部分区域上是正的,而在其他的部分区域上是负的,我们可以把xOy面上方的柱体体积取成正,xOy面下方的柱体体积取成负,那么,$f(x,y)$在D上的二重积分就等于这些部分区域上的柱体体积的代数和.

特别地,当$f(x,y)=1$时,二重积分$\iint\limits_D \mathrm{d}\sigma$在数值上等于区域$D$的面积.

二、二重积分的性质

二重积分与定积分有类似的性质.

性质1　被积函数中的常数因子可以提到积分号外面,即

$$\iint\limits_D kf(x,y)\,\mathrm{d}\sigma=k\iint\limits_D f(x,y)\,\mathrm{d}\sigma\quad(k\text{ 为常数}).$$

性质2　有限个函数的代数和的二重积分等于各函数的二重积分的代数和,即

$$\iint\limits_D [f(x,y)\pm g(x,y)]\,\mathrm{d}\sigma=\iint\limits_D f(x,y)\,\mathrm{d}\sigma\pm\iint\limits_D g(x,y)\,\mathrm{d}\sigma.$$

性质3　(积分区域的可加性) 如果将积分区域D分为两个闭区域D_1和D_2,那么在D上的二重积分等于在D_1和D_2上二重积分的和,即

$$\iint\limits_D f(x,y)\,\mathrm{d}\sigma=\iint\limits_{D_1} f(x,y)\,\mathrm{d}\sigma+\iint\limits_{D_2} f(x,y)\,\mathrm{d}\sigma.$$

性质4　如果在区域D上,$f(x,y)\equiv 1$,设σ为D的面积,那么二重积分在数值上等于区域D的面积的值,即

$$\sigma=\iint_D f(x,y)\,\mathrm{d}\sigma=\iint_D 1\,\mathrm{d}\sigma=\iint_D \mathrm{d}\sigma.$$

几何意义:高为 1 的平顶柱体的体积的值等于柱体的底面积乘以 1.

性质 5　在区域 D 上，如果 $f(x,y)\leqslant g(x,y)$,那么不等式

$$\iint_D f(x,y)\,\mathrm{d}\sigma\leqslant\iint_D g(x,y)\,\mathrm{d}\sigma.$$

特别地
$$\left|\iint_D f(x,y)\,\mathrm{d}\sigma\right|\leqslant\iint_D |f(x,y)|\,\mathrm{d}\sigma.$$

性质 6　设 M,m 分别是 $f(x,y)$ 在有界闭区域 D 上的最大值和最小值,σ 是区域 D 的面积,则有不等式

$$m\cdot\sigma\leqslant\iint_D f(x,y)\,\mathrm{d}\sigma\leqslant M\cdot\sigma.$$

因为 $m\leqslant f(x,y)\leqslant M$,由性质 5 有

$$\iint_D m\,\mathrm{d}\sigma\leqslant\iint_D f(x,y)\,\mathrm{d}\sigma\leqslant\iint_D M\,\mathrm{d}\sigma.$$

性质 7　(二重积分的中值定理) 设函数 $f(x,y)$ 在有界闭区域 D 上连续,σ 是 D 的面积,则在 D 上至少存在一点 (ξ,η),使得

$$\iint_D f(x,y)\,\mathrm{d}\sigma=f(\xi,\eta)\sigma.$$

【例 1☆】　利用二重积分的几何意义,求 $\iint_D\sqrt{a^2-x^2-y^2}\,\mathrm{d}\sigma$,其中积分区域 $D=\{(x,y)\mid x^2+y^2\leqslant a^2\}$,且 $a>0$.

解:被积函数为上半球面 $z=\sqrt{a^2-x^2-y^2}$,投影区域 $\{(x,y)\mid x^2+y^2\leqslant a^2\}$ 为圆形区域(图 9-5),由二重积分的几何意义,$\iint_D\sqrt{a^2-x^2-y^2}\,\mathrm{d}\sigma$ 的值等于以 a 为半径的半球体体积,即

$$\iint_D\sqrt{a^2-x^2-y^2}\,\mathrm{d}\sigma=\frac{1}{2}\cdot\frac{4}{3}\pi a^3=\frac{2}{3}\pi a^3.$$

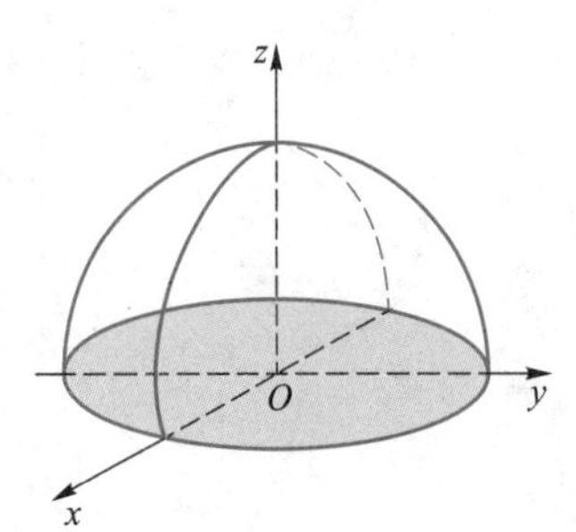

图 9-5

【例 2☆☆】　在三角形(三个顶点坐标分别为 $(1,0)$,$(1,1)$,$(2,0)$)围成的闭区域 D 上比较二重积分 $\iint_D\ln(x+y)\,\mathrm{d}\sigma$ 与 $\iint_D[\ln(x+y)]^2\mathrm{d}\sigma$ 的大小.

解:如图 9-6 所示,显然在 D 上 $1\leqslant x+y\leqslant 2$,两边取自然对数,则

$$0\leqslant\ln(x+y)\leqslant\ln 2<\ln \mathrm{e}=1,$$

即 $0\leqslant\ln(x+y)\leqslant 1$,故

$$\ln(x+y)\geqslant[\ln(x+y)]^2.$$

由性质 5 得
$$\iint_D\ln(x+y)\,\mathrm{d}\sigma\geqslant\iint_D[\ln(x+y)]^2\mathrm{d}\sigma.$$

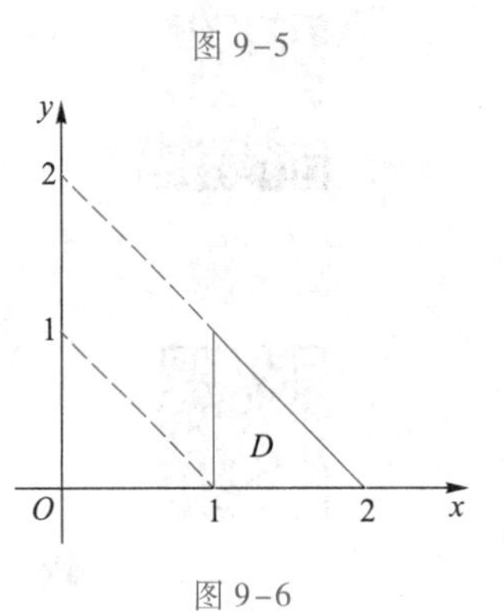

图 9-6

【例 3☆☆】　估计二重积分 $\iint_D(x+3y+7)\,\mathrm{d}\sigma$ 的值,其中 $0\leqslant x\leqslant 1$,

$0\leqslant y\leqslant 2$.

解:因为在 D 上 $7\leqslant x+3y+7\leqslant 14$,而 D 的面积为 2,由性质 6 可得

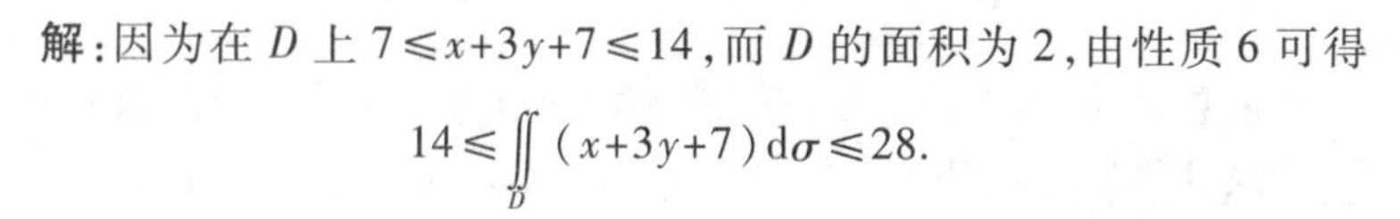

$$14\leqslant\iint_D(x+3y+7)\,\mathrm{d}\sigma\leqslant 28.$$

图 9-7

【练 1☆☆】 估计二重积分 $\iint_D(x+4y+5)\,\mathrm{d}\sigma$ 的值,其中 $0\leqslant x\leqslant 1$,$0\leqslant y\leqslant 2$.

【例 4☆☆】 国家大剧院的容积

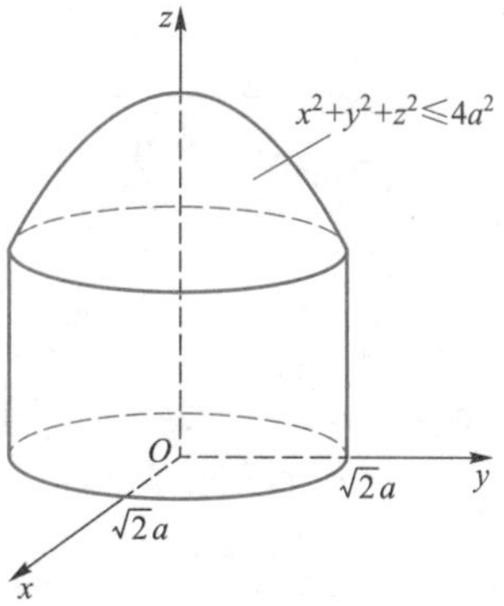

如果把国家大剧院的顶部看成球面 $x^2+y^2+z^2\leqslant 4a^2$ 的一部分(把大剧院的中心部位作为坐标原点),大剧院的下面部分看成是柱面 $x^2+y^2\leqslant 2a^2$ 的一部分(如图 9-7).因此,国家大剧院的容积问题可以粗略地看成是一个二重积分问题,即求由球体 $x^2+y^2+z^2\leqslant 4a^2$ 和圆柱体 $x^2+y^2\leqslant 2a^2$ 及 xOy 面上方所围成的公共部分的体积.也就是计算二重积分 $\iint_D\sqrt{4a^2-x^2-y^2}\,\mathrm{d}\sigma$,其中积分区域 $D=\{(x,y)\mid x^2+y^2\leqslant 2a^2\}$.

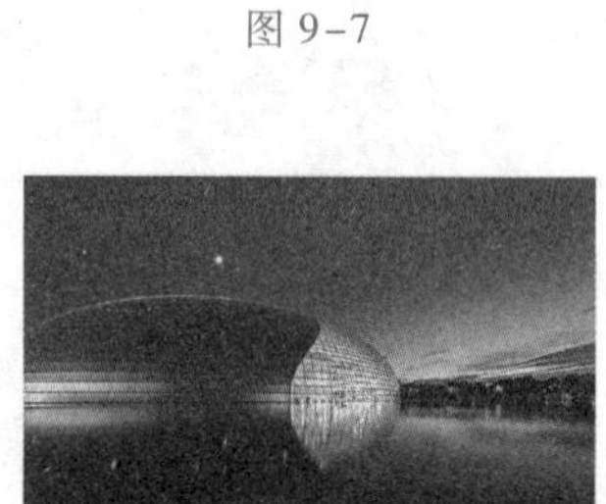

解: $\iint\sqrt{4a^2-x^2-y^2}\,\mathrm{d}\sigma=\dfrac{1}{2}\times\dfrac{4}{3}\pi(2a)^3=\dfrac{1}{2}\times\dfrac{4}{3}\pi\times 8a^3=\dfrac{16a^3\pi}{3}$.

习题拓展

【基础过关☆】

利用二重积分的几何意义,求积分值 $\iint_D\mathrm{d}\sigma$,其中积分区域 $D=\{(x,y)\mid x^2+y^2\leqslant 4\}$.

【能力达标☆☆】

利用二重积分的几何意义,求积分值 $\iint_D 3\mathrm{d}\sigma$,其中积分区域 $D=\left\{(x,y)\left|\dfrac{x^2}{a^2}+\dfrac{y^2}{b^2}\leqslant 1\right.\right\}$,且 $a,b>0$.

【思维拓展☆☆☆】

利用二重积分的性质估计下列积分的值

$$\iint_D xy(x+y+1)\,\mathrm{d}\sigma,\text{其中 }D=\{(x,y)\mid 0\leqslant x\leqslant 1,0\leqslant y\leqslant 2\}.$$

9.4 项目一习题拓展答案

9.5 项目二知识目标及重难点

项目二 二重积分的计算

利用二重积分的定义或几何意义来计算二重积分,对少数特别简单的被积函数和积分区域来说是可行的,但对一般的函数和区域

来说,常常很困难甚至是不可能的.本项目介绍一种计算二重积分的方法,这种方法就是把二重积分化为两次定积分(或累次积分)来计算.

一、直角坐标系下二重积分的计算

按照二重积分的几何意义,$\iint\limits_D f(x,y)\mathrm{d}\sigma$ 的值等于以 D 为底,以曲面 $z=f(x,y)$ 为顶的曲顶柱体的体积.也就是说二重积分的值与被积函数和积分区域这两个因素有关,所以积分区域的恰当表示和积分顺序的合理选择是保证二重积分计算过程简洁正确的关键.在计算二重积分前,首先了解一下积分区域的分类.

1. 不同类型的积分区域

定义 9.2　X 型区域

设积分区域 D 可以用不等式

$$\varphi_1(x)\leqslant y\leqslant\varphi_2(x),a\leqslant x\leqslant b$$

来表示(图 9-8),其中函数 $\varphi_1(x)$,$\varphi_2(x)$ 在区间 $[a,b]$ 上连续,称这种区域为 X 型区域.可表示为

$$D=\{(x,y)\mid\varphi_1(x)\leqslant y\leqslant\varphi_2(x),a\leqslant x\leqslant b\}.$$

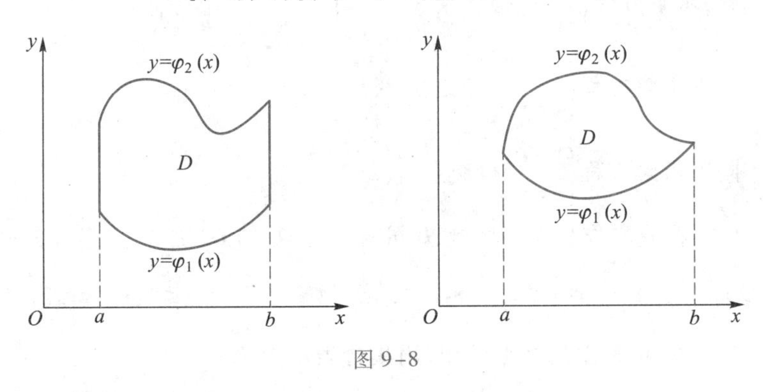

图 9-8

定义 9.3　Y 型区域

设积分区域 D 可以用不等式

$$\psi_1(y)\leqslant x\leqslant\psi_2(y),c\leqslant y\leqslant d$$

来表示(图 9-9),其中函数 $\psi_1(y)$、$\psi_2(y)$ 在区间 $[c,d]$ 上连续,称这种区域为 Y 型区域.可表示为

$$D=\{(x,y)\mid\psi_1(y)\leqslant x\leqslant\psi_2(y),c\leqslant y\leqslant d\}.$$

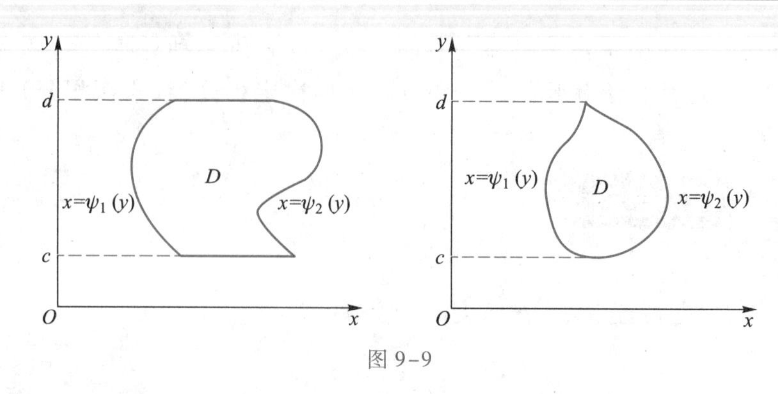

图 9-9

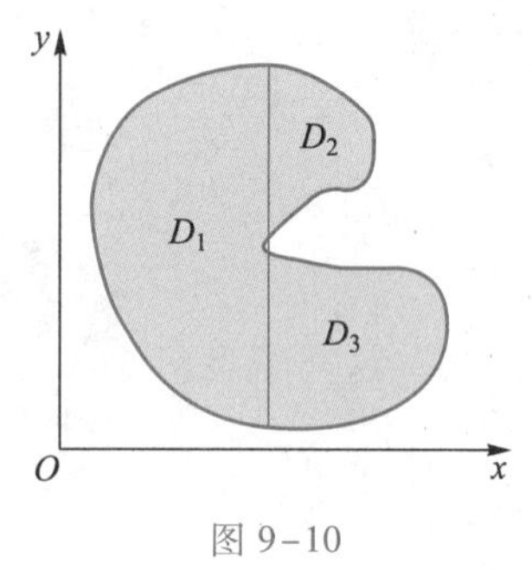

图 9-10

注意 若积分区域既非 X 型区域又非 Y 型区域,可以将 D 分成几个部分,使每个部分是 X 型或 Y 型区域. 例如图 9-10,把 D 分成三个部分 $D=D_1+D_2+D_3$,它们分别为 X 型或 Y 型区域.

【例 1☆】 D 是由直线 $x=0,y=1$ 及 $y=x$ 围成的区域(如图 9-11). 试用集合表示 D.

解:(1) 将 D 看作是 X 型区域,用集合表示为

$$D=\{(x,y)\mid x\leqslant y\leqslant 1,0\leqslant x\leqslant 1\}.$$

(2) 将 D 看作是 Y 型区域,用集合表示为

$$D=\{(x,y)\mid 0\leqslant x\leqslant y,0\leqslant y\leqslant 1\}.$$

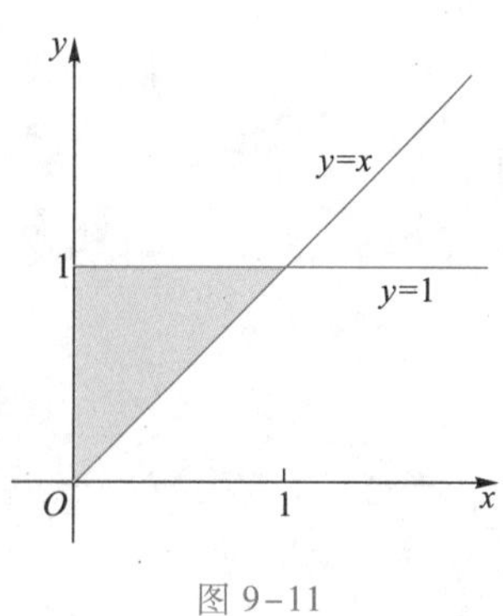

图 9-11

【例 2 ☆ ☆】 D 是由直线 $y=2,y=x$ 及 $xy=1$ 围成的区域(如图 9-12). 试用集合表示 D.

解:求解方程$\begin{cases}y=2,\\xy=1\end{cases}$得交点 $A\left(\dfrac{1}{2},2\right)$.

同理求解方程$\begin{cases}xy=1,\\x=y\end{cases}$得交点 $B(1,1)$,

同理求解方程$\begin{cases}y=2,\\x=y\end{cases}$得交点 $C(2,2)$.

(1) 将 D 看作是 X 型区域,D 可分解为 D_1 与 D_2 之和,用集合表示为

$$D=\left\{(x,y)\,\middle|\,\frac{1}{2}\leqslant x\leqslant 1,\frac{1}{x}\leqslant y\leqslant 2\right\}\cup\{(x,y)\mid 1\leqslant x\leqslant 2,x\leqslant y\leqslant 2\}.$$

(2) 将 D 看作是 Y 型区域,用集合表示为

$$D=\left\{(x,y)\,\middle|\,\frac{1}{y}\leqslant x\leqslant y,1\leqslant y\leqslant 2\right\}.$$

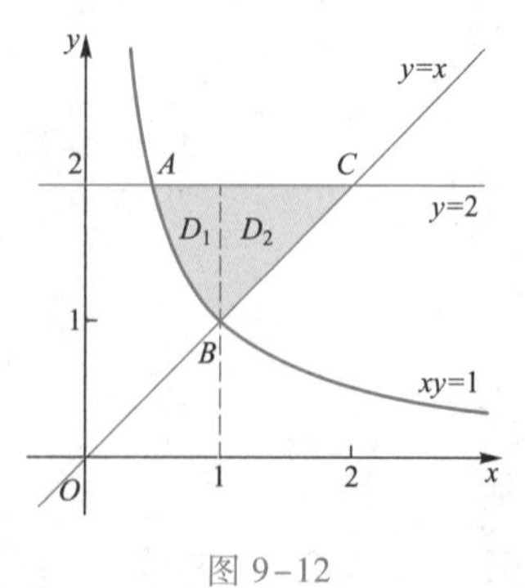

图 9-12

2. 二重积分的计算

假设曲顶柱体的底为 X 型区域,即 $D=\{(x,y)\mid\varphi_1(x)\leqslant y\leqslant\varphi_2(x),a\leqslant x\leqslant b\}$. 首先计算截面面积. 在区间 $[a,b]$ 上任取一点 x_0,作平行于 yOz 面的平面 $x=x_0$. 这平面截曲顶柱体所得截面是一个以区间 $[\varphi_1(x_0),\varphi_2(x_0)]$ 为底、曲线 $z=f(x_0,y)$ 为曲边的曲边梯形(如图 9-13 所示). 所以此截面的面积为

$$A(x_0)=\int_{\varphi_1(x_0)}^{\varphi_2(x_0)} f(x_0,y)\,dy.$$

一般地，过区间$[a,b]$上的任一点x且平行于yOz面的平面截曲顶柱体所得截面的面积为

$$A(x)=\int_{\varphi_1(x)}^{\varphi_2(x)} f(x,y)\,dy.$$

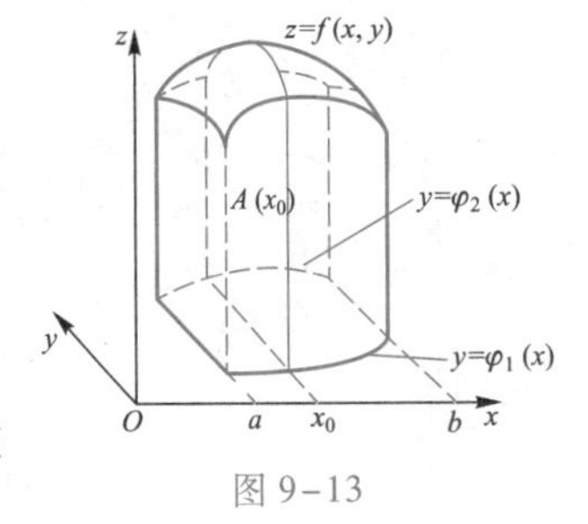

图 9-13

于是，应用计算平行截面面积为已知的立体体积的方法，得曲顶柱体的体积为

$$V=\int_a^b A(x)\,dx=\int_a^b\left[\int_{\varphi_1(x)}^{\varphi_2(x)} f(x,y)\,dy\right]dx,$$

这个体积也就是所求二重积分的值，从而有等式

$$\iint_D f(x,y)\,d\sigma=\int_a^b\left[\int_{\varphi_1(x)}^{\varphi_2(x)} f(x,y)\,dy\right]dx.$$

上式右端的积分叫做先对y、后对x的二次积分. 此二重积分的计算就转化为二次积分计算. 第一次积分时，把x视为常量，把函数$f(x,y)$只看作y的函数，对变量y积分，积分结果是x的函数（有时是常数）；第二次是对变量x积分，它的积分限是常量，可写成

$$\iint_D f(x,y)\,d\sigma=\int_a^b dx\int_{\varphi_1(x)}^{\varphi_2(x)} f(x,y)\,dy.$$

这就是先对y，后对x的累次积分公式，在先对y积分时，应把x看作常数.

同理，若积分区域D为Y型区域，即$D=\{(x,y)\mid\psi_1(y)\leqslant x\leqslant\psi_2(y),c\leqslant y\leqslant d\}$，就把二重积分化为先对$x$后对$y$的累次积分，写成

$$\iint_D f(x,y)\,d\sigma=\int_c^d dy\int_{\psi_1(y)}^{\psi_2(y)} f(x,y)\,dx.$$

这就是先对x，后对y的累次积分公式，在先对x积分时，应把y看作常数.

综上所述，我们得到二重积分在直角坐标系中的计算公式：

（1）当积分区域D是X型区域时，先对y后对x的积分

$$\iint_D f(x,y)\,d\sigma=\int_a^b dx\int_{\varphi_1(x)}^{\varphi_2(x)} f(x,y)\,dy;$$

（2）当积分区域D是Y型区域时，先对x后对y的积分

$$\iint_D f(x,y)\,d\sigma=\int_c^d dy\int_{\psi_1(y)}^{\psi_2(y)} f(x,y)\,dx.$$

若积分区域既非X型区域又非Y型区域，例如图 9-10，将D分成三个X型或Y型区域. 根据二重积分的性质 3，三部分的积分和就是函数在D上的二重积分，即

$$\iint_D f(x,y)\,d\sigma=\iint_{D_1} f(x,y)\,d\sigma+\iint_{D_2} f(x,y)\,d\sigma+\iint_{D_3} f(x,y)\,d\sigma.$$

【例 3☆☆】　计算二重积分$\iint_D \frac{1}{(x+y)^2}dxdy$，其中$D=\{(x,y)\mid 3\leqslant$

$x\leqslant 4,1\leqslant y\leqslant 2\}$.

解: 先画出积分区域 D 的图形,如图 9-14 所示.

因为积分区域为对边分别平行于 x 轴、y 轴的正方形区域,故二重积分的次序可以任意选择.

法一 不妨先对 y,后对 x 积分,则有

$$\iint\limits_D \frac{1}{(x+y)^2}\mathrm{d}x\mathrm{d}y=\int_3^4\mathrm{d}x\int_1^2\frac{\mathrm{d}y}{(x+y)^2}=\int_3^4\left(\frac{1}{x+1}-\frac{1}{x+2}\right)\mathrm{d}x$$

$$=[\ln(x+1)-\ln(x+2)]\Big|_3^4=\ln\frac{25}{24}.$$

法二 先对 x,后对 y 积分,有

$$\iint\limits_D \frac{1}{(x+y)^2}\mathrm{d}x\mathrm{d}y=\int_1^2\mathrm{d}y\int_3^4\frac{\mathrm{d}x}{(x+y)^2}=\int_1^2\left(\frac{1}{y+3}-\frac{1}{y+4}\right)\mathrm{d}y$$

$$=[\ln(y+3)-\ln(y+4)]\Big|_1^2=\ln\frac{25}{24}.$$

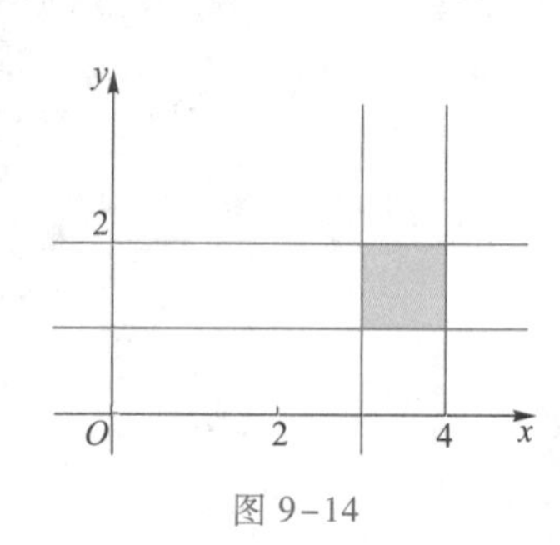

图 9-14

【练 1☆☆】 计算二重积分 $\iint\limits_D x^2y\mathrm{d}x\mathrm{d}y$,其中 $D=\{(x,y)\mid 0\leqslant x\leqslant 1,1\leqslant y\leqslant 2\}$.

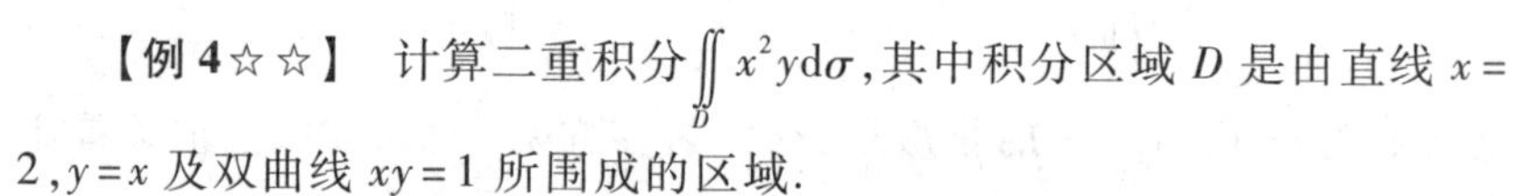

【例 4☆☆】 计算二重积分 $\iint\limits_D x^2y\mathrm{d}\sigma$,其中积分区域 D 是由直线 $x=2,y=x$ 及双曲线 $xy=1$ 所围成的区域.

解: 先画出积分区域 D 的图形,如图 9-15 所示,区域 D 可看成 X 型区域,则

$$D=\left\{(x,y)\,\middle|\,\frac{1}{x}\leqslant y\leqslant x,1\leqslant x\leqslant 2\right\}.$$

先对 y,后对 x 的积分

$$\iint\limits_D x^2y\mathrm{d}\sigma=\int_1^2x^2\mathrm{d}x\int_{\frac{1}{x}}^{x}y\mathrm{d}y=\int_1^2x^2\left(\frac{1}{2}y^2\right)\Big|_{\frac{1}{x}}^{x}\mathrm{d}x$$

$$=\int_1^2\frac{1}{2}(x^4-1)\mathrm{d}x=\frac{13}{5}.$$

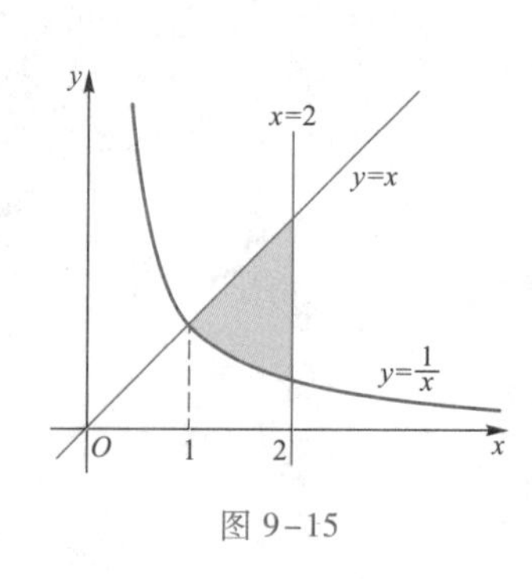

图 9-15

【例 5☆☆】 计算二重积分 $\iint\limits_D y\mathrm{d}x\mathrm{d}y$,其中 D 是曲线 $x=y^2+1$,直线 $x=0,y=0$ 及 $y=1$ 所围成的区域.

解: 先画出积分区域 D 的图形,如图 9-16 所示,区域 D 可看成 Y 型区域,则

$$D=\{(x,y)\mid 0\leqslant x\leqslant y^2+1,0\leqslant y\leqslant 1\}.$$

先对 x,后对 y 的积分

$$\iint\limits_D y\mathrm{d}x\mathrm{d}y=\int_0^1\mathrm{d}y\int_0^{y^2+1}y\mathrm{d}x=\int_0^1yx\Big|_0^{y^2+1}\mathrm{d}y$$

$$=\int_0^1y(y^2+1)\mathrm{d}y=\left(\frac{1}{4}y^4+\frac{1}{2}y^2\right)\Big|_0^1=\frac{3}{4}.$$

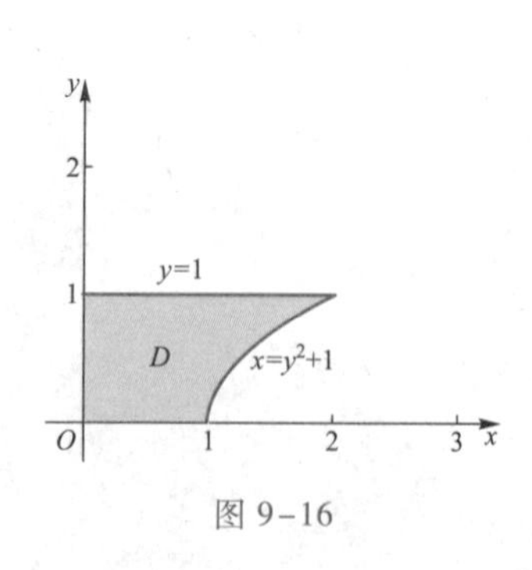

图 9-16

通过以上例题把二重积分的计算步骤归纳如下：

（1）画出积分区域 D 的图形，并求出边界上各曲线的交点；

（2）确定 D 的类型（尽量选择一个类型区域）；

（3）根据积分区域 D 和被积函数的特点，选择适当的积分次序，把二重积分化为二次积分；

（4）计算积分，得到结果.

【练 2☆☆】 计算二重积分 $\iint\limits_D (4-x-y)\,dxdy$，其中 D 是由直线 $y=x$，$x=2$ 及坐标轴 $y=0$ 所围成的区域.

【例 6☆☆】 计算 $\iint\limits_D xy\,d\sigma$，其中 D 是由抛物线 $y^2=x$ 及直线 $y=x-2$ 所围成的区域.

解：法一　画出区域 D，如图 9-17(1) 所示，可把区域 D 看成 Y 型区域，其中

$$D=\{(x,y)\mid y^2\leqslant x\leqslant y+2,-1\leqslant y\leqslant 2\}.$$

利用先对 x 后对 y 的累次积分次序，有

$$\iint\limits_D xy\,d\sigma=\int_{-1}^{2}y\,dy\int_{y^2}^{y+2}x\,dx=\int_{-1}^{2}y\left(\frac{1}{2}x^2\right)\Bigg|_{y^2}^{y+2}dy$$

$$=\frac{1}{2}\int_{-1}^{2}[y(y+2)^2-y^5]\,dy=\frac{45}{8}.$$

法二　若把区域 D 看成 X 型区域. 选择先对 y 后对 x 的积分次序，则计算较为烦琐. 应用直线 $x=1$ 把区域 D 分成 D_1 和 D_2 两部分，如图 9-17(2) 所示，其中

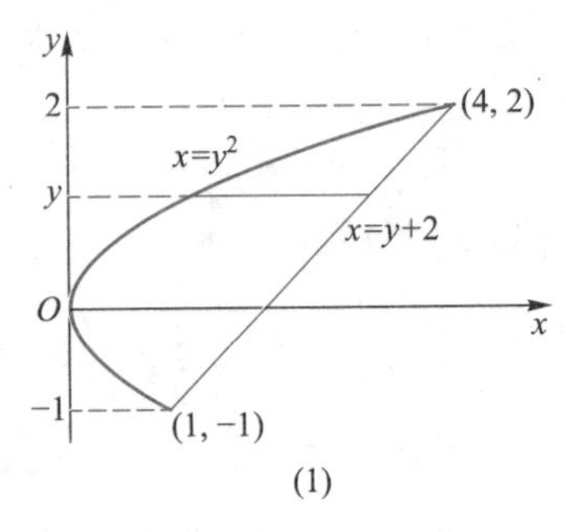

(1)

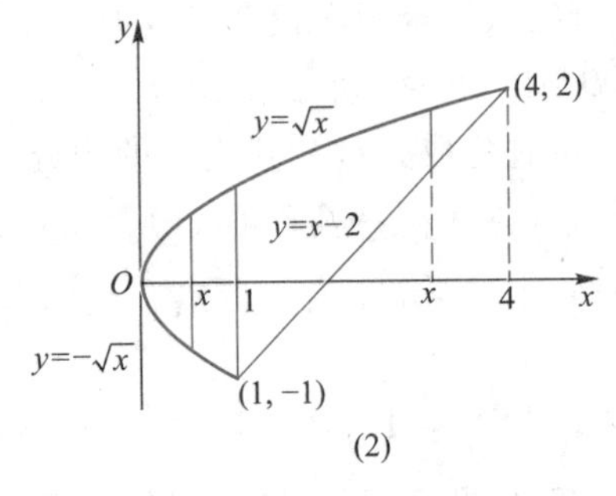

(2)

图 9-17

$$D_1=\{(x,y)\mid -\sqrt{x}\leqslant y\leqslant\sqrt{x},0\leqslant x\leqslant 1\},$$

$$D_2=\{(x,y)\mid x-2\leqslant y\leqslant\sqrt{x},1\leqslant x\leqslant 4\}.$$

因此，根据二重积分的性质 3，有

$$\iint\limits_D xy\,d\sigma=\iint\limits_{D_1}xy\,d\sigma+\iint\limits_{D_2}xy\,d\sigma$$

$$=\int_0^1\left[\int_{-\sqrt{x}}^{\sqrt{x}}xy\,dy\right]dx+\int_1^4\left[\int_{x-2}^{\sqrt{x}}xy\,dy\right]dx=\frac{45}{8}.$$

从上例可以看出，将二重积分化为二次积分，选择怎样的积分次序，取决于积分区域 D 的形状和被积函数两个因素.

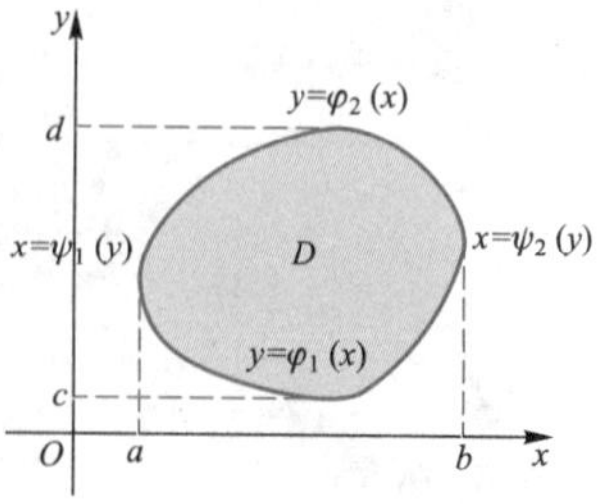

若积分区域既是 X 型区域又是 Y 型区域（如图 9-18 所示），其中 X 型区域可以用不等式 $\varphi_1(x)\leqslant y\leqslant\varphi_2(x)$，$a\leqslant x\leqslant b$ 表示，Y 型区域可以用不等式 $\psi_1(y)\leqslant x\leqslant\psi_2(y)$，$c\leqslant y\leqslant d$ 表示，则有

$$\iint\limits_D f(x,y)\,\mathrm{d}\sigma=\iint\limits_D f(x,y)\,\mathrm{d}x\mathrm{d}y=\int_a^b\mathrm{d}x\int_{\varphi_1(x)}^{\varphi_2(x)}f(x,y)\,\mathrm{d}y=\int_c^d\mathrm{d}y\int_{\psi_1(y)}^{\psi_2(y)}f(x,y)\,\mathrm{d}x.$$

图 9-18

上式表明，这两个不同次序的二次积分相等. 因此在具体问题中，为了计算方便，可选择积分次序，必要时还可以交换积分次序.

【练 3☆☆】 计算二重积分 $\iint\limits_D\left(1-\dfrac{x}{4}-\dfrac{y}{3}\right)\mathrm{d}x\mathrm{d}y$，其中积分区域 $D=\{(x,y)\mid -2\leqslant x\leqslant 2,-1\leqslant y\leqslant 1\}$.

【例 7☆☆】 交换二次积分 $\int_0^1\mathrm{d}x\int_{x^2}^x f(x,y)\,\mathrm{d}y$ 的积分次序.

解：根据二次积分的积分限知，积分区域 D 是 X 型区域，由两条直线 $x=0$，$x=1$，两条曲线 $y=x^2$，$y=x$ 围成. 据此画出区域 D 的图形（图 9-19）.

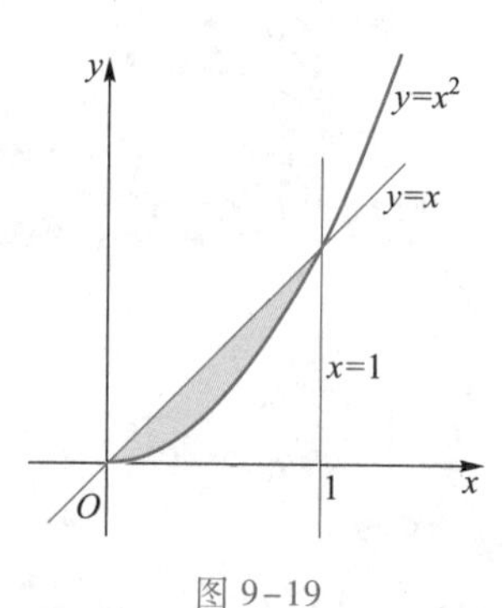

图 9-19

若将区域 D 看成 Y 型区域，则有 $D=\{(x,y)\mid y\leqslant x\leqslant\sqrt{y},0\leqslant y\leqslant 1\}$，于是

$$\int_0^1\mathrm{d}x\int_{x^2}^x f(x,y)\,\mathrm{d}y=\int_0^1\mathrm{d}y\int_y^{\sqrt{y}}f(x,y)\,\mathrm{d}x.$$

【例 8☆☆】 交换二次积分 $\int_0^1\mathrm{d}x\int_0^x f(x,y)\,\mathrm{d}y+\int_1^2\mathrm{d}x\int_0^{2-x}f(x,y)\,\mathrm{d}y$ 的积分次序.

解：依题意画出积分区域 D，如图 9-20 所示，这个积分可看作区域 $D=D_1+D_2$ 上的一个二重积分.

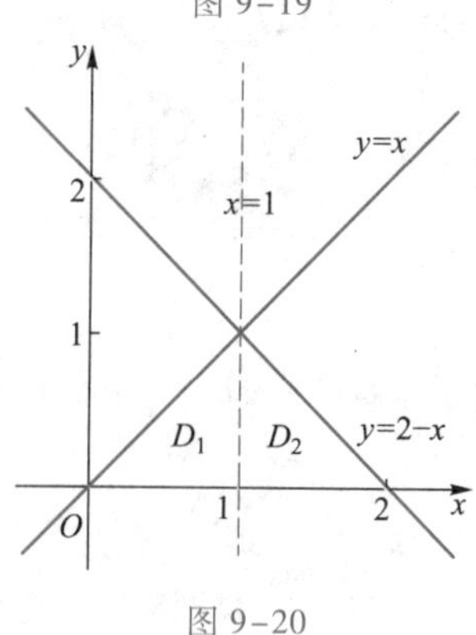

图 9-20

将它化成先对 x，后对 y 的积分，此时

$$D=\{(x,y)\mid y\leqslant x\leqslant 2-y,0\leqslant y\leqslant 1\}.$$

于是 $\int_0^1\mathrm{d}x\int_0^x f(x,y)\,\mathrm{d}y+\int_1^2\mathrm{d}x\int_0^{2-x}f(x,y)\,\mathrm{d}y=\int_0^1\mathrm{d}y\int_y^{2-y}f(x,y)\,\mathrm{d}x.$

【例 9☆☆】 交换 $\int_0^1\mathrm{d}x\int_{-x}^{x^2}f(x,y)\,\mathrm{d}y$ 的积分次序.

解：由题意，画出二重积分的积分区域 D，D 是 X 型区域，如图 9-21 所示.

$$D=\{(x,y)\mid -x\leqslant y\leqslant x^2,0\leqslant x\leqslant 1\}.$$

现将 D 表示成 Y 型区域

$$D=\{(x,y)\mid -y\leqslant x\leqslant 1,-1\leqslant y\leqslant 0\}\cup\{(x,y)\mid\sqrt{y}\leqslant x\leqslant 1,0\leqslant y\leqslant 1\},$$

从而有 $\int_0^1\mathrm{d}x\int_{-x}^{x^2}f(x,y)\,\mathrm{d}y=\int_{-1}^0\mathrm{d}y\int_{-y}^1 f(x,y)\,\mathrm{d}x+\int_0^1\mathrm{d}y\int_{\sqrt{y}}^1 f(x,y)\,\mathrm{d}x.$

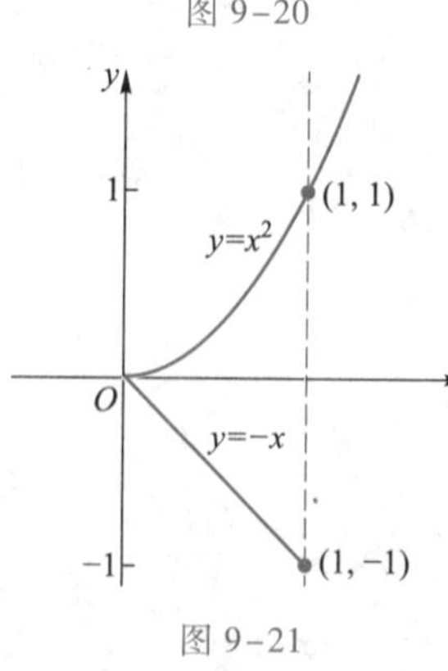

图 9-21

【练 4☆☆】 交换二次积分 $\int_0^1\mathrm{d}x\int_x^1 \mathrm{e}^{-y^2}\mathrm{d}y$ 的积分次序.

二、极坐标系下二重积分的计算

9.6　极坐标简介

有些二重积分,积分区域 D 的边界曲线用极坐标方程来表示比较方便,且被积函数用极坐标变量 r,θ 表达比较简单,这时,我们就可以考虑利用极坐标来计算二重积分 $\iint\limits_D f(x,y)\,\mathrm{d}\sigma$.

对直角坐标系下的二重积分 $\iint\limits_D f(x,y)\,\mathrm{d}\sigma$,可用下面的方法将它变换成极坐标下的二重积分:

(1) 通过变换 $x=r\cos\theta, y=r\sin\theta$,将被积函数 $f(x,y)$ 化为 r,θ 的函数,即 $f(x,y)=f(r\cos\theta,r\sin\theta)=F(r,\theta)$;

(2) 将积分区域 D 的边界曲线用极坐标方程 $r=r(\theta)$ 来表示;

(3) 将面积元素 $\mathrm{d}\sigma$ 表示成极坐标下的面积元素 $r\mathrm{d}r\mathrm{d}\theta$. 于是就得到二重积分的极坐标表示式

$$\iint\limits_D f(x,y)\,\mathrm{d}\sigma=\iint\limits_D f(r\cos\theta,r\sin\theta)\,r\mathrm{d}r\mathrm{d}\theta.$$

在极坐标系下,二重积分同样可以化成二次积分来计算,可分为两种情况:

(1) 设积分区域 D 位于两条射线 $\theta=\alpha$ 和 $\theta=\beta$ 之间,D 的两段边界曲线极坐标方程为 $r=\varphi_1(\theta), r=\varphi_2(\theta)$(图 9-22), 这时区域可表示为

$$D=\{(r,\theta)\mid\varphi_1(\theta)\leqslant r\leqslant\varphi_2(\theta),\alpha\leqslant\theta\leqslant\beta\},$$

则二重积分就可化为下面的累次积分

$$\iint\limits_D f(x,y)\,\mathrm{d}\sigma=\iint\limits_D f(r\cos\theta,r\sin\theta)\,r\mathrm{d}r\mathrm{d}\theta=\int_\alpha^\beta\mathrm{d}\theta\int_{\varphi_1(\theta)}^{\varphi_2(\theta)}f(r\cos\theta,r\sin\theta)\,r\mathrm{d}r,$$

其中函数 $\varphi_1(\theta),\varphi_2(\theta)$ 在区间 $[\alpha,\beta]$ 上连续.

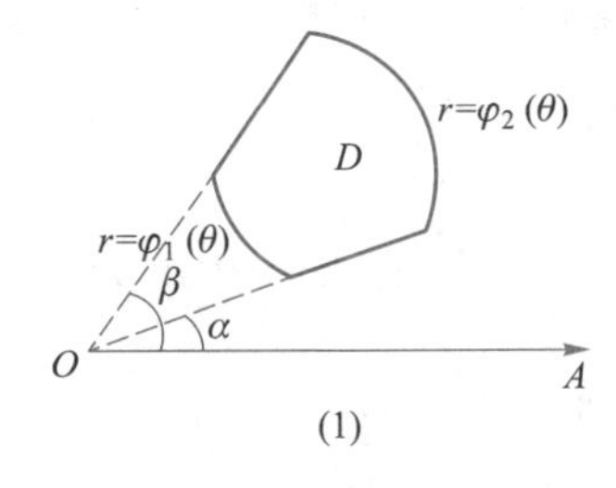

(1)

(2)

图 9-22

(2) 如果极点 O 在 D 内部(如图 9-23),则有

$$\iint\limits_D f(x,y)\,\mathrm{d}\sigma=\int_0^{2\pi}\mathrm{d}\theta\int_0^{\varphi(\theta)}f(r\cos\theta,r\sin\theta)\,r\mathrm{d}r.$$

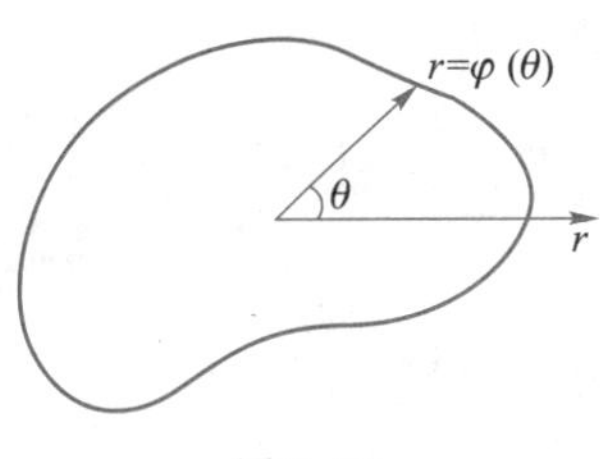

图 9-23

一般来说,如果积分区域 D 为圆、扇形、环形等,或者其边界由圆

弧、射线等组成,被积函数为 $f(x^2\pm y^2)$,$f\left(\dfrac{y}{x}\right)$ 等,宜采用极坐标计算二重积分.

【练 5☆☆】 写出积分 $\iint\limits_D f(x,y)\,\mathrm{d}\sigma$ 的极坐标二次积分形式,其中积分区域 $D=\{(x,y)\mid x^2+y^2\leqslant 2\}$.

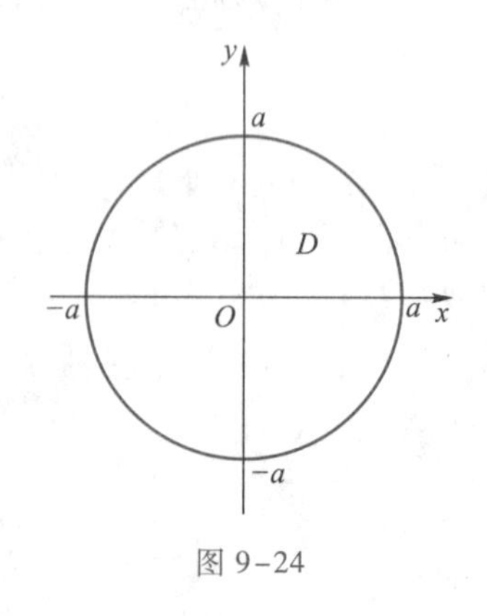

图 9-24

【例 10☆☆☆】 计算 $\iint\limits_D \mathrm{e}^{-x^2-y^2}\mathrm{d}\sigma$,其中 D 是由中心在原点,半径为 a 的圆所围成的闭区域,如图 9-24 所示.

解:在极坐标系下,闭区域 D 可以表示为 $D=\{(r,\theta)\mid 0\leqslant r\leqslant a,0\leqslant\theta\leqslant 2\pi\}$,故

$$\begin{aligned}\iint\limits_D \mathrm{e}^{-x^2-y^2}\mathrm{d}\sigma &=\iint\limits_D \mathrm{e}^{-r^2}r\mathrm{d}r\mathrm{d}\theta=\int_0^{2\pi}\mathrm{d}\theta\int_0^a r\mathrm{e}^{-r^2}\mathrm{d}r\\&=\int_0^{2\pi}\left[\int_0^a r\mathrm{e}^{-r^2}\mathrm{d}r\right]\mathrm{d}\theta=\int_0^{2\pi}\left(-\frac{1}{2}\mathrm{e}^{-r^2}\right)\Big|_0^a\mathrm{d}\theta\\&=\frac{1}{2}(1-\mathrm{e}^{-a^2})\int_0^{2\pi}\mathrm{d}\theta=\pi(1-\mathrm{e}^{-a^2}).\end{aligned}$$

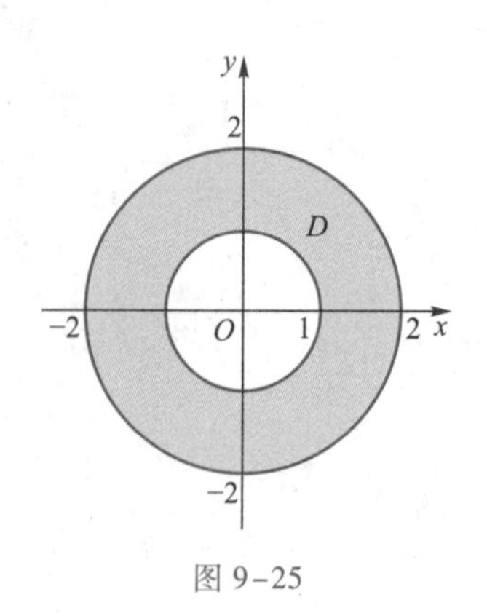

图 9-25

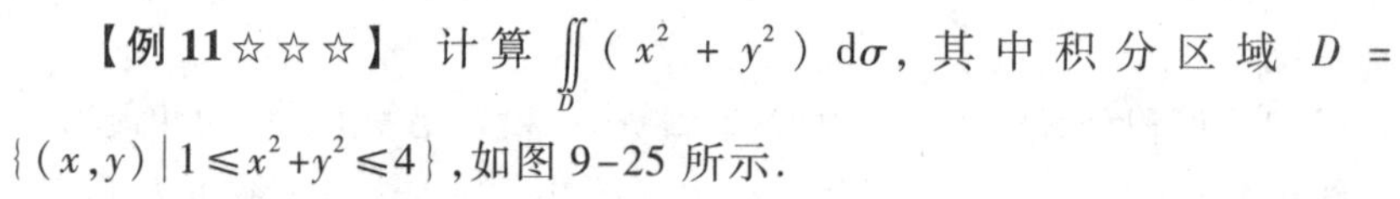

【例 11☆☆☆】 计算 $\iint\limits_D (x^2+y^2)\,\mathrm{d}\sigma$,其中积分区域 $D=\{(x,y)\mid 1\leqslant x^2+y^2\leqslant 4\}$,如图 9-25 所示.

解:环形区域 D 在极坐标系下可以表示为

$$D=\{(r,\theta)\mid 1\leqslant r\leqslant 2,0\leqslant\theta\leqslant 2\pi\},$$

则

$$\begin{aligned}\iint\limits_D (x^2+y^2)\,\mathrm{d}\sigma &=\int_0^{2\pi}\mathrm{d}\theta\int_1^2 r^2\cdot r\mathrm{d}r\\&=\int_0^{2\pi}\left(\frac{r^4}{4}\Big|_1^2\right)\mathrm{d}\theta=\frac{15}{2}\pi.\end{aligned}$$

【练 6☆☆☆】 计算 $\iint\limits_D \mathrm{e}^{-x^2-y^2}\mathrm{d}\sigma$,其中 $D=\{(x,y)\mid x^2+y^2\leqslant 2\}$.

【例 12☆☆☆】 计算 $\iint\limits_D \sqrt{1-x^2-y^2}\,\mathrm{d}\sigma$,其中区域 D 由圆心在点 $\left(0,\dfrac{1}{2}\right)$,半径为 $\dfrac{1}{2}$ 的右半圆周和 y 轴围成.

解:画出积分区域 D,如图 9-26 所示,圆的极坐标方程 $r=\sin\theta$,y 轴正半轴的极坐标方程为 $\theta=\dfrac{\pi}{2}$,于是,积分区域 D 可以表示为

$$D=\left\{(r,\theta)\,\middle|\,0\leqslant r\leqslant\sin\theta,0\leqslant\theta\leqslant\frac{\pi}{2}\right\},$$

于是有

$$\iint_D \sqrt{1-x^2-y^2}\,d\sigma = \iint_D \sqrt{1-r^2}\,r\,dr\,d\theta = \int_0^{\frac{\pi}{2}} d\theta \int_0^{\sin\theta} r\sqrt{1-r^2}\,dr$$

$$= -\frac{1}{2}\int_0^{\frac{\pi}{2}} d\theta \int_0^{\sin\theta} \sqrt{1-r^2}\,d(1-r^2)$$

$$= -\frac{1}{2}\int_0^{\frac{\pi}{2}} \frac{2}{3}\sqrt{(1-r^2)^3}\Big|_0^{\sin\theta} d\theta$$

$$= \frac{1}{3}\int_0^{\frac{\pi}{2}} (1-\cos^3\theta)\,d\theta = \frac{1}{3}\left[\int_0^{\frac{\pi}{2}} d\theta - \int_0^{\frac{\pi}{2}} (1-\sin^2\theta)\,d\sin\theta\right]$$

$$= \frac{\pi}{6} - \frac{1}{3}\left(\sin\theta - \frac{1}{3}\sin^3\theta\right)\Big|_0^{\frac{\pi}{2}} = \frac{\pi}{6} - \frac{2}{9}.$$

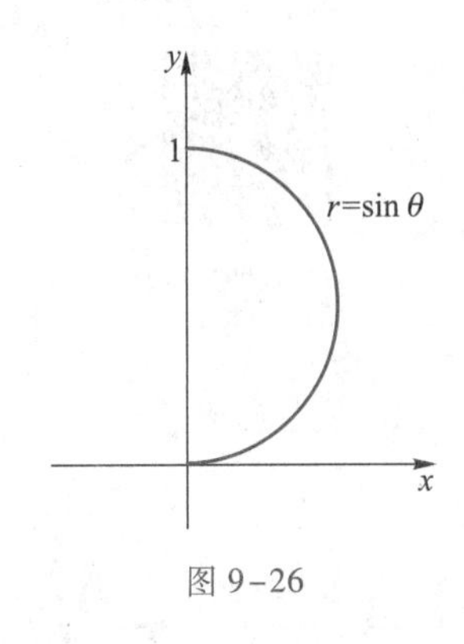

图 9-26

感悟

尽管各类积分从概念的角度来看，它们是分散的、无关联的，但从计算公式上我们很容易发现它们之间的相容性和整体性. 因为不管是哪类积分，它的计算都要转化为积分的最简形式——定积分来进行计算，这就是数学的统一美. 数学中的统一美不仅仅表现在数学概念、规律、方法的统一，也为我们展示了富有哲理的思维美，一些表面上看起来不相同的概念定理、法则，在一定的条件下可以处于统一体中，给人一种整体和谐的美感.

实际应用

【例 1☆☆☆】 总税收问题

某地区税收地理限制呈直角三角形分布，斜边临一条河. 由于交通关系，地区发展不太均衡，这一点可以从税收状况反映出来. 若以两条直角边为坐标轴建立直角坐标系，则位于 x 轴和 y 轴上的地区长度各为 16 km 和 12 km，且税收情况与地理位置的关系大体为 $R(x,y)=20x+10y$(万元/km^2)，试计算该地区总的税收收入.

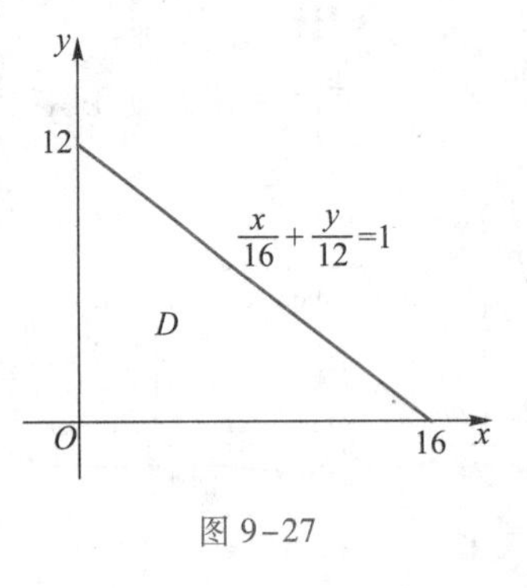

图 9-27

解：这是一个二重积分的应用问题. 其中积分区域 D 是由 x 轴、y 轴及直线 $\frac{x}{16}+\frac{y}{12}=1$ 围成(图 9-27)，可表示为

$$D=\left\{(x,y)\,\middle|\,0\leqslant y\leqslant 12-\frac{3}{4}x, 0\leqslant x\leqslant 16\right\}.$$

于是所求总税收收入为

$$\iint_D R(x,y)\,d\sigma = \int_0^{16} dx \int_0^{12-\frac{3}{4}x} (20x+10y)\,dy$$

$$= \int_0^{16} \left(720+150x-\frac{195}{16}x^2\right) dx$$

$$= 14\,080(\text{万元}).$$

故该地区总的税收收入为 14 080 万元.

9.7 总税收问题

【例 2☆☆☆】 总人口问题

在对人口的统计中,每个城市的市中心人口密度最大. 离市中心越远,人口越稀少,密度越小. 设某个城市的人口密度为 $\rho(r,\theta)=10\mathrm{e}^{-(x^2+y^2)}$(单位:万人/km^2),城市半径 $r=5$ km,试求该城市的总人口数 P.

解:该城市是半径为 5 的圆形区域,即积分区域可以表示为

$$D=\{(r,\theta)\mid 0\leqslant r\leqslant 5,0\leqslant\theta\leqslant 2\pi\}.$$

则该城市的人口数为

$$\begin{aligned}P&=\iint_D 10\mathrm{e}^{-(x^2+y^2)}\mathrm{d}x\mathrm{d}y=\int_0^{2\pi}\mathrm{d}\theta\int_0^5 10\mathrm{e}^{-r^2}r\mathrm{d}r\\&=\int_0^{2\pi}10\left(-\frac{1}{2}\mathrm{e}^{-r^2}\right)\Big|_0^5\mathrm{d}\theta=5(1-\mathrm{e}^{-25})\int_0^{2\pi}\mathrm{d}\theta\\&=10\pi(1-\mathrm{e}^{-25})\approx 31.415\ 9(\text{万人}).\end{aligned}$$

习题拓展

9.8 总人口问题

【基础过关☆】

计算 $\iint_D xy\mathrm{d}\sigma$,其中 D 是由直线 $y=x,y=2$ 及 $x=1$ 所围成的区域.

【能力达标☆☆】

1. 计算 $\iint_D \frac{\sin x}{x}\mathrm{d}\sigma$,其中 D 是由直线 $y=x,y=0$ 及 $x=\pi$ 所围成的闭区域.

2. 交换二次积分 $\int_0^1\mathrm{d}x\int_0^{1-x}f(x,y)\mathrm{d}y$ 的积分次序.

【思维拓展☆☆☆】

1. 计算 $\iint_D \mathrm{e}^{-y^2}\mathrm{d}\sigma$,其中 D 是由直线 $y=x,y=1$ 及 $x=0$ 所围成的闭区域.

2. 交换下列积分顺序

$$I=\int_0^2\mathrm{d}x\int_0^{\frac{x^2}{2}}f(x,y)\mathrm{d}y+\int_2^{2\sqrt{2}}\mathrm{d}x\int_0^{\sqrt{8-x^2}}f(x,y)\mathrm{d}y.$$

3. 求以 xOy 面上的圆域 $D=\{(x,y)\mid x^2+y^2\leqslant 1\}$ 为底,圆柱面 $x^2+y^2=1$ 为侧面,抛物面 $z=2-x^2-y^2$ 为顶的曲顶柱体的体积(如图 9-28).

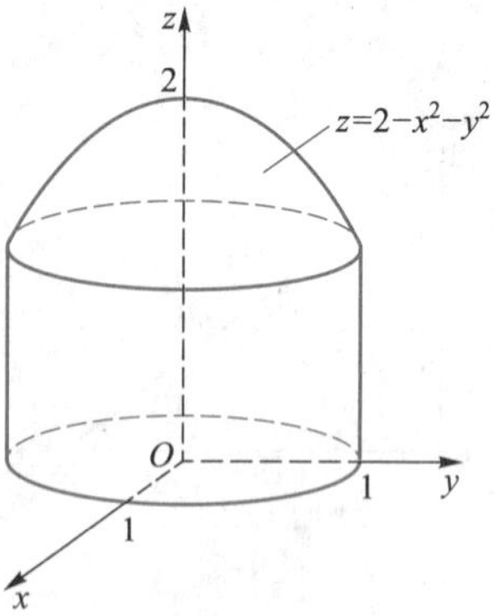

图 9-28

9.9 项目二习题拓展答案

项目三 重积分的应用

二重积分的应用非常广泛,除了已经学过的用二重积分求曲顶柱体的体积和平面图形的面积外,还有其他方面的应用.

9.10　项目三知识目标及重难点

一、平面薄板的质量和转动惯量

如果一个平面薄板所占位置为 xOy 坐标面内的区域 D，其上任意一点 (x,y) 处的面密度为 $\mu(x,y)$，且 $\mu(x,y)\geqslant 0$ 是区域 D 上的连续函数，则它的质量

$$M=\iint_D \mu(x,y)\,\mathrm{d}\sigma.$$

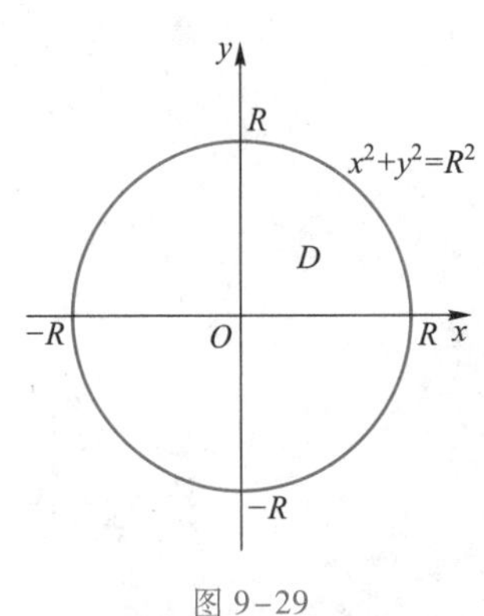

图 9-29

【例 1☆☆☆】 设有一个以坐标原点为圆心，R 为半径的圆形平面薄板，其上任意一点 (x,y) 处的密度为 $\mu(x,y)=\sqrt{x^2+y^2}$，求这个平面薄板的质量（如图 9-29 所示）.

解：平面薄板的质量为

$$M=\iint_D \sqrt{x^2+y^2}\,\mathrm{d}\sigma,$$

其中，区域 $D=\{(x,y)\mid 0\leqslant x^2+y^2\leqslant R^2\}$.

故选择在极坐标系下进行计算，区域 D 在极坐标系下可以表示为

$$D=\{(r,\theta)\mid 0\leqslant\theta\leqslant 2\pi,0\leqslant r\leqslant R\},$$

于是，薄板的质量

$$M=\iint_D \sqrt{x^2+y^2}\,\mathrm{d}\sigma=\int_0^{2\pi}\mathrm{d}\theta\int_0^R r\cdot r\mathrm{d}r=2\pi\times\frac{r^3}{3}\bigg|_0^R=\frac{2}{3}\pi R^3.$$

即所求平面薄板的质量为 $\frac{2}{3}\pi R^3$.

若质量为 m 的质点 A 到轴 L 的距离为 r，则质点 A 对轴 L 的转动惯量为 $I_L=mr^2$，一质量分别为 $m_1,m_2,\cdots,m_n$ 的质点组，它们到轴 L 的距离分别为 $r_1,r_2\cdots,r_n$，则该质点组对轴 L 的转动惯量为 $I_L=\sum\limits_{k=1}^{n}m_k r_k^2$.

设平面薄板占据的 xOy 平面上有界闭区域 D，其面密度函数为 $\mu(x,y)$，则整块薄板对 x 轴，y 轴和原点 O 的转动惯量分别为

$$I_x=\iint_D y^2\mu(x,y)\,\mathrm{d}\sigma,I_y=\iint_D x^2\mu(x,y)\,\mathrm{d}\sigma,I_O=\iint_D (x^2+y^2)\mu(x,y)\,\mathrm{d}\sigma.$$

显然，上述三个量的关系为 $I_x+I_y=I_O$.

【练 1☆☆☆】 计算由抛物线 $y=x^2$，$x=y^2$ 围成薄片的质量，面密度 $\mu=xy$.

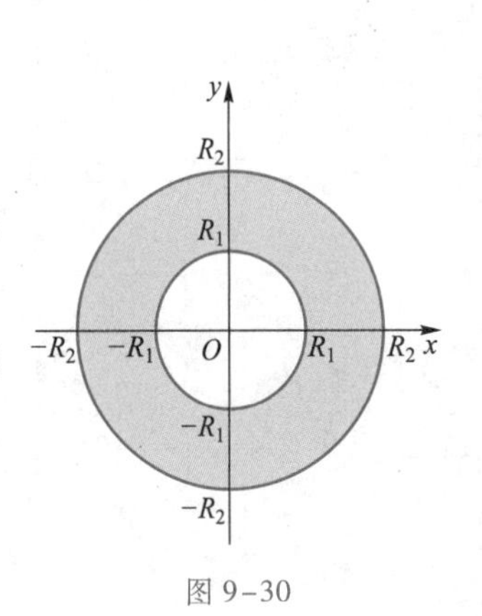

图 9-30

【例 2☆☆☆】 求内半径为 R_1，外半径为 R_2，密度函数 $\mu(x,y)=2$ 的圆环形薄板关于圆心的转动惯量（如图 9-30 所示）.

解：所求圆环形薄板关于圆心的转动惯量为

$$I_O=\iint_D (x^2+y^2)\mu(x,y)\,\mathrm{d}\sigma=2\iint_D (x^2+y^2)\,\mathrm{d}\sigma.$$

用极坐标计算，　$D=\{(r,\theta)\mid R_1\leqslant r\leqslant R_2,0\leqslant\theta\leqslant 2\pi\}$，

于是 $I_O=2\int_0^{2\pi}\mathrm{d}\theta\int_{R_1}^{R_2}r^2\times r\mathrm{d}r=4\pi\times\left.\frac{r^4}{4}\right|_{R_1}^{R_2}=\pi(R_2^4-R_1^4)$.

【练 2☆☆☆】 平面薄板以抛物线 $x=y^2$ 与直线 $y=x-2$ 为边界,且其密度函数 $\mu(x,y)=3$. 计算这个薄板对于坐标原点和坐标轴的转动惯量.

二、质心

先讨论平面薄片的质心.

设在 xOy 平面上有 n 个质点,它们分别位于点 $(x_1,y_1),(x_2,y_2),\cdots,(x_n,y_n)$ 处,质量分别为 $m_1,m_2,\cdots,m_n$. 由力学知道,该质点系的质心的坐标为

$$\bar{x}=\frac{M_y}{M}=\frac{\sum\limits_{i=1}^{n}m_ix_i}{\sum\limits_{i=1}^{n}m_i},\quad \bar{y}=\frac{M_x}{M}=\frac{\sum\limits_{i=1}^{n}m_iy_i}{\sum\limits_{i=1}^{n}m_i},$$

其中 $M=\sum\limits_{i=1}^{n}m_i$ 为该质点系的总质量,

$$M_y=\sum_{i=1}^{n}m_ix_i,\quad M_x=\sum_{i=1}^{n}m_iy_i,$$

分别为该质点系对 y 轴和 x 轴的静矩.

设有一平面薄片,占有 xOy 平面上的闭区域 D,在点 (x,y) 处的面密度为 $\mu(x,y)$,假定 $\mu(x,y)$ 在 D 上连续. 现在要找该薄片的质心的坐标.

在闭区域 D 上任取一直径很小的闭区域 $\mathrm{d}\sigma$(这小闭区域的面积也记作 $\mathrm{d}\sigma$),(x,y) 是这小闭区域上的一个点. 因为 $\mathrm{d}\sigma$ 的直径很小,且 $\mu(x,y)$ 在 D 上连续,所以薄片中相应于 $\mathrm{d}\sigma$ 的部分的质量近似等于 $\mu(x,y)\mathrm{d}\sigma$,这部分质量可近似看做集中在点 (x,y) 上,于是可写出静矩元素 $\mathrm{d}M_y$ 及 $\mathrm{d}M_x$:

$$\mathrm{d}M_y=x\mu(x,y)\mathrm{d}\sigma,\quad \mathrm{d}M_x=y\mu(x,y)\mathrm{d}\sigma.$$

以这些元素为被积表达式,在闭区域 D 上积分,便得

$$M_y=\iint_D x\mu(x,y)\mathrm{d}\sigma,\quad M_x=\iint_D y\mu(x,y)\mathrm{d}\sigma.$$

又由前文知道,薄片的质量为

$$M=\iint_D \mu(x,y)\mathrm{d}\sigma.$$

所以,薄片的质心的坐标为

$$\bar{x}=\frac{M_y}{M}=\frac{\iint\limits_D x\mu(x,y)\mathrm{d}\sigma}{\iint\limits_D \mu(x,y)\mathrm{d}\sigma},\quad \bar{y}=\frac{M_x}{M}=\frac{\iint\limits_D y\mu(x,y)\mathrm{d}\sigma}{\iint\limits_D \mu(x,y)\mathrm{d}\sigma}. \tag{1}$$

如果薄片是均匀的,即面密度为常量,那么上式中可把 μ 提到积分记号外面并从分子、分母中约去,这样便得均匀薄片的质心的坐标为

$$\bar{x}=\frac{1}{A}\iint\limits_{D} x\mathrm{d}\sigma,\quad \bar{y}=\frac{1}{A}\iint\limits_{D} y\mathrm{d}\sigma, \tag{2}$$

其中 $A=\iint\limits_{D}\mathrm{d}\sigma$ 为闭区域 D 的面积. 这时薄片的质心完全由闭区域 D 的形状所决定. 我们把均匀平面薄片的质心叫作这平面薄片所占的平面图形的形心. 因此,平面图形 D 的形心的坐标,就可用公式(2)计算.

【例 3☆☆☆】 求均匀半球体的质心(图 9-31).

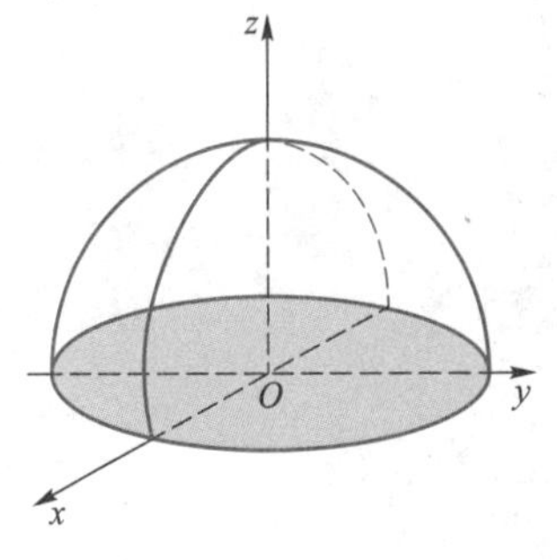

图 9-31

解 取半球体的对称轴为 z 轴,原点取在球心上,又设球半径为 a,则半球体所占空间闭区域

$$\Omega=\{(x,y,z)\mid x^2+y^2+z^2\leqslant a^2, z\geqslant 0\}.$$

显然,质心在 z 轴上,故 $\bar{x}=\bar{y}=0$.

$$\bar{z}=\frac{1}{M}\iiint\limits_{\Omega} z\rho\mathrm{d}v=\frac{1}{V}\iiint\limits_{\Omega} z\mathrm{d}v,$$

其中 $V=\frac{2}{3}\pi a^3$ 为半球体的体积.

$$\iiint\limits_{\Omega} z\mathrm{d}v=\iiint\limits_{\Omega} r\cos\varphi\cdot r^2\sin\varphi\mathrm{d}r\mathrm{d}\varphi\mathrm{d}\theta=\int_0^{2\pi}\mathrm{d}\theta\int_0^{\frac{\pi}{2}}\cos\varphi\sin\varphi\mathrm{d}\varphi\int_0^a r^3\mathrm{d}r$$

$$=2\pi\cdot\left[\frac{\sin^2\varphi}{2}\right]_0^{\frac{\pi}{2}}\cdot\frac{a^4}{4}=\frac{\pi a^4}{4}.$$

因此,$\bar{z}=\frac{3}{8}a$,质心为$\left(0,0,\frac{3}{8}a\right)$.

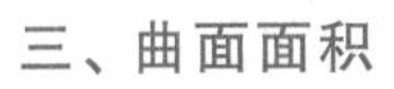

三、曲面面积

前面已经学过了用定积分求旋转曲面面积的方法,现在用二重积分求定义在矩形区域 D 的一般曲面 $S:z=f(x,y)\geqslant 0$ 的面积.

利用二重积分定义可得曲面面积公式

$$A=\iint\limits_{D}\sqrt{1+f_x^2(x,y)+f_y^2(x,y)}\,\mathrm{d}\sigma=\iint\limits_{D}\sqrt{1+f_x^2(x,y)+f_y^2(x,y)}\,\mathrm{d}x\mathrm{d}y. \tag{3}$$

【例 4☆☆☆】 求在球面 $x^2+y^2+z^2=a^2$ 上被柱面 $x^2+y^2-ax=0$ 所截部分曲面 S 的面积. 如图 9-32 所示.

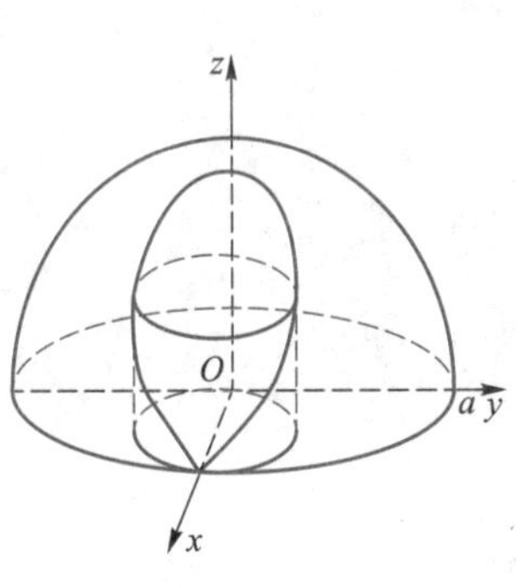

图 9-32

解:曲面 S 关于 xOy 面对称,曲面 S 的面积 A 是第一卦限部分面积的 4 倍. 在第一卦限球面方程是 $z=\sqrt{a^2-x^2-y^2}$,区域 $D=\{(x,y)\mid x^2+y^2\leqslant ax, y\geqslant 0\}$. 求得

$$z_x=f_x(x,y)=\frac{-x}{\sqrt{a^2-x^2-y^2}},\ z_y=f_y(x,y)=\frac{-y}{\sqrt{a^2-x^2-y^2}}.$$

由公式(3)可得,曲面 S 的面积

$$A=4\iint\limits_{D}\sqrt{1+f_x^2(x,y)+f_y^2(x,y)}\,\mathrm{d}x\mathrm{d}y=4a\iint\limits_{D}\frac{\mathrm{d}x\mathrm{d}y}{\sqrt{a^2-x^2-y^2}}.$$

在极坐标系下计算二重积分，设$\begin{cases}x=r\cos\theta,\\ y=r\sin\theta,\end{cases}$区域$D=\left\{(r,\theta)\,\middle|\,0\leqslant r\leqslant a\cos\theta,0\leqslant\theta\leqslant\frac{\pi}{2}\right\}$.

$$A=4a\iint\limits_D\frac{\mathrm{d}x\mathrm{d}y}{\sqrt{a^2-x^2-y^2}}=4a\int_0^{\frac{\pi}{2}}\mathrm{d}\theta\int_0^{a\cos\theta}\frac{r\mathrm{d}r}{\sqrt{a^2-r^2}}$$

$$=-2a\int_0^{\frac{\pi}{2}}\mathrm{d}\theta\int_0^{a\cos\theta}\frac{d(a^2-r^2)}{\sqrt{a^2-r^2}}$$

$$=4a^2\int_0^{\frac{\pi}{2}}(1-\sin\theta)\mathrm{d}\theta=2a^2(\pi-2).$$

【练 3☆☆☆】 求抛物面$z=x^2+y^2$被平面$z=2$所截的那部分曲面的面积.

教师寄语

攀登科学高峰，就像登山运动员攀登珠穆朗玛峰一样，要克服无数艰难险阻，懦夫和懒汉是不可能享受到胜利的喜悦和幸福的.

——陈景润

不论做什么事，如不坚持到底，半途而废，那么再简单的事也只能功亏一篑；相反，只要锲而不舍、持之以恒，再难的事情也能找到解决的方法. 正所谓"锲而不舍，金石可镂"！

习题九

一、选择题

1. 设D是由直线$x=0,x=1,y=0,y=1$围成的区域，则二重积分$\iint\limits_D\mathrm{d}x\mathrm{d}y$等于(　　)

A. 2　　B. 4　　C. $\frac{1}{2}$　　D. 1

2. 设$D:0\leqslant x\leqslant 1,0\leqslant y\leqslant 2$，则$\iint\limits_D xy\mathrm{d}x\mathrm{d}y$等于(　　).

A. 1　　B. 6　　C. $\frac{1}{2}$　　D. $\frac{1}{4}$

3. 二次积分$\int_0^1\mathrm{d}x\int_0^{1-x}f(x,y)\mathrm{d}y$等于(　　).

A. $\int_0^1\mathrm{d}y\int_0^{1-y}f(x,y)\mathrm{d}x$　　B. $\int_0^1\mathrm{d}y\int_0^{1-x}f(x,y)\mathrm{d}x$

C. $\int_0^{1-x}\mathrm{d}x\int_0^1 f(x,y)\mathrm{d}y$　　D. $\int_0^1\mathrm{d}y\int_0^1 f(x,y)\mathrm{d}x$

4. 设 $I=\iint\limits_D (x^2+y^2-1)^{\frac{1}{3}}\mathrm{d}x\mathrm{d}y$,其中 D 是圆环:$1\leqslant x^2+y^2\leqslant 2$ 所确定的闭区域,则必有(　　).

A. $I=0$　　B. $I>0$

C. $I<0$　　D. $I\neq 0$,但符号不能确定

5. 设 S 为 $z=2-x^2-y^2$ 在 xOy 平面上方部分的曲面,则 $\iint\limits_S \mathrm{d}\sigma=$(　　).

A. $\int_0^{2\pi}\mathrm{d}\theta\int_0^1 r\sqrt{1+4r^2}\,\mathrm{d}r$　　B. $\int_0^{2\pi}\mathrm{d}\theta\int_0^2 r\sqrt{1+4r^2}\,\mathrm{d}r$

C. $\int_0^{2\pi}\mathrm{d}\theta\int_0^2 (2-r^2)r\sqrt{1+4r^2}\,\mathrm{d}r$　　D. $\int_0^{2\pi}\mathrm{d}\theta\int_0^{\sqrt{2}} r\sqrt{1+4r^2}\,\mathrm{d}r$

二、填空题

1. 设 D 为 $x^2+y^2=R^2$ 围成的区域,则 $\iint\limits_D \sqrt{R^2-x^2-y^2}\,\mathrm{d}x\mathrm{d}y=$_____.

2. 二重积分 $\iint\limits_D \mathrm{d}\sigma$ 在区域 D:$x^2+y^2\leqslant 9$ 上的值为_____.

3. 设 D 是由直线 $x+y=1$,$x-y=1$ 及 $x=0$ 所围成的闭区域,则 $\iint\limits_D \mathrm{d}x\mathrm{d}y=$_____.

4. 交换积分次序:$\int_{-1}^0 \mathrm{d}y\int_{-y}^1 f(x,y)\,\mathrm{d}x+\int_0^1 \mathrm{d}y\int_{\sqrt{y}}^1 f(x,y)\,\mathrm{d}x=$_____.

5. 已知积分区域 D:$y\geqslant x^2$,$y\leqslant 4-x^2$,则二重积分 $\iint\limits_D f(x,y)\,\mathrm{d}\sigma=$_____.

三、解答题

1. 设函数 $f(x,y)$ 连续,改变二次积分 $I=\int_{-2}^2 \mathrm{d}x\int_{-\sqrt{4-x^2}}^{\sqrt{4-x^2}} f(x,y)\,\mathrm{d}y$ 的次序.

2. 计算二重积分 $I=\iint\limits_D \arctan\dfrac{y}{x}\mathrm{d}x\mathrm{d}y$,其中 D 为圆 $x^2+y^2=1$ 及 $x^2+y^2=9$ 与直线 $y=x$,$y=0$ 所围成的第一象限的区域.

四、计算题

1. 计算二重积分 $\iint\limits_D \left(1-\dfrac{x}{4}-\dfrac{y}{3}\right)\mathrm{d}x\mathrm{d}y$,其中 $D=\{(x,y)\mid -2\leqslant x\leqslant 2,-1\leqslant y\leqslant 1\}$.

2. 计算二重积分 $\iint\limits_D \cos(x^2+y^2)\,\mathrm{d}x\mathrm{d}y$,其中 $D=\{(x,y)\mid x^2+y^2\leqslant R^2\}$.

3. 计算二重积分 $I=\iint\limits_D x^2\mathrm{e}^{-y^2}\mathrm{d}x\mathrm{d}y$,其中 D 是以 $(0,0)$,$(1,1)$,$(0,1)$ 为顶点的三角形.

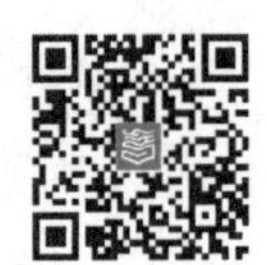

9.11　习题九答案

模块十
无穷级数

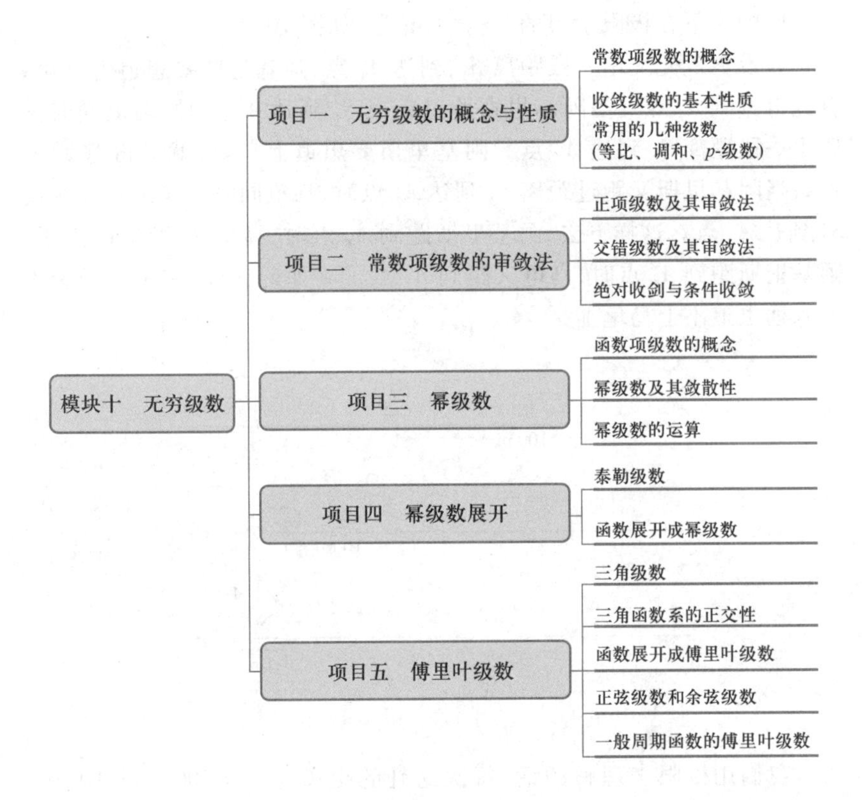

10.1　模块十思维导图

项目一　无穷级数的概念与性质

10.2　无穷级数的简介

10.3　项目一知识目标及重难点

【引例1】　阿凡提的智慧

一个商人去世前要将自己11匹骏马留给他的三个儿子，他立下遗嘱，将11匹马中的$\frac{1}{2}$分给长子，$\frac{1}{4}$分给次子，$\frac{1}{6}$分给小儿子，看到这份遗嘱，大家都不知应该怎么分配这11匹骏马. 11匹马怎么可能分成相等的 2 份？4 份？6 份？无奈之下，儿子们请聪明的阿凡提来分配骏马. 阿凡提把自己牵来的一匹马和商人的马合在一起，然后将 12 匹的 $\frac{1}{2}$，也就是 6 匹，给了老大，$\frac{1}{4}$也就是 3 匹，给了老二，$\frac{1}{6}$也就是 2 匹，给了老三，然后牵走了自己的马，在众人惊羡的目光中阿凡提顺利解决了分马的难题. 你认为这样分配这 11 匹骏马合理吗？

【引例 2】 “芝诺悖论”的症结

回顾一下在极限学习的“芝诺悖论”，如图 10-1.

假设乌龟先爬出一段距离 S_1，到达 A_1 点，阿基里斯要想追上乌龟，首先得跑到 A_1 点. 当阿基里斯跑过距离 S_1 到达 A_1 点时，乌龟同时又爬出一段距离 S_2 到达 A_2 点. 阿基里斯要想追上乌龟，就又得跑到 A_2 点. 当阿基里斯又跑过距离 S_2 到达 A_2 点时，乌龟同时又爬出一段距离 S_3 到达 A_3 点. 这样下去，阿基里斯跑到 A_3 点时，乌龟又爬到 A_4 点了，阿基里斯跑到 A_4 点时，乌龟又爬到 A_5 点了. 如此这般，阿基里斯岂不是永远也追不上乌龟了？

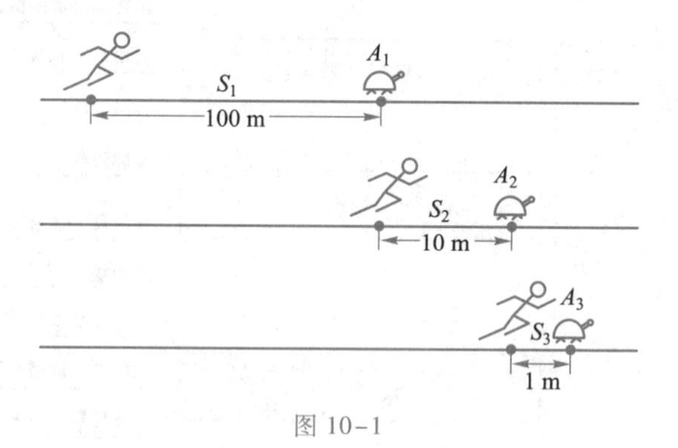

图 10-1

我们用极限来理解的话，每次追赶的距离为 $S_1=100, S_2=10, \cdots, S_n=\frac{1}{10^{n-3}}$，因此有 $\lim\limits_{n\to\infty} S_n=0$，它是趋于零而非等于 0，也就是说这段距离不会凭空消失，只要乌龟勇往直前，它总能在自己和阿基里斯之间制造出一个距离，阿基里斯永远也追不上乌龟.

这个结论显然与常理矛盾，与我们的生活经验不同. 也就是说：芝诺得出的是荒谬的结论，所以称之为悖论. 那么，这一悖论的“症结”在哪里呢？

显然，芝诺将阿基里斯追乌龟的路程分成了无限段 $S_1, S_2, \cdots, S_n, \cdots$，则追乌龟的总路程为 $S_1+S_2+\cdots+S_n+\cdots$，芝诺认为，这无限多个数相加会一直持续下去，是没有和的.

那么无穷多个数相加，“和”存在吗？人们在认识事物的过程中，很多时候都会遇到无穷多个数量相加的问题. 那么无穷多个数量相加到底有没有和呢?

【引例 3】 小球自由落体运动过程经过的总路程

一个小球在特定条件下有以下的性质:每当它从高度为 h 处自由下落到硬地面,总可以反弹到高度为 kh 处,其中 $0<k<1$. 现设小球从高为 100 处落下,反弹后又落下,一直如此运动下去. 求此运动过程中小球经过的总路程 S.

解:从理论上讲,这个问题中小球的运动是一个无限运动.

小球第一次落下经过的路程为 $a_0=100$,

第一次反弹后又落下经过的路程为 $a_1=2\times100k$,

第二次反弹后又落下经过的路程为 $a_2=2\times100k^2$,

…………

第 n 次反弹后又落下经过的路程为 $a_n=2\times100k^n$,

所以总路程

$$\begin{aligned}s&=a_0+a_1+a_2+\cdots+a_n+\cdots\\&=100+2\times100k+2\times100k^2+\cdots+2\times100k^n+\cdots.\end{aligned}$$

这也是无穷多个数相加的问题,它的和存在吗? 如果存在该怎么求和?

理论学习

一、级数的概念

1. 常数项级数的概念

定义 10.1 常数项级数

如果给定一个数列 $u_1,u_2,u_3,\cdots,u_n,\cdots$, 则由这个数列构成的表达式

$$u_1+u_2+u_3+\cdots+u_n+\cdots$$

叫作(常数项)无穷级数,简称(常数项)级数,记为 $\sum\limits_{n=1}^{\infty}u_n$. 即

$$\sum_{n=1}^{\infty}u_n=u_1+u_2+u_3+\cdots+u_n+\cdots, \tag{1}$$

其中第 n 项 u_n 叫作级数的一般项.

如:级数 $\sum\limits_{n=1}^{\infty}\frac{1}{n}=1+\frac{1}{2}+\frac{1}{3}+\cdots+\frac{1}{n}+\cdots$,它的一般项为 $u_n=\frac{1}{n}$.

级数 $\sum\limits_{n=1}^{\infty}n=1+2+3+\cdots+n+\cdots$,它的一般项为 $u_n=n$.

定义 10.2 部分和

作(常数项)级数(1)的前 n 项和

$$S_n=u_1+u_2+\cdots+u_n=\sum_{k=1}^{n}u_k, \tag{2}$$

S_n 称为级数(1)的部分和. 当 n 依次取 1,2,3,…时,它们构成一个新的数列

$$S_1=u_1, S_2=u_1+u_2, \cdots, S_n=u_1+u_2+\cdots+u_n, \cdots$$

由这个数列有无极限,我们引入无穷级数(1)的收敛与发散的概念.

【例 1☆】 写出级数 $\sum\limits_{n=1}^{\infty}\frac{11}{2+12^{n-1}}$的前三项.

解:由级数 $\sum\limits_{n=1}^{\infty}\frac{11}{2+12^{n-1}}$可知一般项 $u_n=\frac{11}{2+12^{n-1}}$,故前三项为

$$u_1=\frac{11}{2+12^0}=\frac{11}{3}, \quad u_2=\frac{11}{2+12^1}=\frac{11}{14}, \quad u_3=\frac{11}{2+12^2}=\frac{11}{146}.$$

【练 1☆】 写出级数 $\sum\limits_{n=1}^{\infty}\frac{1+n}{1+n^2}$的前五项.

2. 级数的敛散性

定义 10.3 级数的敛散性

如果级数 $\sum\limits_{n=1}^{\infty}u_n$ 的部分和数列$\{S_n\}$有极限 S,即$\lim\limits_{n\to\infty}S_n=S$,则称无穷级数 $\sum\limits_{n=1}^{\infty}u_n$ 收敛,这时极限 S 叫作这个级数的和,并写成

$$S=u_1+u_2+\cdots+u_n+\cdots.$$

如果$\{S_n\}$没有极限,则称无穷级数 $\sum\limits_{n=1}^{\infty}u_n$ 发散.

显然,当级数收敛时,其部分和 S_n 是级数和 S 的近似值,它们之间的差值 $r_n=S-S_n=u_{n+1}+u_{n+2}+\cdots$ 叫作级数的余项. 用近似值 S_n 代替和 S 所产生的误差是这个余项的绝对值,即误差是$|r_n|$.

【例 2☆】 讨论无穷级数 $1+2+3+\cdots+n+\cdots$的敛散性.

解:该级数的前 n 项部分和

$$S_n=1+2+3+\cdots+n=\frac{n(n+1)}{2},$$

显然,$\lim\limits_{n\to\infty}S_n=\infty$,因此,级数是发散的.

【例 3☆】 讨论无穷级数$\frac{1}{1\cdot 2}+\frac{1}{2\cdot 3}+\frac{1}{3\cdot 4}+\cdots+\frac{1}{n(n+1)}+\cdots$的敛散性.

解:显然 $$u_n=\frac{1}{n(n+1)}=\frac{1}{n}-\frac{1}{n+1},$$

则
$$\begin{aligned}S_n&=\frac{1}{1\cdot 2}+\frac{1}{2\cdot 3}+\frac{1}{3\cdot 4}+\cdots+\frac{1}{n(n+1)}\\&=\left(1-\frac{1}{2}\right)+\left(\frac{1}{2}-\frac{1}{3}\right)+\left(\frac{1}{3}-\frac{1}{4}\right)+\cdots+\left(\frac{1}{n}-\frac{1}{n+1}\right)=1-\frac{1}{n+1},\end{aligned}$$

故$\lim\limits_{n\to\infty}S_n=\lim\limits_{n\to\infty}\left(1-\frac{1}{n+1}\right)=1$,故级数收敛,即有 $\sum\limits_{n=1}^{\infty}\frac{1}{n(n+1)}=1$.

【练 2☆☆】 根据级数敛散性的定义判断级数$\sum_{n=1}^{\infty}(\sqrt{n+2}-\sqrt{n+1})$的敛散性.

【例 4☆☆】 讨论等比级数(也称作几何级数)

$$\sum_{n=1}^{\infty}aq^{n-1}=a+aq+aq^2+\cdots+aq^{n-1}+\cdots(a\neq 0)$$

的敛散性.

解:当 $q\neq 1$ 时,等比级数的前 n 项部分和

$$S_n=a+aq+aq^2+\cdots+aq^{n-1}=\frac{a-aq^n}{1-q}.$$

当 $|q|<1$ 时,$\lim\limits_{n\to\infty}q^n=0$,$\lim\limits_{n\to\infty}S_n=\lim\limits_{n\to\infty}\frac{a(1-q^n)}{1-q}=\frac{a}{1-q}$,级数收敛于$\frac{a}{1-q}$.

当 $|q|>1$ 时,$\lim\limits_{n\to\infty}q^n=\infty$,从而$\lim\limits_{n\to\infty}S_n=\infty$,级数发散.

当 $q=1$ 时,$S_n=na$,级数发散.

当 $q=-1$ 时,级数变为 $a-a+a-a+a-a+\cdots$,其部分和为

$$S_n=\begin{cases}0, n\text{ 为偶数},\\ a, n\text{ 为奇数},\end{cases}$$

此时 S_n 的极限不存在,级数发散.

总之,等比级数 $a+aq+aq^2+\cdots+aq^n+\cdots=\begin{cases}\dfrac{a}{1-q}, |q|<1,\\ \text{发散}, |q|\geqslant 1.\end{cases}$

【练 3☆☆】 判别级数$\frac{1}{5}+\frac{1}{5^2}+\frac{1}{5^3}+\cdots+\frac{1}{5^n}+\cdots$的敛散性.

【例 5☆☆】 把循环小数 $0.\dot{1}\dot{9}$ 化为分数.

解:把 $0.\dot{1}\dot{9}$ 化为无穷级数

$$0.\dot{1}\dot{9}=\frac{19}{100}+\frac{19}{100^2}+\frac{19}{100^3}+\cdots+\frac{19}{100^n}+\cdots.$$

这是公比为 $q=\frac{1}{100}$的等比级数,由例 4 可知此级数收敛,且收敛于

$$\frac{a}{1-q}=\frac{\frac{19}{100}}{1-\frac{1}{100}}=\frac{19}{99}.$$

因此 $0.\dot{1}\dot{9}=\frac{19}{99}$.

【练 4☆☆】 把循环小数 $0.\dot{1}\dot{8}$ 化为分数.

【例 6☆☆☆】 证明调和级数$\sum_{n=1}^{\infty}\frac{1}{n}=1+\frac{1}{2}+\frac{1}{3}+\cdots+\frac{1}{n}+\cdots$是发散的.

证:用反证法,假设级数$\sum_{n=1}^{\infty}\frac{1}{n}$收敛于 S.

一方面,若级数收敛,则应有$\lim\limits_{n\to\infty}S_{2n}=\lim\limits_{n\to\infty}S_n=S$,从而

$$\lim_{n\to\infty}(S_{2n}-S_n)=S-S=0.$$

另一方面，

$$S_{2n}-S_n=\frac{1}{n+1}+\frac{1}{n+2}+\cdots+\frac{1}{2n}>\frac{1}{n+n}+\frac{1}{n+n}+\cdots+\frac{1}{2n}=\frac{n}{2n}=\frac{1}{2},$$

故$\lim\limits_{n\to\infty}(S_{2n}-S_n)\geqslant\frac{1}{2}$，这与$\lim\limits_{n\to\infty}(S_{2n}-S_n)=0$矛盾. 即调和级数$\sum\limits_{n=1}^{\infty}\frac{1}{n}$发散.

关于无穷级数的概念，我们做如下几点说明：

(1) 当级数收敛时，部分和S_n是级数和S的近似值；

(2) 级数与数列极限有着紧密的联系：给定级数$\sum\limits_{n=1}^{\infty}u_n$就有部分和数列$\{S_n\}$；反之给定数列$\{S_n\}$就有以$\{S_n\}$为部分和的级数$\sum\limits_{n=1}^{\infty}u_n$；

(3) 从定义可知，级数$\sum\limits_{n=1}^{\infty}u_n$与数列$\{S_n\}$同时收敛或者同时发散，且在收敛时，$\sum\limits_{n=1}^{\infty}u_n=\lim\limits_{n\to\infty}S_n$.

二、级数的基本性质

由无穷级数收敛、发散以及和的概念，可以得出收敛级数的几个基本性质.

性质 1 如果级数$\sum\limits_{n=1}^{\infty}u_n$收敛于和$S$，那么级数$\sum\limits_{n=1}^{\infty}ku_n$($k$为常数)也收敛，且其和为$kS$，即$\sum\limits_{n=1}^{\infty}ku_n=k\sum\limits_{n=1}^{\infty}u_n$.

性质 1 表明：级数的每一项同乘一个不为零的常数后，它的收敛性不会变.

【练 5☆☆】 判别级数$\frac{1}{3}+\frac{1}{6}+\frac{1}{9}+\cdots+\frac{1}{3n}+\cdots$的敛散性.

性质 2 如果级数$\sum\limits_{n=1}^{\infty}u_n$，$\sum\limits_{n=1}^{\infty}v_n$分别收敛于$S_1$和$S_2$，那么级数$\sum\limits_{n=1}^{\infty}(u_n\pm v_n)$也收敛，且其和为$S_1\pm S_2$.

【例 7☆☆】 求级数$\sum\limits_{n=1}^{\infty}\left(\frac{3}{2^n}+\frac{2}{3^n}\right)$的和.

解：
$$\sum_{n=1}^{\infty}\left(\frac{3}{2^n}+\frac{2}{3^n}\right)=3\sum_{n=1}^{\infty}\frac{1}{2^n}+2\sum_{n=1}^{\infty}\frac{1}{3^n}=3\sum_{n=1}^{\infty}\left(\frac{1}{2}\right)^n+2\sum_{n=1}^{\infty}\left(\frac{1}{3}\right)^n$$
$$=3\times\frac{\frac{1}{2}}{1-\frac{1}{2}}+2\times\frac{\frac{1}{3}}{1-\frac{1}{3}}=3+1=4.$$

【练 6☆☆】 判别级数$\left(\frac{1}{2}+\frac{1}{3}\right)+\left(\frac{1}{2^2}+\frac{1}{3^2}\right)+\left(\frac{1}{2^3}+\frac{1}{3^3}\right)+\cdots+\left(\frac{1}{2^n}+\frac{1}{3^n}\right)+\cdots$的敛散性.

性质 3 在级数中去掉、加上或改变有限项,不会改变级数的敛散性.

性质 4 如果级数$\sum_{n=1}^{\infty}u_n$收敛,则对该级数的项任意加括号后所成的级数$(u_1+\cdots+u_{n_1})+(u_{n_1+1}+\cdots+u_{n_2})+\cdots+(u_{n_{k-1}}+\cdots+u_{n_k})+\cdots$仍收敛,且其和不变.

注意:如果加括号后所成的级数收敛,那么不能断定去括号后原来的级数也收敛,例如,级数$(1-1)+(1-1)+\cdots$收敛于零,但级数$1-1+1-1+\cdots$却是发散的.

根据性质 4 可得如下推论:

推论 1 如果加括号后所成的级数发散,则原级数也发散.

性质 5 (夹逼定理)如果$u_n\leqslant v_n\leqslant w_n$,且$\sum_{n=1}^{\infty}u_n$,$\sum_{n=1}^{\infty}w_n$都收敛,则$\sum_{n=1}^{\infty}v_n$也收敛.

性质 6 (级数收敛的必要条件) 如果级数$\sum_{n=1}^{\infty}u_n$收敛,则它的一般项u_n趋于零,即$\lim_{n\to\infty}u_n=0$.

注意:级数的一般项趋于零并不是级数收敛的充分条件,有些级数虽然一般项趋于零,但仍然是发散的. 例如,调和级数$\sum_{n=1}^{\infty}\frac{1}{n}=1+\frac{1}{2}+\frac{1}{3}+\cdots+\frac{1}{n}+\cdots$,虽然它的一般项$u_n=\frac{1}{n}\to 0(n\to\infty)$,但是它是发散的.

性质 6 的逆否命题为如下推论:

推论 2 如果级数$\sum_{n=1}^{\infty}u_n$的通项u_n当$n\to\infty$时不趋于零,即$\lim_{n\to\infty}u_n\neq 0$,则级数$\sum_{n=1}^{\infty}u_n$是发散的.

我们常用推论 2 来判定级数是发散的

【例 8☆☆】 讨论级数$\sum_{n=1}^{\infty}\frac{n}{n+1}$的敛散性.

解:因为$\lim_{n\to\infty}u_n=\lim_{n\to\infty}\frac{n}{n+1}=1\neq 0$,所以该级数发散.

【练 7☆☆】 讨论级数$\sum_{n=1}^{\infty}\frac{2n}{3n+1}$的敛散性.

定理 10.1 p-级数的敛散性

p-级数 $\sum_{n=1}^{\infty}\frac{1}{n^p}=1+\frac{1}{2^p}+\frac{1}{3^p}+\cdots$ 的敛散性如下

$$\sum_{n=1}^{\infty}\frac{1}{n^p}=1+\frac{1}{2^p}+\frac{1}{3^p}+\cdots\Rightarrow\begin{cases}\text{当 } p>1 \text{ 时,级数收敛,}\\ \text{当 } p\leqslant 1 \text{ 时,级数发散.}\end{cases}$$

调和级数,发散

例如:当 $p=1$ 时,级数 $\sum_{n=1}^{\infty}\frac{1}{n}=1+\frac{1}{2}+\frac{1}{3}+\cdots$ 是发散的.

当 $p=2$ 时,级数 $\sum_{n=1}^{\infty}\frac{1}{n^2}=1+\frac{1}{2^2}+\frac{1}{3^2}+\cdots$ 是收敛的.

定理证明见项目二例 2.

【练 8☆☆】 判定级数(1) $\sum_{n=1}^{\infty}\frac{1}{n^5}$,(2) $\sum_{n=1}^{\infty}\frac{1}{\sqrt{n}}$ 的敛散性.

答疑解惑

【引例 1】 阿凡提的智慧

以老大为例:老大分得的马为

第 1 次分得的马为 $\frac{11}{2}$, 第 1 次剩余的马为

$$11-\left(\frac{11}{2}+\frac{11}{4}+\frac{11}{6}\right)=11-\frac{121}{12}=\frac{11}{12};$$

第 2 次分得的马为 $\frac{1}{2}\cdot\frac{11}{12}$,第 2 次剩余的马为

$$\frac{11}{12}-\left(\frac{11}{2\times12}+\frac{11}{4\times12}+\frac{11}{6\times12}\right)=\frac{11}{12^2};$$

第 3 次分得的马为 $\frac{1}{2}\cdot\frac{11}{12^2}$, 第 3 次剩余的马为

$$\frac{11}{12^2}-\left(\frac{11}{2\times12^2}+\frac{11}{4\times12^2}+\frac{11}{6\times12^2}\right)=\frac{11}{12^3};$$

…………

第 n 次分得的马为 $\frac{1}{2}\cdot\frac{11}{12^{n-1}}$, 第 n 次剩余的马为 $\frac{11}{12^n}$,

故分马过程会持续进去下去.

老大分得的马匹为 $\frac{11}{2}+\frac{11}{2\times12}+\frac{11}{2\times12^2}+\cdots+\frac{11}{2\times12^{n-1}}+\cdots$,为一个无穷级数, $\sum_{n=1}^{\infty}u_n=\sum_{n=1}^{\infty}\frac{11}{2\times12^{n-1}}$,是首项为 $a=\frac{11}{2}$, $q=\frac{1}{12}$ 的等比级数,故级数收敛,且收敛于

$$S_n=\frac{a}{1-q}=\frac{\frac{11}{2}}{1-\frac{1}{12}}=6.$$

即
$$\frac{11}{2}+\frac{11}{2\times12}+\frac{11}{2\times12^2}+\cdots+\frac{11}{2\times12^{n-1}}+\cdots=6.$$

实践证明与阿凡提的结果是一致的，证明阿凡提确实是一个充满智慧的人.

【引例 2】 “芝诺悖论”的症结

芝诺将阿基里斯追乌龟的路程分成了无限段 $S_1,S_2,\cdots,S_n,\cdots$，芝诺认为，这无限多个数相加会一直持续下去，也就是 $S_1+S_2+\cdots+S_n+\cdots$ 是没有和的！那到底有没有和呢？我们来看看.

根据题意有

$$S_1+S_2+\cdots+S_n+\cdots=100+10+1+\cdots+\frac{1}{10^{n-3}}+\cdots,$$

为一个无穷级数 $\sum\limits_{n=1}^{\infty}u_n=\sum\limits_{n=1}^{\infty}\frac{1}{10^{n-3}}$，这是 $a=100,q=\frac{1}{10}$ 的等比级数，故级数收敛，且收敛于

$$S_n=\frac{a}{1-q}=\frac{100}{1-\frac{1}{10}}=\frac{1\ 000}{9}.$$

即
$$S_1+S_2+\cdots+S_n+\cdots=100+10+1+\cdots+\frac{1}{10^{n-3}}+\cdots=\frac{1\ 000}{9}.$$

故芝诺所认为的“路程和是没有和”是错误的，事实说明阿基里斯只要跑完 $\frac{1\ 000}{9}$ 的路程就可以追上乌龟了.

芝诺悖论的症结在于“有限与无限的矛盾”，无限段长度的和，可能是有限的．表面上看起来阿基里斯要想追上乌龟需要跑无穷段路程，由于是无穷段，所以感觉永远也追不上．实际上这无穷段路程的和却是有限的，所以阿基里斯跑完这段有限的路程后，其实已经追上乌龟了．所以芝诺悖论的症结就在于“有限与无限的矛盾”.

我们可以回忆以前学过的“无穷递减等比数列”．这样的数列有无穷多项，但这无穷项的和却是有限的．芝诺故意把有限的路程用他的说法巧妙地分割成无穷段路程，让人产生一种错觉，以为是永远也追不上了.

实际应用

【例 1☆☆☆】 蠕虫和橡皮绳的故事

一条蠕虫在橡皮绳的一端，橡皮绳长 1 km. 蠕虫以每秒 1 厘米的

稳定速度沿橡皮绳爬行. 在 1 s 之后,橡皮绳就像橡皮筋一样拉长为 2 km. 再过一秒钟后,它又拉长为 3 km,如此下去. 蠕虫最后究竟会不会到达终点呢(我们假设蠕虫可以无限地爬行下去,橡皮绳是均匀伸长)?

解:1 km 等于 10^5 cm,

第 1 秒末,蠕虫爬行了整个橡皮绳的$\frac{1}{10^5}$,

第 2 秒末,蠕虫在 2 km 长的橡皮绳上爬行了绳长的$\frac{1}{2\times10^5}$,

第 3 秒末,蠕虫在 3 km 长的橡皮绳上爬行了绳长的$\frac{1}{3\times10^5}$,

…………

所以,在第 n 秒末,蠕虫的爬行长度为 $\frac{1}{10^5}\times\left(1+\frac{1}{2}+\frac{1}{3}+\cdots+\frac{1}{n}\right)$.

现在问题是:当 n 充分大时,这个数能否大于 1? 也就是括号里的和式能否大于 10^5 呢?

$1+\frac{1}{2}+\frac{1}{3}+\cdots+\frac{1}{n}$是我们这一节例 5 里讲过的调和级数,是发散的.

$1+\frac{1}{2}+\frac{1}{3}+\frac{1}{4}+\cdots+\frac{1}{n}>1+\frac{1}{2}+\frac{1}{4}+\frac{1}{4}+\cdots+\frac{1}{n}>1+\frac{1}{2}+\frac{1}{4}+\frac{1}{4}=2$,

$1+\frac{1}{2}+\frac{1}{3}+\frac{1}{4}+\frac{1}{5}+\cdots+\frac{1}{8}+\frac{1}{9}+\cdots+\frac{1}{16}+\cdots+\frac{1}{n}>$

$1+\frac{1}{2}+\frac{1}{4}+\frac{1}{4}+\frac{1}{8}+\cdots+\frac{1}{8}+\frac{1}{16}+\cdots+\frac{1}{n}>1+\frac{1}{2}+\frac{1}{2}+\frac{1}{2}+\frac{1}{2}=3$,

以此类推

$$\frac{1}{2^k+1}+\cdots+\frac{1}{2^k+2^k}>2^k\times\frac{1}{2+2^k}=\frac{1}{2},$$

取 $N=2^{10^6}+1$,

$$\sum_{n=1}^{N}\frac{1}{n}>1+\frac{1}{2}+\frac{1}{3}+\cdots+\frac{1}{2^{10^6}+2^{10^6}}>1+\frac{10^6+1}{2}>10^5.$$

所以,当 $n>N=2^{10^6}+1$ 时,$\sum\limits_{n=1}^{N}\frac{1}{n}>10^5$.

如果蠕虫爬行的时间超过 $2^{10^6}+1$ 秒,蠕虫最后就会到达终点.

教师寄语

我们从阿基里斯追乌龟的悖论可以看到“无限”与“有限”的区别和关系. 中国有句古话“不积跬步无以至千里,不积小流无以成江海”,从无穷级数的定义和敛散性的判别体验了通过有限的步骤,求出无限次运算的结果. 只要我们认真做好身边的每一件事,不忘初心,砥砺前行,坚韧不拔,锲而不舍,通过长时间的积累,就能实现质的飞越,用自己的“跬步”和“小流”为祖国的明天“至千里”,为祖国的明天“成江海”!

习题拓展

【基础过关☆】

1. 写出级数 $\sum\limits_{n=1}^{\infty}\dfrac{n-1}{n^2+2}$ 的前五项.

2. 写出级数 $\sum\limits_{n=1}^{\infty}\dfrac{n!}{n^n}$ 的前五项.

【能力达标☆☆】

1. 判别级数 $\sum\limits_{n=1}^{\infty}\dfrac{1}{(2n-1)(2n+1)}$ 的敛散性.

2. 判别级数 $\dfrac{1}{2}-\dfrac{1}{2^2}+\dfrac{1}{2^3}-\dfrac{1}{2^4}+\cdots$ 的敛散性.

【思维拓展☆☆☆】

1. 判别级数 $\sum\limits_{n=1}^{\infty}\dfrac{1}{(n+2)^3}$ 的敛散性.

2. 判别级数 $\left(\dfrac{2}{3}-1\right)+\left(\dfrac{2^2}{3^2}-\dfrac{1}{2^2}\right)+\left(\dfrac{2^3}{3^3}-\dfrac{1}{3^2}\right)+\cdots$ 的敛散性.

3. 判别级数 $\sum\limits_{n=1}^{\infty}\dfrac{5}{n+3}$ 的敛散性.

4. 判别级数 $\sum\limits_{n=1}^{\infty}\dfrac{2n+3}{n+1}$ 的敛散性.

10.4　习题拓展答案

项目二　常数项级数审敛法

10.5　项目二知识目标及重难点

教学引入

上一节我们学习了级数收敛的充分必要条件,收敛级数的性质以及几种常见的级数敛散性的判别,请思考下面几个级数的敛散性:

(1) $\sum\limits_{n=1}^{\infty}\dfrac{1}{\sqrt{n(n+1)}}$;　　(2) $\sum\limits_{n=1}^{\infty}\sin\dfrac{1}{n}$;　　(3) $\sum\limits_{n=1}^{\infty}\dfrac{n!}{10^n}$.

在判断这几个级数的敛散性的时候大家可能会发现,用上一节的方法来判断的时候有的比较困难,有的甚至不能判断.那么我们有更简单更有效的方法来判断级数的敛散性吗?下面我们从一类最简单最具有代表性的级数来寻找突破口,这就是正项级数.

一、正项级数及其审敛法

1. 正项级数的概念

一般的常数项级数,它的各项可以是正数、负数或零.现在我们先讨论各项都是正数或零的级数,这种级数称为正项级数.这种级数很重要,以后将看到的很多级数敛散性问题都可以归结为正项级数的敛散性问题.

定义 10.4 正项级数

如果级数 $\sum_{n=1}^{\infty} u_n$ 中的每一项均有 $u_n \geqslant 0(n=1,2,3,\cdots)$,则称级数 $\sum_{n=1}^{\infty} u_n$ 为正项级数.

显然,正项级数的部分和数列 S_n 是单调增加的数列,即 $S_1 \leqslant S_2 \leqslant \cdots \leqslant S_n \leqslant \cdots$.

由 $\{S_n\}$ 单调有界必有极限,可得如下定理 10.2.

2. 正项级数的审敛法

① 正项级数收敛的充分必要条件

定理 10.2 正项级数收敛的充分必要条件

正项级数 $\sum_{n=1}^{\infty} u_n$ 收敛的充分必要条件是:它的部分和数列 $\{S_n\}$ 有界.

由定理 10.2 可知,如果正项级数 $\sum_{n=1}^{\infty} u_n$ 发散,则它的部分和数列 $S_n \to +\infty\ (n\to\infty)$,即 $\sum_{n=1}^{\infty} u_n = +\infty$.

【例 1☆☆】 证明正项级数 $\sum_{n=1}^{\infty} \frac{1}{n!}$ 是收敛的.

证明:因为

$$\frac{1}{n!}=\frac{1}{1\times2\times3\cdots\times n}\leqslant\frac{1}{1\times2\times2\cdots\times2}=\frac{1}{2^{n-1}}\quad(n=2,3,4,\cdots),$$

对于任意的 $n(n\geqslant2)$ 有

$$S_n=1+\frac{1}{1!}+\frac{1}{2!}+\cdots+\frac{1}{(n-1)!}<1+1+\frac{1}{2}+\frac{1}{2^2}+\cdots+\frac{1}{2^{n-2}}$$

(公比 $q=\frac{1}{2}$ 的等比数列)

$$=1+\frac{1-\frac{1}{2^{n-1}}}{1-\frac{1}{2}}=3-\frac{1}{2^{n-2}}<3,$$

即正项级数$\sum\limits_{n=1}^{\infty}\frac{1}{n!}$的部分和数列有界，故级数$\sum\limits_{n=1}^{\infty}\frac{1}{n!}$收敛.

用定理10.2来判定正项级数是否收敛不太方便，但可由此推出一些较为简便实用的判定方法.

② 比较审敛法（比较判别法）

定理10.3　比较审敛法

设有两个正项级数$\sum\limits_{n=1}^{\infty}u_n$和$\sum\limits_{n=1}^{\infty}v_n$，且$u_n\leqslant v_n(n=1,2,\cdots)$，则

(1) 若级数$\sum\limits_{n=1}^{\infty}v_n$收敛，则级数$\sum\limits_{n=1}^{\infty}u_n$也收敛；

(2) 若级数$\sum\limits_{n=1}^{\infty}u_n$发散，则级数$\sum\limits_{n=1}^{\infty}v_n$也发散.

比较审敛法可以通俗地说成

“大”的级数收敛，“小”的级数也收敛；“小”的级数发散，“大”的级数也发散.

注意

(1) 大的发散，则小的不一定发散；小的收敛，则大的不一定收敛；

(2) 要想判断一个正项级数收敛，必须找一个一般项比它大而且是收敛的级数；要想判断一个正项级数是发散的，必须找一个一般项比它小而且是发散的级数.

教师寄语

习总书记对家庭、家教、家风建设有许多重要的论述. 他说：“家庭是人生的第一个课堂”“家风是一个家庭的精神内核”“家风是社会风气的重要组成部分”. 异曲同工，此论述形象地告诉了我们一个简单的道理，一个家庭，长辈们品德高尚、正直善良、教子有方，那么他们的一言一行潜移默化地影响着晚辈，上行下效，对家人的影响是积极向上的，家里的晚辈们耳濡目染，在他人眼中也是品德高尚，正直善良的. 所以同学们一定要对自己的一言一行负责，加强道德、文化修养的提升，不辜负长辈的言传身教，做最好的自己.

【例2☆☆☆】　讨论p-级数$\sum\limits_{n=1}^{\infty}\frac{1}{n^p}$的敛散性.

解：当$0<p\leqslant 1$时，$\frac{1}{n^p}\geqslant\frac{1}{n}$，而调和级数$\sum\limits_{n=1}^{\infty}\frac{1}{n}$发散，由定理10.3可知，当$0<p\leqslant 1$时，$p$-级数$\sum\limits_{n=1}^{\infty}\frac{1}{n^p}$发散.

当$p>1$时，

$$\sum_{n=1}^{\infty}\frac{1}{n^p}=1+\frac{1}{2^p}+\frac{1}{3^p}+\frac{1}{4^p}+\frac{1}{5^p}+\frac{1}{6^p}+\frac{1}{7^p}+\frac{1}{8^p}+\cdots+\frac{1}{15^p}+\cdots+\frac{1}{n^p}+\cdots$$

$$=1+\left(\frac{1}{2^p}+\frac{1}{3^p}\right)+\left(\frac{1}{4^p}+\frac{1}{5^p}+\frac{1}{6^p}+\frac{1}{7^p}\right)+\left(\frac{1}{8^p}+\cdots+\frac{1}{15^p}\right)+\cdots$$

$$<1+\left(\frac{1}{2^p}+\frac{1}{2^p}\right)+\left(\frac{1}{4^p}+\frac{1}{4^p}+\frac{1}{4^p}+\frac{1}{4^p}\right)+\left(\frac{1}{8^p}+\cdots+\frac{1}{8^p}\right)+\cdots$$

$$=1+\frac{1}{2^{p-1}}+\left(\frac{1}{2^{p-1}}\right)^2+\left(\frac{1}{2^{p-1}}\right)^3+\cdots,$$

而级数 $1+\frac{1}{2^{p-1}}+\left(\frac{1}{2^{p-1}}\right)^2+\left(\frac{1}{2^{p-1}}\right)^3+\cdots$ 是一个公比为 $q=\frac{1}{2^{p-1}}<1$ 的等比数列，故级数 $1+\frac{1}{2^{p-1}}+\left(\frac{1}{2^{p-1}}\right)^2+\left(\frac{1}{2^{p-1}}\right)^3+\cdots$ 收敛.

因此由定理 10.3 可知，当 $p>1$ 时，p-级数 $\sum_{n=1}^{\infty}\frac{1}{n^p}$ 收敛.

归纳起来，p-级数 $\sum_{n=1}^{\infty}\frac{1}{n^p}$，当 $p>1$ 时收敛；当 $0<p\leqslant 1$ 时发散.

【例 3☆☆】 判断级数 $\sum_{n=1}^{\infty}\frac{1}{2n-1}$ 的敛散性.

解：因为 $u_n=\frac{1}{2n-1}>\frac{1}{2n}$，由于 $\sum_{n=1}^{\infty}\frac{1}{n}$ 是调和级数，发散，故由比较审敛法知，原级数 $\sum_{n=1}^{\infty}\frac{1}{2n-1}$ 发散（“小”的发散，“大”的也发散）.

【练 1☆】 判别级数 $\sum_{n=1}^{\infty}\frac{1}{n(n+2)}$ 的敛散性.

【例 4☆☆】 判断级数 $\sum_{n=1}^{\infty}\frac{1}{(n+1)\sqrt[3]{n}}$ 的敛散性.

解：因为 $u_n=\frac{1}{(n+1)\sqrt[3]{n}}<\frac{1}{n\sqrt[3]{n}}=\frac{1}{n^{\frac{4}{3}}}$，级数 $\sum_{n=1}^{\infty}\frac{1}{n^{\frac{4}{3}}}$ 是 $p=\frac{4}{3}>1$ 的 p-级数，故该级数收敛.

由比较审敛法知，原级数 $\sum_{n=1}^{\infty}\frac{1}{(n+1)\sqrt[3]{n}}$ 收敛（“大”的收敛，“小”的也收敛）.

【练 2☆☆】 判别级数 $\sum_{n=1}^{\infty}\frac{1}{2^n+a}(a>0)$ 的敛散性.

通过以上例题知：对于给定的正项级数，如果要用比较审敛法来判别其敛散性，则首先要通过观察，找到一个已知敛散性的级数，作为比较基准（最常选用作基准级数的是等比级数、p-级数、调和级数），将给定级数的一般项和基准级数的一般项进行比较，建立这两个一般项之间的不等式，然后进行比较. 不过有时直接建立这样的不等式相当困难,为解决这个问题我们给出比较审敛法的极限形式.

定理 10.4 比较审敛法的极限形式

设正项级数 $\sum_{n=1}^{\infty} u_n$ 和 $\sum_{n=1}^{\infty} v_n$,若 $\lim_{n\to\infty}\frac{u_n}{v_n}=l$,则

(1) 当 $0<l<+\infty$ 时,级数 $\sum_{n=1}^{\infty} u_n$ 和 $\sum_{n=1}^{\infty} v_n$ 有相同的敛散性;

(2) 当 $l=0$ 时,若 $\sum_{n=1}^{\infty} v_n$ 收敛,则 $\sum_{n=1}^{\infty} u_n$ 收敛;

(3) 当 $l=+\infty$ 时,若 $\sum_{n=1}^{\infty} v_n$ 发散,则 $\sum_{n=1}^{\infty} u_n$ 发散.

【例 5☆☆】 判别级数 $\sum_{n=1}^{\infty} \sin\frac{1}{\pi^n}$的敛散性.

解:因为 $\lim_{n\to\infty}\frac{\sin\frac{1}{\pi^n}}{\frac{1}{\pi^n}}=1$,而 $\sum_{n=1}^{\infty}\frac{1}{\pi^n}$是公比为$\frac{1}{\pi}$的等比级数,收敛,根据定理 10.4,级数 $\sum_{n=1}^{\infty} \sin\frac{1}{\pi^n}$收敛.

【练 3☆☆】 判别级数 $\sum_{n=1}^{\infty} \sin\frac{\pi}{2^n}$的敛散性.

通过上面的例子我们可以得到关于比较审敛法的极限形式的以下结论:

当 $n\to\infty$ 时,如果 u_n 是与 v_n 同阶或者是比 v_n 高阶的无穷小,而级数 $\sum_{n=1}^{\infty} v_n$ 收敛,那么级数 $\sum_{n=1}^{\infty} u_n$ 收敛;如果 u_n 是与 v_n 同阶或者是比 v_n 低阶的无穷小,而级数 $\sum_{n=1}^{\infty} v_n$ 发散,那么级数 $\sum_{n=1}^{\infty} u_n$ 也发散.

将所给正项级数 $\sum_{n=1}^{\infty} u_n$ 与等比级数 $\sum_{n=1}^{\infty} aq^n$ 比较,我们能得到在实用上很方便的比值审敛法.

定理 10.5 比值审敛法(达朗贝尔(d'Alembert)判别法)

设 $\sum_{n=1}^{\infty} u_n$ 是一个正项级数,且 $\lim_{n\to\infty}\frac{u_{n+1}}{u_n}=\rho$,则

(1) 当 $\rho<1$ 时,级数 $\sum_{n=1}^{\infty} u_n$ 收敛;

(2) 当 $\rho>1$(或$\lim_{n\to\infty}\frac{u_{n+1}}{u_n}=+\infty$)时,级数 $\sum_{n=1}^{\infty} u_n$ 发散;

(3) 当 $\rho=1$ 时,级数 $\sum_{n=1}^{\infty} u_n$ 可能收敛,也可能发散.

【例 6☆☆】 判别级数 $\sum\limits_{n=1}^{\infty}\frac{n+3}{3^n}$ 的敛散性.

解：$\lim\limits_{n\to\infty}\frac{u_{n+1}}{u_n}=\lim\limits_{n\to\infty}\frac{\frac{(n+1)+3}{3^{n+1}}}{\frac{n+3}{3^n}}=\lim\limits_{n\to\infty}\frac{n+4}{3(n+3)}=\frac{1}{3}<1$，

由比值审敛法知级数 $\sum\limits_{n=1}^{\infty}\frac{n+3}{3^n}$ 收敛.

【练 4☆☆】 判别级数 $\sum\limits_{n=1}^{\infty}\frac{n^2}{e^n}$ 的敛散性.

【例 7☆☆】 判别级数 $\sum\limits_{n=1}^{\infty}\frac{n^n}{n!}$ 的敛散性.

解：$\lim\limits_{n\to\infty}\frac{u_{n+1}}{u_n}=\lim\limits_{n\to\infty}\frac{\frac{(n+1)^{n+1}}{(n+1)!}}{\frac{n^n}{n!}}=\lim\limits_{n\to\infty}\left(1+\frac{1}{n}\right)^n=e>1$，

由比值审敛法知级数 $\sum\limits_{n=1}^{\infty}\frac{n^n}{n!}$ 发散.

【练 5☆☆】 判别级数 $\sum\limits_{n=1}^{\infty}\frac{n!}{3^n}$ 的敛散性.

【例 8☆☆☆】 判别级数 $\sum\limits_{n=1}^{\infty}\frac{2}{n(n+1)}$ 的敛散性.

解：$\lim\limits_{n\to\infty}\frac{u_{n+1}}{u_n}=\lim\limits_{n\to\infty}\frac{\frac{2}{(n+1)(n+2)}}{\frac{2}{n(n+1)}}=\lim\limits_{n\to\infty}\frac{n}{n+2}=1$，

故比值审敛法失效，需用其他方法判定.

因为 $\frac{2}{n(n+1)}<\frac{2}{n^2}$，而 $\sum\limits_{n=1}^{\infty}\frac{1}{n^2}$ 是 $p=2>1$ 的 p-级数，故收敛. 所以级数 $\sum\limits_{n=1}^{\infty}\frac{2}{n(n+1)}$ 收敛.

【练 6☆☆☆】 判别级数 $\sum\limits_{n=1}^{\infty}\frac{1}{2n(2n+1)}$ 的敛散性.

二、交错级数及其审敛法

1. 交错级数的定义

定义 10.5 交错级数的定义

设 $u_n\geqslant 0$，如果级数的各项符号正负相间，即

$$\sum_{n=1}^{\infty}(-1)^{n-1}u_n=u_1-u_2+u_3-u_4+\cdots+(-1)^{n-1}u_n+\cdots$$

或
$$\sum_{n=1}^{\infty}(-1)^n u_n=-u_1+u_2-u_3+u_4+\cdots+(-1)^n u_n+\cdots,$$
那么称级数 $\sum_{n=1}^{\infty}(-1)^{n-1}u_n$ 或级数 $\sum_{n=1}^{\infty}(-1)^n u_n$ 为交错级数.

由于级数 $\sum_{n=1}^{\infty}(-1)^n u_n=-\sum_{n=1}^{\infty}(-1)^{n-1}u_n$,所以在后面的讨论中,我们主要讨论交错级数 $\sum_{n=1}^{\infty}(-1)^{n-1}u_n$.

2. 交错级数审敛法

定理 10.6　莱布尼茨判别法

若交错级数 $\sum_{n=1}^{\infty}(-1)^{n-1}u_n$ 满足条件:

(1) $u_n \geqslant u_{n+1}(n=1,2,3,\cdots)$;

(2) $\lim\limits_{n\to\infty} u_n=0$,

则级数 $\sum_{n=1}^{\infty}(-1)^{n-1}u_n$ 收敛,且其和 $S\leqslant u_1$,其余项 r_n 的绝对值不超过 u_{n+1},即
$$|r_n|=|S_n-S|\leqslant u_{n+1}.$$

【例 9☆☆】　判别交错级数 $\sum_{n=1}^{\infty}(-1)^{n-1}\frac{1}{n}$的敛散性.

解: 因为(1) $u_n=\frac{1}{n}>\frac{1}{n+1}=u_{n+1}\quad(n=1,2,3,\cdots)$;(2) $\lim\limits_{n\to\infty} u_n=\frac{1}{n}=0$,

由莱布尼茨判别法知,交错级数 $\sum_{n=1}^{\infty}(-1)^{n-1}\frac{1}{n}$收敛.

【练 7☆】　判别交错级数 $\sum_{n=1}^{\infty}(-1)^{n-1}\frac{1}{\sqrt{n}}$的敛散性.

【例 10☆☆】　判别下列交错级数的敛散性.

(1) $1-\frac{1}{3!}+\frac{1}{5!}-\frac{1}{7!}+\cdots+(-1)^{n+1}\frac{1}{(2n-1)!}+\cdots$;

(2) $\frac{1}{10}-\frac{2}{10^2}+\frac{3}{10^3}-\frac{4}{10^4}+\cdots+(-1)^{n-1}\frac{n}{10^n}+\cdots$.

解: (1) $u_n=\frac{1}{(2n-1)!}>\frac{1}{(2n+1)2n(2n-1)!}=u_{n+1}>0$,
$$\lim_{n\to\infty}u_n=\lim_{n\to\infty}\frac{1}{(2n-1)!}=0,$$
所以所给级数是收敛的.

(2) 由于$\frac{u_n}{u_{n+1}}=\frac{n}{10^n}\times\frac{10^{n+1}}{n+1}=\frac{10}{1+\frac{1}{n}}>1$,所以 $u_n>u_{n+1}>0$,又由于

$$\lim_{n\to\infty} u_n = \lim_{n\to\infty} \frac{n}{10^n} \xlongequal{\frac{0}{0}} \lim_{n\to\infty} \frac{1}{10^n \ln 10} = 0,$$

因此所给级数是收敛的.

三、绝对收敛与条件收敛

为了判定任意项级数 $\sum_{n=1}^{\infty} u_n$ 的敛散性,通常先考察其各项的绝对值组成的正项级数 $\sum_{n=1}^{\infty} |u_n|$ 的敛散性.

定义 10.6 绝对收敛与条件收敛

若级数 $\sum_{n=1}^{\infty} |u_n|$ 收敛,则称级数 $\sum_{n=1}^{\infty} u_n$ 绝对收敛;若级数 $\sum_{n=1}^{\infty} u_n$ 收敛,而级数 $\sum_{n=1}^{\infty} |u_n|$ 发散,则称级数 $\sum_{n=1}^{\infty} u_n$ 条件收敛.

如,级数 $\sum_{n=1}^{\infty} (-1)^{n-1} \frac{1}{n^2}$ 绝对收敛,而级数 $\sum_{n=1}^{\infty} (-1)^{n-1} \frac{1}{n}$ 条件收敛.

【例 11☆☆】 判定级数 $\sum_{n=1}^{\infty} \frac{(-1)^n n}{n^2+1}$ 是条件收敛还是绝对收敛.

解: $u_n - u_{n+1} = \frac{n}{n^2+1} - \frac{n+1}{(n+1)^2+1} = \frac{n^2+n-1}{(n^2+1)[(n+1)^2+1]} > 0,$

所以 $u_n > u_{n+1} (n=1,2,3,\cdots)$,而

$$\lim_{n\to\infty} u_n = \lim_{n\to\infty} \frac{n}{n^2+1} = 0,$$

由莱布尼茨判别法可得,交错级数 $\sum_{n=1}^{\infty} \frac{(-1)^n n}{n^2+1}$ 收敛.

又 $\frac{n}{n^2+1} \geqslant \frac{n}{n^2+n^2} = \frac{1}{2n}$,而级数 $\sum_{n=1}^{\infty} \frac{1}{2n}$ 是发散的,故级数 $\sum_{n=1}^{\infty} \frac{n}{n^2+1}$ 发散,即级数 $\sum_{n=1}^{\infty} \left| \frac{(-1)^n n}{n^2+1} \right|$ 发散.

综上可得,级数 $\sum_{n=1}^{\infty} \frac{(-1)^n n}{n^2+1}$ 条件收敛.

定理 10.7 若正项级数 $\sum_{n=1}^{\infty} |u_n|$ 收敛,则任意项级数 $\sum_{n=1}^{\infty} u_n$ 必收敛,即绝对收敛的级数必收敛.

注意 上述定理的逆定理不成立.即不能由 $\sum_{n=1}^{\infty} u_n$ 收敛断言级数 $\sum_{n=1}^{\infty} |u_n|$ 收敛.

【练 8☆☆】 判定级数 $\sum_{n=1}^{\infty}\frac{(-1)^{n-1}}{\sqrt{n}}$是条件收敛还是绝对收敛.

【例 12☆☆】 判别级数 $\sum_{n=1}^{\infty}\frac{\sin n\alpha}{n^2}$的敛散性.

解:因为$\left|\frac{\sin n\alpha}{n^2}\right|\leqslant\frac{1}{n^2}$,而级数$\sum_{n=1}^{\infty}\frac{1}{n^2}$收敛,故级数$\sum_{n=1}^{\infty}\left|\frac{\sin n\alpha}{n^2}\right|$也收敛,由定理 10.7 知,级数$\sum_{n=1}^{\infty}\frac{\sin n\alpha}{n^2}$绝对收敛,$\sum_{n=1}^{\infty}\frac{\sin n\alpha}{n^2}$也收敛.

【练 9☆☆】 判别级数 $\sum_{n=1}^{\infty}(-1)^n\frac{2^n-n}{5^n}$的敛散性.

教师寄语

我们发现项目一中判断敛散性比较困难的级数利用比较审敛法和比值审敛法之后变得相对简单了,所以常说“学海无涯”,知识是没有尽头的,技术永远在更新,只要我们勇于攀登,永远保持一颗善于发现问题并乐于解决问题的心,一定会“长风破浪会有时,直挂云帆济沧海”.

习题拓展

【基础过关☆】

1. 判别级数 $\sum_{n=1}^{\infty}\frac{3^n}{2^n-1}$的敛散性.

2. 判别级数 $\sum_{n=1}^{\infty}\frac{2^{n-1}}{(n-1)!}$的敛散性.

【能力达标☆☆】

1. 判别级数 $\sum_{n=1}^{\infty}\frac{n}{n^2+1}$的敛散性.

2. 判别级数 $\sum_{n=1}^{\infty}\frac{3^n}{n\cdot 2^n}$的敛散性.

【思维拓展☆☆☆】

1. 判别级数 $\sum_{n=1}^{\infty}\ln\left(1+\frac{1}{n^2}\right)$的敛散性.

2. 判别级数 $\sum_{n=1}^{\infty}(-1)^{n-1}\frac{1}{n^4}$的敛散性.

3. 判别级数 $\sum_{n=1}^{\infty}(-1)^n\frac{n}{(n+1)^2}$的敛散性.

10.6 习题拓展答案

项目三 幂 级 数

10.7 项目三知识目标及重难点

教学引入

前面两个项目我们讨论了以"数"为项的常数项级数,接下来将讨论每一项都是"函数"的级数,这就是函数项级数.

请注意观察下列级数和我们前面学习的级数有什么不同?

(1) $1+x+x^2+x^3+\cdots+x^n+\cdots$;

(2) $\dfrac{x}{1\cdot 3}+\dfrac{x^2}{2\cdot 3^2}+\dfrac{x^3}{3\cdot 3^3}+\cdots+\dfrac{x^n}{n\cdot 3^n}+\cdots$;

(3) $\sum\limits_{n=1}^{\infty}\dfrac{(x-5)^n}{\sqrt{n}}$.

我们发现,这几个级数都不是前面看到的常数项级数,这几个级数里的每一项都含有未知数 x,也就是说,这些级数的每一项都是函数,因此它们不是我们前面学习的常数项级数.

【引例 1】 级数 $\sum\limits_{n=1}^{\infty}\sin n\pi$ 与级数 $\sum\limits_{n=1}^{\infty}\sin n\pi x$ 的敛散性一样吗?有什么区别与联系吗?

显然,这两个级数的敛散性不同.因为常数项级数 $\sum\limits_{n=1}^{\infty}\sin n\pi$ 是收敛的,而 $\sum\limits_{n=1}^{\infty}\sin n\pi x$ 当 x 取值不同,会得到不同的常数项级数.

如当 $x=0$ 时,级数 $\sum\limits_{n=1}^{\infty}\sin n\pi x$ 每项都是零,所以收敛;

当 $x=\dfrac{1}{2}$时,级数 $\sum\limits_{n=1}^{\infty}\sin n\pi x=\dfrac{n\pi}{2}$,此时级数发散.

理论学习

一、函数项级数的概念

定义 10.7 函数项级数

设有函数列 $u_1(x),u_2(x),u_3(x),\cdots,u_n(x),\cdots$,其中每个函数都在同一区间 I 上有定义,则表达式

$$u_1(x)+u_2(x)+u_3(x)+\cdots+u_n(x)+\cdots$$

称为定义在区间 I 上的函数项级数，记为

$$\sum_{n=1}^{\infty} u_n(x)=u_1(x)+u_2(x)+u_3(x)+\cdots+u_n(x)+\cdots,\quad x\in I. \tag{1}$$

特别当 x 取定值 $x_0(x_0\in I)$ 时，函数项级数(1)变成常数项级数 $\sum\limits_{n=1}^{\infty} u_n(x_0)$，即

$$\sum_{n=1}^{\infty} u_n(x_0)=u_1(x_0)+u_2(x_0)+u_3(x_0)+\cdots+u_n(x_0)+\cdots,\quad x\in I. \tag{2}$$

若这个常数项级数(2)收敛，则称 x_0 是函数项级数(1)的一个收敛点. 若这个常数项级数(2)发散，则称 x_0 是函数项级数(1)的发散点. 函数项级数(1)的所有收敛点的全体构成的集合称为它的收敛域.

对于收敛域内的任一点 x，函数项级数(1)成为一收敛的常数项级数，因而有一个确定的和. 因此，收敛域上函数项级数(1)的和是 x 的函数，记为 $S(x)$，称 $S(x)$ 为函数项级数(1)的和函数. 和函数 $S(x)$ 的定义域就是级数(1)的收敛域，即在收敛域上

$$S(x)=u_1(x)+u_2(x)+u_3(x)+\cdots+u_n(x)+\cdots.$$

若用 $S_n(x)$ 表示级数(1)的前 n 项和

$$S_n(x)=u_1(x)+u_2(x)+u_3(x)+\cdots+u_n(x),$$

则在级数(1)的收敛域上，有

$$\lim_{n\to\infty} S_n(x)=S(x).$$

记 $r_n(x)=S(x)-S_n(x)$，称 $r_n(x)$ 为函数项级数(1)的余项，在级数(1)的收敛域上，

$$\lim_{n\to\infty} r_n(x)=0.$$

二、幂级数及其收敛性

一般的函数项级数是很复杂的，要确定它的收敛域与和函数也十分困难. 在这里我们主要讨论函数项级数中形式较简单且应用较广泛的幂级数. 幂级数在工程技术、自然科学以及数学科学中都有重要的应用.

1. 幂级数的定义

函数项级数中简单而常见的一类级数就是各项都是幂函数的函数项级数，即所谓幂级数.

定义 10.8　幂级数

形如

$$\sum_{n=1}^{\infty} a_n(x-x_0)^n=a_0+a_1(x-x_0)+\cdots+a_n(x-x_0)^n+\cdots \tag{3}$$

的函数项级数称为关于 $x-x_0$ 的幂级数，其中常数 $a_0,a_1,a_2,\cdots,a_n,\cdots$ 称为幂级数的系数.

特别当 $x_0=0$ 时，(3)式成为

$$\sum_{n=0}^{\infty}a_nx^n=a_0+a_1x+a_2x^2+\cdots+a_nx^n+\cdots, \tag{4}$$

称为关于 x 的幂级数.

通过变量替换 $x-x_0=t$，则级数(3)式可以转换成 $\sum\limits_{n=0}^{\infty}a_nt^n$ 的形式，即形如(4)的幂级数，因此下面重点讨论(4)的幂级数.

2. 幂级数的收敛半径与收敛域

首先讨论幂级数(4)的收敛性问题，幂级数(4)在 $x=0$ 处总是收敛的，除此之外，它还在哪些点收敛呢？我们有下面的定理：

定理 10.8 阿贝尔定理

如果级数 $\sum\limits_{n=0}^{\infty}a_nx^n$ 当 $x=x_0(x_0\neq 0)$ 时收敛，则适合不等式 $|x|<|x_0|$ 的一切 x 使这幂级数绝对收敛. 反之，如果级数 $\sum\limits_{n=0}^{\infty}a_nx^n$ 当 $x=x_0$ 时发散，则适合不等式 $|x|>|x_0|$ 的一切 x 使这幂级数发散.

阿贝尔定理告诉我们，如果幂级数 $\sum\limits_{n=0}^{\infty}a_nx^n$ 在 $x=x_0$ 处收敛，则对于开区间 $(-|x_0|,|x_0|)$ 内的任何 x，幂级数都收敛；如果幂级数 $\sum\limits_{n=0}^{\infty}a_nx^n$ 在 $x=x_0$ 处发散，则对于闭区间 $[-|x_0|,|x_0|]$ 外的任何 x，幂级数都发散.

推论 如果幂级数 $\sum\limits_{n=0}^{\infty}a_nx^n$ 不是仅在 $x=0$ 一点收敛，也不是在整个数轴上都收敛，则必有一个完全确定的正数 R 存在，使得

当 $|x|<R$ 时，幂级数 $\sum\limits_{n=0}^{\infty}a_nx^n$ 绝对收敛；

当 $|x|>R$ 时，幂级数 $\sum\limits_{n=0}^{\infty}a_nx^n$ 发散；

当 $x=\pm R$ 时，幂级数 $\sum\limits_{n=0}^{\infty}a_nx^n$ 可能收敛也可能发散.

定义 10.9 收敛半径与收敛区间

对于幂级数 $\sum\limits_{n=0}^{\infty}a_nx^n$，正数 R 通常叫作幂级数 $\sum\limits_{n=0}^{\infty}a_nx^n$ 的收敛半径，由幂级数在 $x=\pm R$ 处的收敛性就可以决定它在区间 $(-R,R)$，$[-R,R)$，$(-R,R]$，$[-R,R]$ 上收敛，这区间叫作幂级数(4)的收敛区间.

注意

(1) 如果幂级数(4)只在 $x=0$ 处收敛，这时收敛域只有一点 $x=0$，为方便起见我们规定这时的收敛半径 $R=0$，并说收敛区间只有一点 $x=0$.

(2) 如果幂级数(4)对一切 x 都收敛,则规定收敛半径 $R=+\infty$,这时收敛区间是$(-\infty,+\infty)$.

由上面的讨论可得到幂级数 $\sum_{n=0}^{\infty} a_n x^n$ 收敛半径的求法:

定理 10.9　收敛半径的计算方法

如果 $\lim_{n\to\infty}\left|\frac{a_{n+1}}{a_n}\right|=l$,其中 a_n, a_{n+1} 是幂级数 $\sum_{n=0}^{\infty} a_n x^n$ 的相邻两项的系数,则这幂级数的收敛半径

$$R=\begin{cases}+\infty, l=0,\\ \frac{1}{l}, 0<l<+\infty,\\ 0, l=+\infty.\end{cases}$$

【例 1☆】　求幂级数 $\sum_{n=1}^{\infty}\frac{x^n}{n^p}(p>0)$ 的收敛半径.

解:幂级数 $\sum_{n=1}^{\infty}\frac{x^n}{n^p}(p>0)$ 中,$a_n=\frac{1}{n^p}$,

$$R=\lim_{n\to\infty}\left|\frac{a_n}{a_{n+1}}\right|=\lim_{n\to\infty}\frac{\frac{1}{n^p}}{\frac{1}{(n+1)^p}}=\lim_{n\to\infty}\left(\frac{n+1}{n}\right)^p=1,$$

收敛半径 $R=1$.

【练 1☆】　求幂级数 $\sum_{n=1}^{\infty} nx^n$ 的收敛半径.

【例 2☆☆】　求幂级数 $\sum_{n=1}^{\infty}\frac{x^n}{n!}$ 的收敛半径.

解:$R=\lim_{n\to\infty}\left|\frac{a_n}{a_{n+1}}\right|=\lim_{n\to\infty}\frac{(n+1)!}{n!}=\lim_{n\to\infty}(n+1)=+\infty$,

收敛半径 $R=+\infty$.

【例 3☆☆】　求幂级数 $\sum_{n=0}^{\infty} n^n x^n$ 的收敛半径.

解:$R=\lim_{n\to\infty}\left|\frac{a_n}{a_{n+1}}\right|=\lim_{n\to\infty}\frac{n^n}{(n+1)^{n+1}}=\lim_{n\to\infty}\frac{1}{n+1}\cdot\frac{1}{\left(1+\frac{1}{n}\right)^n}=0$,

收敛半径 $R=0$.

【例 4☆☆】　求幂级数 $\sum_{n=1}^{\infty}(-1)^{n-1}\frac{x^n}{n}$ 的收敛半径和收敛域.

解:幂级数 $\sum_{n=1}^{\infty}(-1)^{n-1}\frac{x^n}{n}$ 中,$a_n=(-1)^{n-1}\frac{1}{n}$,

$$R=\lim_{n\to\infty}\left|\frac{a_n}{a_{n+1}}\right|=\lim_{n\to\infty}\frac{\frac{1}{n}}{\frac{1}{n+1}}=1$$,收敛半径 $R=1$.

当 $x=1$ 时,级数为交错级数 $\sum_{n=1}^{\infty}(-1)^{n-1}\frac{1}{n}$,级数收敛;

当 $x=-1$ 时,级数为调和级数 $-\sum_{n=1}^{\infty}\frac{1}{n}$,级数发散.

因此幂级数 $\sum_{n=1}^{\infty}(-1)^{n-1}\frac{x^n}{n}$ 的收敛域为 $(-1,1]$.

【练 2☆☆】 求幂级数 $\sum_{n=1}^{\infty}\frac{x^n}{n\cdot 3^n}$ 的收敛半径和收敛域.

【例 5☆☆☆】 求幂级数 $\sum_{n=1}^{\infty}\frac{(x-1)^n}{n\cdot 2^n}$ 的收敛域.

解: 令 $t=x-1$,级数变为 $\sum_{n=1}^{\infty}\frac{t^n}{n\cdot 2^n}$.

$$R=\lim_{n\to\infty}\left|\frac{a_n}{a_{n+1}}\right|=\lim_{n\to\infty}\frac{\frac{1}{n\cdot 2^n}}{\frac{1}{(n+1)\cdot 2^{n+1}}}=2$$,收敛半径 $R=2$.

当 $t=2$ 时,级数为调和级数 $\sum_{n=1}^{\infty}\frac{1}{n}$,级数发散;

当 $t=-2$ 时,级数为交错级数 $\sum_{n=1}^{\infty}(-1)^n\frac{1}{n}$,级数收敛.

因此 $t\in[-2,2)$ 收敛,即 $-2\leqslant x-1<2$,得收敛域 $[-1,3)$.

【练 3☆☆☆】 求幂级数 $\sum_{n=1}^{\infty}(-1)^n\frac{(x-2)^n}{n}$ 的收敛域.

【例 6☆☆☆】 求幂级数 $\sum_{n=0}^{\infty}(-1)^n\frac{x^{2n}}{2n+1}$ 的收敛域.

解: 所给的幂级数缺奇次幂项,故不能直接用定理 10.9 求收敛半径.

考虑正项级数 $\sum_{n=0}^{\infty}\left|(-1)^n\frac{x^{2n}}{2n+1}\right|=\sum_{n=0}^{\infty}\frac{x^{2n}}{2n+1}$,利用比值审敛法,

$$l=\lim_{n\to\infty}\left|\frac{u_{n+1}}{u_n}\right|=\lim_{n\to\infty}\frac{\frac{x^{2(n+1)}}{2(n+1)+1}}{\frac{x^{2n}}{2n+1}}=x^2.$$

当 $x^2<1$ 时,$\sum_{n=0}^{\infty}\frac{x^{2n}}{2n+1}$ 收敛,即 $-1<x<1$,$\sum_{n=0}^{\infty}\frac{x^{2n}}{2n+1}$ 收敛,所以原级数 $\sum_{n=0}^{\infty}(-1)^n\frac{x^{2n}}{2n+1}$ 绝对收敛.

将 $x=\pm 1$ 代入，得到收敛的交错级数 $\sum\limits_{n=0}^{\infty}\frac{(-1)^n}{2n+1}$，从而求得级数 $\sum\limits_{n=0}^{\infty}(-1)^n\frac{x^{2n}}{2n+1}$ 的收敛域为 $[-1,1]$.

3. 幂级数的运算

在解决具体问题时，常常需要对幂级数进行加、减、乘以及求导、求积分运算，这就需要研究幂级数的运算法则和性质.

定理 10.10　幂级数的和、差、积运算

设幂级数

$$a_0+a_1x+a_2x^2+\cdots+a_nx^n+\cdots,\quad b_0+b_1x+b_2x^2+\cdots+b_nx^n+\cdots$$

的收敛区间分别为 $(-R_1,R_1)$ 与 $(-R_2,R_2)$，其和函数分别为 $S_1(x)$ 与 $S_2(x)$，即

$$\sum_{n=0}^{\infty}a_nx^n=S_1(x),x\in(-R_1,R_1),$$

$$\sum_{n=0}^{\infty}b_nx^n=S_2(x),x\in(-R_2,R_2),$$

则在较小区间 $(-R,R)$（即 $R=\min(R_1,R_2)$）上，两个幂级数可作加法、减法、乘法运算

(1) $\sum\limits_{n=0}^{\infty}a_nx^n\pm\sum\limits_{n=0}^{\infty}b_nx^n=\sum\limits_{n=0}^{\infty}(a_n\pm b_n)x^n=S_1(x)\pm S_2(x),x\in(-R,R)$;

(2) $\left(\sum\limits_{n=0}^{\infty}a_nx^n\right)\cdot\left(\sum\limits_{n=0}^{\infty}b_nx^n\right)=\sum\limits_{n=0}^{\infty}c_nx^n=S_1(x)\cdot S_2(x),x\in(-R,R)$,

其中 $c_n=a_0b_n+a_1b_{n-1}+\cdots+a_nb_0$.

显然可以看出，两个幂级数的加、减、乘法运算与两个多项式的相应运算完全相同.

定理 10.11　幂级数的连续性

设幂级数 $\sum\limits_{n=0}^{\infty}a_nx_n$ 的收敛半径为 $R(R>0)$，则其和函数 $S(x)$ 在区间 $(-R,R)$ 内连续. 如果幂级数在 $x=R$（或 $x=-R$）也收敛，则其和函数 $S(x)$ 在 $(-R,R]$（或 $[-R,R)$）上连续.

定理 10.12　逐项求导

设幂级数 $\sum\limits_{n=0}^{\infty}a_nx^n$ 的收敛半径为 $R(R>0)$，则其和函数 $S(x)$ 在区间 $(-R,R)$ 内是可导的，且有逐项求导公式

$$S'(x)=\left(\sum_{n=0}^{\infty}a_nx^n\right)'=\sum_{n=0}^{\infty}(a_nx^n)'=\sum_{n=1}^{\infty}na_nx^{n-1},$$

其中 $|x|<R$，逐项求导后所得到的幂级数和原级数有相同的收敛半径.

定理 10.13　逐项积分

设幂级数 $\sum\limits_{n=0}^{\infty}a_nx^n$ 的收敛半径为 $R(R>0)$，则其和函数 $S(x)$ 在区间

$(-R,R)$内是可积的,且有逐项积分公式

$$\int_0^x S(x)\mathrm{d}x=\int_0^x\left[\sum_{n=0}^{\infty}a_nx^n\right]\mathrm{d}x=\sum_{n=0}^{\infty}\int_0^x a_nx^n\mathrm{d}x=\sum_{n=0}^{\infty}\frac{a_n}{n+1}x^{n+1},$$

其中$|x|<R$,逐项积分后所得到的幂级数和原级数有相同的收敛半径.

【例 7☆☆☆】 求级数$\sum\limits_{n=1}^{\infty}nx^{n-1}$的和函数.

解:因为 $$\sum_{n=1}^{\infty}x^n=\frac{x}{1-x},x\in(-1,1),$$

两边对 x 逐项求导后,得

$$\sum_{n=1}^{\infty}nx^{n-1}=\left(\frac{x}{1-x}\right)'=\frac{x'(1-x)-x(1-x)'}{(1-x)^2}$$

$$=\frac{1-x+x}{(1-x)^2}=\frac{1}{(1-x)^2},x\in(-1,1).$$

【例 8☆☆☆】 求幂级数$\sum\limits_{n=1}^{\infty}\frac{(-1)^{n-1}}{n}x^n$的和函数,并指出其收敛域.

解:$R=\lim\limits_{n\to\infty}\left|\frac{a_n}{a_{n+1}}\right|=\lim\limits_{n\to\infty}\frac{\frac{1}{n}}{\frac{1}{n+1}}=1$, 收敛半径为 1.

当 $x=1$ 时,级数为交错级数$\sum\limits_{n=1}^{\infty}(-1)^{n-1}\frac{1}{n}$,级数收敛;

当 $x=-1$ 时,级数为调和级数$\sum\limits_{n=1}^{\infty}\frac{1}{n}$,级数发散.

因此幂级数$\sum\limits_{n=1}^{\infty}\frac{(-1)^{n-1}}{n}x^n$的收敛域为$(-1,1]$.

设

$$S(x)=\sum_{n=1}^{\infty}\frac{(-1)^{n-1}}{n}x^n=x-\frac{1}{2}x^2+\frac{1}{3}x^3+\cdots+\frac{(-1)^{n-1}}{n}x^n+\cdots,$$

两边对 x 求导,得

$$S'(x)=1-x+x^2+\cdots+(-1)^{n-1}x^{n-1}+\cdots,$$

右边级数是公比为$-x$ 的等比级数,所以当$|x|<1$ 时,级数收敛于$\frac{1}{1+x}$. 即有 $S'(x)=\frac{1}{1+x}$. 所以

$$\int_0^x S'(t)\mathrm{d}t=\int_0^x\frac{1}{1+t}\mathrm{d}t=\ln(1+x),$$

即 $S(x)-S(0)=\ln(1+x)$,因 $S(0)=0$,所以 $S(x)=\ln(1+x)$. 即

$$\ln(1+x)=\sum_{n=1}^{\infty}\frac{(-1)^{n-1}}{n}x^n,x\in(-1,1].$$

【练 4☆☆☆】 求幂级数$\sum\limits_{n=0}^{\infty}(-1)^n(n+1)x^n$的和函数.

实际应用

【例 1☆☆☆】 假设银行的年存款利率为 5%，且以复利计息，某人一次性将一笔资金存入银行. 若要保证自存入之后起，(此人或其他人)第 $n(n=1,2,\cdots)$ 年年末都能从银行中提取 n 万元，则其存入的资金至少是多少？

解:第 1 年年末提取 1 万元的现值为 a_1，则 $a_1+0.05a_1=1$，即 $a_1=\frac{1}{1.05}$，

第 2 年年末提取 2 万元的现值为 a_2，则 $1.05^2a_2=2$，即 $a_2=\frac{2}{1.05^2}$，

…………

第 n 年年末提取 n 万元的现值为 a_n，则 $1.05^na_n=n$，即 $a_n=\frac{n}{1.05^n}$，

综上可知，此人存入的资金至少为

$$a_1+a_2+\cdots+a_n+\cdots=\frac{1}{1.05}+\frac{2}{1.05^2}+\cdots+\frac{n}{1.05^n}+\cdots\ (\text{万元}).$$

考虑 $S(x)=\sum\limits_{n=1}^{\infty}nx^n=x\sum\limits_{n=1}^{\infty}nx^{n-1}=x\left(\sum\limits_{n=1}^{\infty}x^n\right)'=x\left(\frac{x}{1-x}\right)'=\frac{x}{(1-x)^2}$，

则 $\frac{1}{1.05}+\frac{2}{1.05^2}+\cdots+\frac{n}{1.05^n}+\cdots=S\left(\frac{1}{1.05}\right)=\frac{\frac{1}{1.05}}{\left(1-\frac{1}{1.05}\right)^2}=420\ (\text{万元}).$

【例 2☆☆☆】 用级数计算 $\int_0^1 e^{-x^2}dx$ 的近似值，误差不大于 0.000 01.

解:e^{-x^2} 的原函数不是一个初等函数，所以用微积分基本定理无法计算这个积分. 由于

$$e^{-x^2}=1-x^2+\frac{x^4}{2!}-\frac{x^6}{3!}+\cdots,$$

逐项积分得　$\int_0^1 e^{-t^2}dt=x-\frac{x^3}{3}+\frac{x^5}{5\cdot 2!}-\frac{x^7}{7\cdot 3!}+\cdots.$

因为第 8 项的绝对值

$$|r_S|\leqslant\frac{1}{(2\times 8+1)\cdot 8!}<\frac{1}{90\ 000}\approx 0.000\ 01,$$

故取前 7 项的和作为近似值

$$1-\frac{1}{3}+\frac{1}{5\cdot 2!}-\frac{1}{7\cdot 3!}+\frac{1}{9\cdot 4!}-\frac{1}{11\cdot 5!}+\frac{1}{13\cdot 6!}\approx 0.756\ 8.$$

故误差不大于 0.000 01 的近似值为 0.756 8.

习题拓展

【基础过关☆】

求幂级数 $\sum\limits_{n=0}^{\infty}\dfrac{2^n}{n^2+1}x^n$ 的收敛半径.

【能力达标☆☆】

1. 求幂级数 $\sum\limits_{n=0}^{\infty}(-1)^n\dfrac{1}{\sqrt{(n+1)(n+2)}}x^n$ 的收敛半径及收敛域.

2. 求幂级数 $\sum\limits_{n=0}^{\infty}x^{2n}$ 在收敛域内的和函数.

【思维拓展☆☆☆】

求幂级数 $\sum\limits_{n=0}^{\infty}(n+1)x^n$ 在收敛域内的和函数.

10.8 模块十项目三习题拓展答案

项目四 幂级数展开

10.9 项目四知识目标及重难点

教学引入

项目三我们讨论了幂级数在收敛区间内求和函数的问题,如

(1) 幂级数 $\sum\limits_{n=1}^{\infty}\dfrac{(-1)^{n-1}}{n}x^n$,在 $x\in(-1,1]$ 时,其和函数为 $\ln(1+x)$;

(2) 幂级数 $\sum\limits_{n=1}^{\infty}nx^{n-1}$,在 $x\in(-1,1)$ 时,其和函数为 $\dfrac{1}{(1-x)^2}$.

很自然地会思考一个相反的问题:对于给定的函数 $f(x)$,它能否在某个区间上展开成为 x 的幂级数呢?或者说,能否找到这样一个幂级数,它在某个区间内收敛,且其和恰好就是给定的函数 $f(x)$ 呢?如

(1) 函数 $f(x)=e^x$ 能否展开成 x 的幂级数呢?

(2) 函数 $f(x)=\sin x$ 能否展开成 x 的幂级数呢?如果可以的话,又该怎么展开这个幂级数呢?

理论学习

一、泰勒级数

1. 泰勒公式

为了讨论一个函数 $f(x)$ 在什么样的条件下才能表示成幂级数,先

介绍两个用多项式来表达函数的公式——泰勒公式和麦克劳林公式.

定理 10.14　泰勒公式

若函数 $f(x)$ 在 x_0 的某邻域内有高阶导数,则对此邻域内任意点 x,至少存在一点 ξ,ξ 介于 x_0 与 x 之间,使得

$$f(x)=f(x_0)+\frac{f'(x_0)}{1!}(x-x_0)+\cdots+\frac{f^{(n)}(x_0)}{n!}(x-x_0)^n+\frac{f^{(n+1)}(\xi)}{(n+1)!}(x-x_0)^{(n+1)} \tag{5}$$

成立.

公式(5)称为函数 $f(x)$ 在 x_0 点处的 n 阶泰勒公式,其中最后一项称为泰勒公式的拉格朗日型余项,记作

$$R_n(x)=\frac{f^{(n+1)}(\xi)}{(n+1)!}(x-x_0)^{(n+1)}\quad(\xi\text{ 介于 }x_0\text{ 与 }x\text{ 之间}).$$

当 $x\to x_0$ 时,$R_n(x)$ 是比 $(x-x_0)^n$ 高阶的无穷小. 故一般将其写为

$$R_n(x)=o(|x-x_0|^n).$$

特别当 $n=0$ 时,泰勒公式变为 $f(x)=f(x_0)+f'(\xi)(x-x_0)$,即拉格朗日中值定理,所以泰勒公式是拉格朗日中值定理的推广,因此泰勒公式又称为泰勒中值定理.

定理 10.15　麦克劳林公式

泰勒公式(5)中令 $x_0=0$,则公式变形为

$$f(x)=f(0)+\frac{f'(0)}{1!}x+\frac{f''(0)}{2!}x^2+\cdots+\frac{f^{(n)}(0)}{n!}x^n+R_n(x), \tag{6}$$

其中余项 $R_n(x)=o(|x|^n)$ 或 $R_n(x)=\dfrac{f^{(n+1)}(\xi)}{(n+1)!}x^{(n+1)}$　(ξ 介于0与 x 之间).

公式(6)称为 n 阶麦克劳林公式.

定义 10.10　泰勒级数

如果 $f(x)$ 在点 x_0 的某邻域内有各阶导数 $f'(x)$,$f''(x)$,$\cdots$,$f^{(n)}(x)$,$\cdots$,则称幂级数

$$f(x_0)+\frac{f'(x_0)}{1!}(x-x_0)+\frac{f''(x_0)}{2!}(x-x_0)^2+\cdots+\frac{f^{(n)}(x_0)}{n!}(x-x_0)^n+\cdots \tag{7}$$

为函数 $f(x)$ 的泰勒级数.

显然,当 $x=x_0$ 时,$f(x)$ 的泰勒级数收敛于 $f(x_0)$,但除了 $x=x_0$ 外,它是否收敛? 如果它收敛,它是否一定收敛于 $f(x)$? 关于这些问题,有下列定理:

定理 10.16　泰勒级数收敛的充分必要条件

设函数 $f(x)$ 在点 x_0 的某一邻域 $U(x_0)$ 内具有各阶导数,则 $f(x)$ 在该邻域内能展开成泰勒级数的充分必要条件是 $f(x)$ 的泰勒公式中的余项 $R_n(x)$ 当 $n\to\infty$ 时的极限为零,即

$$\lim_{n\to\infty}R_n(x)=0\quad(x\in U(x_0)).$$

在(7)式中取 $x_0=0$ 时,得

$$f(0)+\frac{f'(0)}{1!}x+\frac{f''(0)}{2!}x^2+\cdots+\frac{f^{(n)}(0)}{n!}x^n+\cdots, \tag{8}$$

称为函数 $f(x)$ 的麦克劳林级数.

二、函数展开成幂级数

1. 直接展开法

将函数展开成泰勒级数的步骤:

(1) 在 x_0 的邻域内求出 $f(x)$ 的各阶导数,进而求出 $f^{(k)}(x_0)(k=1,2,\cdots)$,并写出展开式

$$f(x)=\sum_{n=0}^{\infty}\frac{1}{n!}f^{(n)}(x_0)(x-x_0)^n; \tag{9}$$

(2) 求出(9)式右端泰勒级数的收敛半径 R 及 $f(x)$ 的任意阶导数的存在区间 (x_0-l,x_0+l),令 $r=\min\{R,l\}$,则展开式(9)在 (x_0-r,x_0+r) 内成立;再考察两个端点 x_0-r 及 x_0+r,在级数收敛且函数 $f(x)$ 有定义的端点处展开式(9)也成立.

下面我们只讨论 $x_0=0$ 的情形.

当 $x_0=0$ 时,(9)式成为

$$f(x)=\sum_{n=0}^{\infty}\frac{1}{n!}f^{(n)}(0)x^n, x\in(-r,r). \tag{10}$$

【例 1☆☆】 求函数 $f(x)=\mathrm{e}^x$ 的麦克劳林展开式.

解:因为 $f^{(n)}(x)=\mathrm{e}^x \quad (n=1,2,\cdots)$,所以

$$f(0)=f'(0)=f''(0)=\cdots=f^{(n)}(0)=1\ (n=1,2,\cdots),$$

于是得级数 $1+x+\frac{x^2}{2!}+\cdots+\frac{1}{n!}x^n+\cdots$,它的收敛半径

$$R=\lim_{n\to\infty}\left|\frac{a_n}{a_{n+1}}\right|=\lim_{n\to\infty}\left|\frac{\frac{1}{n!}}{\frac{1}{(n+1)!}}\right|=\lim_{n\to\infty}(n+1)=+\infty.$$

所以 $f(x)=\mathrm{e}^x$ 的幂级数展开式如下

$$\mathrm{e}^x=1+x+\frac{x^2}{2!}+\cdots+\frac{x^n}{n!}+\cdots \quad (-\infty<x<\infty).$$

【例 2☆☆】 把 $f(x)=\sin x$ 展开成 x 的幂级数.

解:函数 $f(x)=\sin x$ 的各阶导数为 $f^{(n)}(x)=\sin\left(x+\frac{n\pi}{2}\right)(n=1,2,\cdots)$,$f^{(n)}(0)$ 顺序循环地取 $0,1,0,-1,\cdots(n=0,1,2,\cdots)$,于是得级数

$$x-\frac{x^3}{3!}+\frac{x^5}{5!}+\cdots+(-1)^n\frac{x^{2n+1}}{(2n+1)!}+\cdots,$$

它的收敛半径

$$R=\lim_{n\to\infty}\left|\frac{a_n}{a_{n+1}}\right|=\lim_{n\to\infty}\left|\frac{\frac{1}{(2n+1)!}}{\frac{1}{(2n+3)!}}\right|=\lim_{n\to\infty}(2n+3)=+\infty .$$

因此 $f(x)=\sin x$ 的幂级数展开式如下：

$$\sin x=x-\frac{x^3}{3!}+\frac{x^5}{5!}+\cdots+(-1)^n\frac{x^{2n+1}}{(2n+1)!}+\cdots\quad(-\infty<x<\infty).$$

【练 1☆☆】 将函数 $f(x)=\cos x$ 展开成 x 的幂级数.

类似的方法可以得到以下常用函数的展开式

(1) $e^x=1+x+\dfrac{x^2}{2!}+\cdots+\dfrac{x^n}{n!}+\cdots\quad(-\infty<x<\infty)$；

(2) $\sin x=x-\dfrac{x^3}{3!}+\dfrac{x^5}{5!}-\cdots+(-1)^n\dfrac{x^{2n+1}}{(2n+1)!}+\cdots\quad(-\infty<x<\infty)$；

(3) $\cos x=1-\dfrac{x^2}{2!}+\dfrac{x^4}{4!}-\cdots+(-1)^n\dfrac{x^{2n}}{(2n)!}+\cdots\quad(-\infty<x<\infty)$；

(4) $\dfrac{1}{1-x}=1+x+x^2+\cdots+x^n+\cdots\quad(-1<x<1)$；

(5) $\ln(1+x)=x-\dfrac{x^2}{2}+\dfrac{x^3}{3}-\dfrac{x^4}{4}+\cdots+(-1)^n\dfrac{x^{n+1}}{n+1}+\cdots\quad(-1<x\leqslant1)$；

(6) $(1+x)^m=1+mx+\dfrac{m(m-1)}{2!}x^2+\cdots+\dfrac{m(m-1)\cdots(m-n+1)}{n!}x^n+\cdots$ $(-1<x<1)$.

注意　将函数展开成幂级数，实际上是在用幂函数的和去尽可能逼近函数. 这种逼近的方法在分析和数值计算中起着重要作用.

2. 间接展开法

利用直接展开法得到的 6 个常用函数展开式，通过幂级数的运算（如四则运算、逐项求导、逐项积分）及变量代换等，将所给函数展开成幂级数.

【例 3☆☆】 将函数 $f(x)=e^{-x^2}$ 展开成 x 的幂级数.

解：因为　$e^x=\sum\limits_{n=0}^{\infty}\dfrac{1}{n!}x^n=1+x+\dfrac{x^2}{2!}+\cdots+\dfrac{1}{n!}x^n+\cdots\quad x\in(-\infty,+\infty)$，

把 x 换成 $-x^2$ 得　$e^{-x^2}=\sum\limits_{n=0}^{\infty}\dfrac{(-x^2)^n}{n!}=\sum\limits_{n=0}^{\infty}\dfrac{(-1)^nx^{2n}}{n!}\quad x\in(-\infty,+\infty)$.

【练 2☆☆】 将函数 $f(x)=e^{-2x}$ 展开成 x 的幂级数.

【例 4☆☆】 将函数 $f(x)=\dfrac{1}{1+x^2}$ 展开成 x 的幂级数.

解：因为　$\dfrac{1}{1-x}=1+x+x^2+\cdots+x^n+\cdots\quad(-1<x<1)$，

把 x 换成 $-x^2$，

$$\frac{1}{1+x^2}=1-x^2+x^4-\cdots+(-1)^n x^{2n}+\cdots,$$

由$-1<-x^2<1$得$-1<x<1$,所以

$$\frac{1}{1+x^2}=1-x^2+x^4-\cdots+(-1)^n x^{2n}+\cdots\quad(-1<x<1).$$

【例5☆☆☆】 将函数$f(x)=\ln(1+x)$展开成x的幂级数.

解:因为$f'(x)=[\ln(1+x)]'=\dfrac{1}{1+x}$,而

$$\frac{1}{1+x}=1-x+x^2-x^3+\cdots+(-1)^n x^n+\cdots\quad(-1<x<1).$$

将上式从0到x逐项积分得

$$\ln(1+x)=x-\frac{x^2}{2}+\frac{x^3}{3}-\frac{x^4}{4}+\cdots+(-1)^n\frac{x^{n+1}}{n+1}+\cdots\quad(-1<x\leqslant 1).$$

【例6☆☆☆】 将函数$f(x)=(1+x)\ln(1+x)$展开成x的幂级数.

解:法一 由常用展开式可知

$$\ln(1+x)=\sum_{n=1}^{\infty}\frac{(-1)^{n-1}}{n}x^n\quad(-1<x\leqslant 1),$$

所以
$$\begin{aligned}f(x)&=(1+x)\sum_{n=1}^{\infty}\frac{(-1)^{n-1}}{n}x^n=\sum_{n=1}^{\infty}\frac{(-1)^{n-1}}{n}x^n+x\sum_{n=1}^{\infty}\frac{(-1)^{n-1}}{n}x^n\\&=\sum_{n=1}^{\infty}\frac{(-1)^{n-1}}{n}x^n+\sum_{n=1}^{\infty}\frac{(-1)^{n-1}}{n}x^{n+1}\\&=\sum_{n=1}^{\infty}\frac{(-1)^{n-1}}{n}x^n+\sum_{n=2}^{\infty}\frac{(-1)^{n}}{n-1}x^n\\&=x+\sum_{n=2}^{\infty}(-1)^n\left(-\frac{1}{n}+\frac{1}{n-1}\right)x^n=x+\sum_{n=2}^{\infty}\frac{(-1)^n}{n(n-1)}x^n.\end{aligned}$$

容易求得右端级数的收敛域为$[-1,1]$,但$f(x)$在$x=-1$处没有定义,故展开式成立区间为$(-1,1]$.

法二 $f'(x)=(1+x)'\ln(1+x)+(1+x)\ln'(1+x)=1+\ln(1+x)$.

因
$$\ln(1+x)=\sum_{n=1}^{\infty}\frac{(-1)^{n-1}}{n}x^n\quad(-1<x\leqslant 1),$$

故
$$f'(x)=1+\ln(1+x)=1+\sum_{n=1}^{\infty}\frac{(-1)^{n-1}}{n}x^n\quad(-1<x\leqslant 1).$$

将上式从0到x逐项积分得

$$f(x)=x+\sum_{n=1}^{\infty}\frac{(-1)^{n-1}}{n(n+1)}x^{n+1}\quad(-1<x\leqslant 1).$$

【例7☆☆☆】 将函数$f(x)=\dfrac{1}{3x^2-4x+1}$展开成$x$的幂级数.

解:$f(x)=\dfrac{1}{3x^2-4x+1}=\dfrac{1}{2}\left(\dfrac{3}{1-3x}-\dfrac{1}{1-x}\right)=\dfrac{1}{2}\left(\displaystyle\sum_{n=0}^{\infty}3^{n+1}x^n-\sum_{n=0}^{\infty}x^n\right)$

$$=\frac{1}{2}\sum_{n=0}^{\infty}(3^{n+1}-1)x^{n}.$$

由于$-1<3x<1$ 得$|x|<\frac{1}{3}$,由$-1<x<1$ 得$|x|<1$.

综上所得$|x|<\frac{1}{3}$,所以

$$\frac{1}{3x^{2}-4x+1}=\frac{1}{2}\sum_{n=0}^{\infty}(3^{n+1}-1)x^{n}\quad\left(-\frac{1}{3}<x<\frac{1}{3}\right).$$

【例 8☆☆☆】 将函数$f(x)=\ln x$展开成$(x-2)$的幂级数.

解:令$t=x-2$,则$x=2+t$.

$$\ln x=\ln(2+t)=\ln 2+\ln\left(1+\frac{t}{2}\right)=\ln 2+\sum_{n=1}^{\infty}(-1)^{n-1}\frac{\left(\frac{t}{2}\right)^{n}}{n}$$

$$=\ln 2+\sum_{n=1}^{\infty}(-1)^{n-1}\frac{\left(\frac{x-2}{2}\right)^{n}}{n},-1<\frac{x-2}{2}\leqslant 1,$$

即$\ln x=\ln 2+\sum_{n=1}^{\infty}(-1)^{n-1}\frac{\left(\frac{x-2}{2}\right)^{n}}{n},0<x\leqslant 4$.

实际应用

【例 1☆☆☆】 计算积分$\int_{0}^{1}\frac{\sin x}{x}dx$的近似值,要求误差不超过0.000 1.

解:由于$\lim\limits_{x\to 0}\frac{\sin x}{x}=1$,因此所给积分不是反常积分.

若定义被积函数在$x=0$处的值为1,则它在积分区间$[0,1]$上连续.展开被积函数,有

$$\frac{\sin x}{x}=1-\frac{x^{2}}{3!}+\frac{x^{4}}{5!}-\frac{x^{6}}{7!}+\cdots+(-1)^{n}\frac{x^{2n}}{(2n+1)!}+\cdots(-\infty<x<+\infty),$$

在$[0,1]$上逐项积分,得

$$\int_{0}^{1}\frac{\sin x}{x}dx=1-\frac{1}{3\cdot 3!}+\frac{1}{5\cdot 5!}-\frac{1}{7\cdot 7!}+\cdots+(-1)^{n}\frac{1}{(2n+1)(2n+1)!}+\cdots.$$

因为第四项的绝对值$\frac{1}{7\cdot 7!}<\frac{1}{30\ 000}$,所以取前三项的和作为积分的近似值:

$$\int_{0}^{1}\frac{\sin x}{x}dx\approx 1-\frac{1}{3\cdot 3!}+\frac{1}{5\cdot 5!},$$

算得$\int_{0}^{1}\frac{\sin x}{x}dx\approx 0.946\ 1$.

【例 2☆☆☆】 求$\sin 9°$的近似值,精确到10^{-5}.

解:由 $\sin x=x-\frac{x^3}{3!}+\frac{x^5}{5!}-\cdots+(-1)^n\frac{x^{2n+1}}{(2n+1)!}+\cdots\quad(-\infty<x<\infty)$,

又 $9°=\frac{\pi}{20}$,$\frac{1}{5!}\times\left(\frac{\pi}{20}\right)^5<10^{-5}$,故取前两项作为近似值即可,所以

$$\sin 9°\approx\frac{\pi}{20}-\frac{1}{3!}\times\left(\frac{\pi}{20}\right)^3\approx 0.156\ 43.$$

【例3☆☆☆】 求 $\ln 2$ 的近似值,精确到 10^{-4}.

解:由

$$\ln(1+x)=x-\frac{x^2}{2}+\frac{x^3}{3}-\frac{x^4}{4}+\cdots+(-1)^n\frac{x^{n+1}}{n+1}+\cdots\quad(-1<x\leqslant 1),$$

当 $x=1$ 时,

$$\ln 2=\ln(1+1)=1-\frac{1^2}{2}+\frac{1^3}{3}-\frac{1^4}{4}+\cdots+(-1)^n\frac{1^{n+1}}{n+1}+\cdots,$$

保留小数点后4位有效数字,就得到了 $\ln 2\approx 0.693\ 1$.

习题拓展

【基础过关☆】

1. 将函数 $f(x)=\mathrm{e}^{-2x}$ 展开成 x 的幂级数.
2. 将函数 $f(x)=\sin\frac{x}{2}$ 展开成 x 的幂级数.

10.10 项目四习题拓展答案

【能力达标☆☆】

1. 将函数 $f(x)=\frac{1}{x^2-2x+3}$ 展开成 x 的幂级数.
2. 将函数 $f(x)=\cos^2 x$ 展开成 x 的幂级数.

项目五 傅里叶级数

10.11 项目五知识目标及重难点

教学引入

【引例1】 雨后彩虹的色散

1 666 年,牛顿发现太阳光经三棱镜折射后可呈现彩色光,这就是光的色散现象,光是一种波,它的颜色是由振幅和频率来决定,色散实际上就是白色的光被分解为七色光波,七色光波是可以用正弦波来近似的,也就是相当于多个正弦波的叠加.

这样的现象自然界还有很多,比如:雨过天晴,我们看到的彩虹,这其实就是大自然中的色散现象,雨后空气中的水分就好像无数的三棱镜,把太阳光折成了彩色,这大概就是自然界中最容易观察的傅里叶级数了.

【引例 2】　本生灯的思考

德国化学家罗伯特·威廉·本生(1811—1899),它发明了本生灯.

本生灯,除了温度高以外,还有一个显著特点,如果合理控制燃料的成分和喷射压力,可以让火焰没有颜色.

在一次偶然的情况下,本生把盐(氯化钠)撒到了灯的火焰上,本来无色的火焰马上变成了黄色——这个黄色实际上就是盐中钠燃烧的颜色.

我们知道,不同的化学元素燃烧的时候会有不同的颜色,而复合物质燃烧的颜色会由它里面的成分的燃烧颜色所决定,因此,如果我们想检测某个物质的成分,就可以把它点燃,然后对它的光进行傅里叶级数分解,这样就可以得到其组成成分了.

那什么是傅里叶级数呢?让我们带着这层神秘,开启美妙多彩的傅里叶级数之旅吧!

一、三角级数与三角函数系的正交性

周期函数反映了客观世界中的周期运动. 正弦函数是一种常见而简单的周期函数,例如描述简谐振动的函数 $y=A\sin(\omega t+\varphi)$,就是一个以$\frac{2\pi}{\omega}$为周期的周期函数. y 表示动点位置,t 表示时间,A 为振幅,ω 为角频率,φ 为初相.

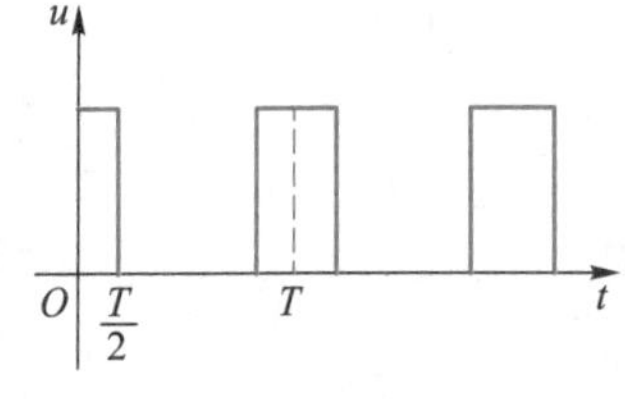

图 10-2

在实际问题中,除了正弦函数外,还会遇到非正弦函数的周期函数(或非正弦波),它们反映了较复杂的周期运动. 例如,在电工和电子技术中经常遇到的矩形波(图 10-2)、锯齿波(图 10-3)、三角波(图 10-4)、单相半波整流波、单相全波整流波等都是非正弦函数的周期函数.

10.12　正弦波叠加成矩形波的动画

傅里叶发现,这些复杂的周期运动都可以表示成一系列不同频率的简谐振动(即简单的三角函数)的叠加.

为了研究非正弦周期函数,联系到前面介绍过的用函数的幂级数展开式来表示与讨论函数,我们也想将周期函数展开成由简单的周期函数如三角函数组成的级数来表示. 即将周期为 $T=\frac{2\pi}{\omega}$的周期函数用一系列正弦函数 $y=A\sin(\omega t+\varphi)$组成的级数来表示. 记为

$$f(t)=A_0+\sum_{n=1}^{\infty}A_k\sin(n\omega t+\varphi_n). \tag{11}$$

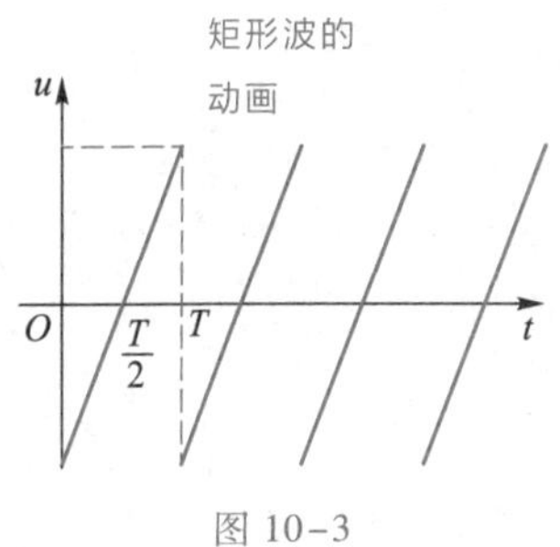

图 10-3

上述展开式的物理意义是很明确的,这就是把一个比较复杂的周期运动看成是许多不同振幅、不同频率的简谐振动的叠加. 在电工学上这种展开称为谐波分析. 其中常数项 A_0 称为 $f(t)$ 的直流分量;

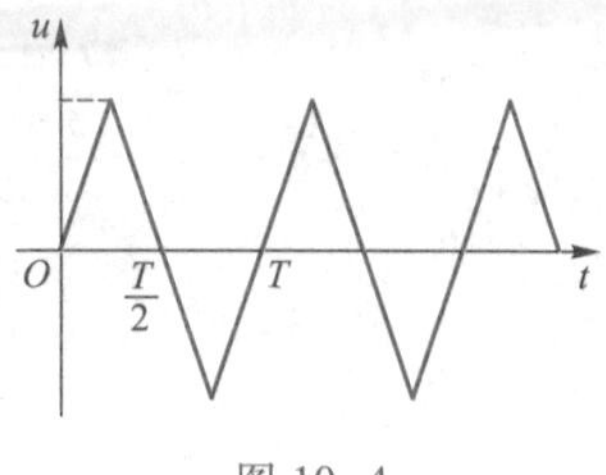

图 10-4

$A_1\sin(\omega t+\varphi_1)$ 称为一次谐波（或基波），后面各项：$A_2\sin(2\omega t+\varphi_2)$，$A_3\sin(3\omega t+\varphi_3)$，……依次称为二次谐波，三次谐波等等.

为以后讨论方便起见，将(11)式通过三角公式变形为：

$$A_n\sin(n\omega t+\varphi_0)=A_n\sin\varphi_n\cos n\omega t+A_n\cos\varphi_n\sin n\omega t.$$

令 $A_0=\dfrac{a_0}{2}, A_n\sin\varphi_n=a_n, A_n\cos\varphi_n=b_n, \omega t=x$，则(11)式右端的级数就可以写为

$$\frac{a_0}{2}+\sum_{n=1}^{\infty}(a_n\cos nx+b_n\sin nx),$$

此级数就是三角级数.

如同讨论幂级数时一样，我们必须讨论三角级数的收敛问题，以及给定周期为 2π 的周期函数如何把它展开成三角级数．为此我们先介绍三角函数系的正交性．

所谓三角函数系

$$1,\sin x,\cos x,\sin 2x,\cos 2x,\cdots,\sin nx,\cos nx,\cdots \tag{12}$$

在区间 $[-\pi,\pi]$ 上正交性，就是指在三角函数系(12)中任何不同的两个函数的乘积在区间 $[-\pi,\pi]$ 上的积分等于零，即

$$\int_{-\pi}^{\pi}\sin nx\mathrm{d}x=0\quad(n=1,2,3,\cdots),$$

$$\int_{-\pi}^{\pi}\cos nx\mathrm{d}x=0\quad(n=1,2,3,\cdots),$$

$$\int_{-\pi}^{\pi}\sin kx\cdot\cos nx\mathrm{d}x=0\quad(k,n=1,2,3,\cdots,k\neq n),$$

$$\int_{-\pi}^{\pi}\sin kx\cdot\sin nx\mathrm{d}x=0\quad(k,n=1,2,3,\cdots,k\neq n),$$

$$\int_{-\pi}^{\pi}\cos kx\cdot\cos nx\mathrm{d}x=0\quad(k,n=1,2,3,\cdots,k\neq n),$$

而两个相同函数的乘积在 $[-\pi,\pi]$ 上的积分不为零．即

$$\int_{-\pi}^{\pi}1^2\mathrm{d}x=2\pi,$$

$$\int_{-\pi}^{\pi}\sin^2 nx\mathrm{d}x=\pi\quad(n,1,2,3,\cdots),$$

$$\int_{-\pi}^{\pi}\cos^2 nx\mathrm{d}x=\pi\quad(n,1,2,3,\cdots).$$

以上结论大家可自行验证.

二、函数展开成傅里叶级数

设 $f(x)$ 是以 2π 为周期的周期函数，且能展开成三角级数：

$$f(x)=\frac{a_0}{2}+\sum_{k=1}^{\infty}(a_k\cos kx+b_k\sin kx). \tag{13}$$

我们自然要问：系数 $a_0,a_1,b_1,\cdots$ 与函数 $f(x)$ 间存在着怎样的关系？为了解决这个问题，我们进一步假设级数(13)可以逐项积分.

先求 a_0，对(13)式从 $-\pi$ 到 π 逐项积分

$$\int_{-\pi}^{\pi}f(x)\,\mathrm{d}x=\int_{-\pi}^{\pi}\frac{a_0}{2}\mathrm{d}x+\sum_{k=1}^{\infty}\left[a_k\int_{-\pi}^{\pi}\cos kx\mathrm{d}x+b_k\int_{-\pi}^{\pi}\sin kx\mathrm{d}x\right].$$

根据三角函数系的正交性，等式右端除第一项外，其余各项均为零，所以

$$\int_{-\pi}^{\pi}f(x)\,\mathrm{d}x=\frac{a_0}{2}\cdot 2\pi,$$

于是得

$$\boxed{a_0=\frac{1}{\pi}\int_{-\pi}^{\pi}f(x)\,\mathrm{d}x.}$$

其次求 a_n，用 $\cos nx$ 乘(13)式两端，再从 $-\pi$ 到 π 逐项积分，得到

$$\begin{aligned}&\int_{-\pi}^{\pi}f(x)\cos nx\mathrm{d}x\\&=\frac{a_0}{2}\int_{-\pi}^{\pi}\cos nx\mathrm{d}x+\sum_{k=1}^{\infty}\left[a_k\int_{-\pi}^{\pi}\cos kx\cos nx\mathrm{d}x+b_k\int_{-\pi}^{\pi}\sin kx\cos nx\mathrm{d}x\right].\end{aligned}$$

根据三角函数系的正交性，等式右端除 $k=n$ 的一项外，其余各项均为零，所以

$$\int_{-\pi}^{\pi}f(x)\cos nx\mathrm{d}x=a_n\int_{-\pi}^{\pi}\cos^2 nx\mathrm{d}x=a_n\pi,$$

于是得

$$\boxed{a_n=\frac{1}{\pi}\int_{-\pi}^{\pi}f(x)\cos nx\mathrm{d}x}\quad(n=1,2,3,\cdots).$$

类似地，用 $\sin nx$ 乘(13)式的两端，再从 $-\pi$ 到 π 逐项积分，可得

$$\boxed{b_n=\frac{1}{\pi}\int_{-\pi}^{\pi}f(x)\sin nx\mathrm{d}x}\quad(n=1,2,3,\cdots).$$

由于当 $n=0$ 时，a_n 的表达式正好给出 a_0，因此已得到的结果可以合并写成

$$\boxed{\begin{aligned}a_n&=\frac{1}{\pi}\int_{-\pi}^{\pi}f(x)\cos nx\mathrm{d}x\quad(n=0,1,2,3,\cdots),\\b_n&=\frac{1}{\pi}\int_{-\pi}^{\pi}f(x)\sin nx\mathrm{d}x\quad(n=1,2,3,\cdots).\end{aligned}} \tag{14}$$

如果公式(14)中的积分都存在，这时它们定出的系数 $a_0,a_1,b_1,\cdots$ 称为 $f(x)$ 的傅里叶系数，由傅里叶系数构成的三角级数

$$\frac{a_0}{2}+\sum_{n=1}^{\infty}(a_n\cos nx+b_n\sin nx) \tag{15}$$

称为傅里叶级数. 该级数可能收敛，也可能发散，即使收敛也不一定收

敛于$f(x)$. 那么,$f(x)$在怎样的条件下,它的傅里叶级数不仅收敛,而且收敛于$f(x)$呢？也就是说$f(x)$满足什么条件可以展开成傅里叶级数？下面的定理回答了这个问题:

定理 10.17 (收敛定理,狄利克雷充分条件)设$f(x)$是周期为2π的周期函数,如果它满足:在一个周期内连续或只有有限个第一类间断点,并且在一个周期内至多只有有限个极值点,则$f(x)$的傅里叶级数收敛,并且

(1) 当x是$f(x)$的连续点时,级数收敛于$f(x)$;

(2) 当x是$f(x)$的间断点时,级数收敛于

$$\frac{1}{2}[f(x-0)+f(x+0)].$$

收敛定理告诉我们:只要函数在$[-\pi,\pi]$上至多有有限个第一类间断点,并且不做无限次振动,函数的傅里叶级数在连续点处就收敛于该点的函数值,在间断点处收敛于该点左极限与右极限的算术平均值. 可见,函数展开成傅里叶级数的条件比展开成幂级数的条件低得多.

【例 1☆☆】 设$f(x)$是周期为2π的周期函数,它在$[-\pi,\pi)$上的表达式为

$$f(x)=\begin{cases}-1, & -\pi\leqslant x<0,\\ 1, & 0\leqslant x<\pi,\end{cases}$$

将$f(x)$展开成傅里叶级数.

解:函数满足收敛定理的条件,它在点$x=k\pi(k=0,\pm1,\pm2,\cdots)$处不连续,在其他点处连续,从而由收敛定理知道$f(x)$的傅里叶级数收敛,并且当$x=k\pi$时级数收敛于

$$\frac{-1+1}{2}=0,$$

当$x\neq k\pi$时级数收敛于$f(x)$,和函数的图形如图 10-5 所示.

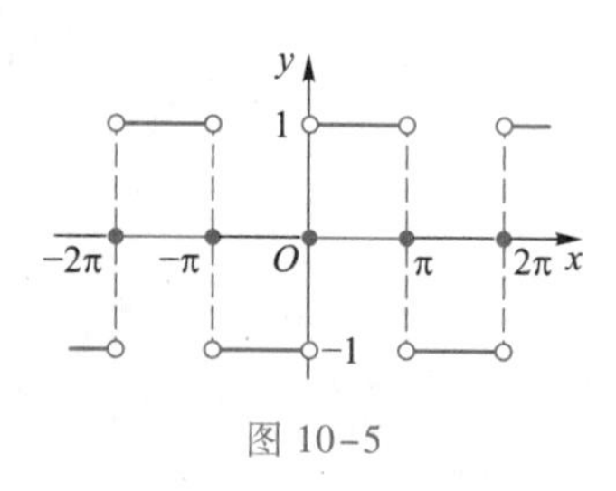

图 10-5

计算傅里叶系数如下

$$\begin{aligned}a_n&=\frac{1}{\pi}\int_{-\pi}^{\pi}f(x)\cos nx\mathrm{d}x\\&=\frac{1}{\pi}\int_{-\pi}^{0}(-1)\cos nx\mathrm{d}x+\frac{1}{\pi}\int_{0}^{\pi}1\cdot\cos nx\mathrm{d}x=0\quad(n=0,1,2,3,\cdots),\end{aligned}$$

$$\begin{aligned}b_n&=\frac{1}{\pi}\int_{-\pi}^{\pi}f(x)\sin nx\mathrm{d}x\\&=\frac{1}{\pi}\int_{-\pi}^{0}(-1)\sin nx\mathrm{d}x+\frac{1}{\pi}\int_{0}^{\pi}1\cdot\sin nx\mathrm{d}x\\&=\frac{1}{\pi}\left[\frac{\cos nx}{n}\right]_{-\pi}^{0}+\frac{1}{\pi}\left[-\frac{\cos nx}{n}\right]_{0}^{\pi}\\&=\frac{1}{n\pi}[1-\cos n\pi-\cos n\pi+1]=\frac{2}{n\pi}[1-(-1)^n].\\&=\begin{cases}\dfrac{4}{n\pi}, & n=1,3,5,\cdots,\\ 0, & n=2,4,6,\cdots.\end{cases}\end{aligned}$$

将求得的系数代入(15)式,就得到$f(x)$的傅里叶级数展开式

$$f(x)=\frac{4}{\pi}\left[\sin x+\frac{1}{3}\sin 3x+\cdots+\frac{1}{2k-1}\sin(2k-1)x+\cdots\right]$$

$$(-\infty<x<+\infty,x\neq k\pi,k\in\mathbf{Z}).$$

如果把例1中的函数理解为矩形波的波形函数(周期$T=2\pi$,振幅$E=1$,自变量x表示时间),那么上面所得到的展开式表明:矩形波是由一系列不同频率的正弦波叠加而成的,这些正弦波的频率依次为基波频率的奇数倍.

【练1☆☆】 设$f(x)$是周期为2π的函数,它在$[-\pi,\pi]$上的表达式为

$$f(x)=\begin{cases}-x,-\pi\leqslant x<0,\\x,0\leqslant x<\pi,\end{cases}$$

将$f(x)$展开成傅里叶级数.

三、正弦级数和余弦级数

一般说来,一个函数的傅里叶级数既含有正弦项,又含有余弦项,但是,也有一些函数的傅里叶级数只含有正弦项或者只含有常数项和余弦项,这是什么原因呢?实际上,这些情况是与所给函数$f(x)$的奇偶性有密切关系的,下面我们介绍一个定理:

定理10.18 设$f(x)$是周期为2π的函数且在一个周期上可积,则

(1) 当$f(x)$为奇函数时,它的傅里叶系数为

$$a_n=0\quad(n=0,1,2,3,\cdots),$$

$$b_n=\frac{2}{\pi}\int_0^{\pi}f(x)\sin x\mathrm{d}x\quad(n=1,2,3,\cdots),$$

于是奇函数$f(x)$的傅里叶级数是正弦级数$\sum\limits_{n=1}^{\infty}b_n\sin nx$.

(2) 当$f(x)$为偶数时,它的傅里叶系数为

$$a_n=\frac{2}{\pi}\int_0^{\pi}f(x)\cos x\mathrm{d}x\quad(n=0,1,2,3,\cdots),$$

$$b_n=0\quad(n=1,2,3,\cdots),$$

于是偶函数$f(x)$的傅里叶级数是余弦级数$\frac{a_0}{2}+\sum\limits_{n=1}^{\infty}a_n\cos nx$.

【例2☆☆】 设$f(x)$是周期为2π的周期函数,它在$[-\pi,\pi)$上的表达式为$f(x)=x$,将$f(x)$展开成傅里叶级数.

解:首先,所给函数满足收敛定理的条件,它在点

$$x=(2k+1)\pi\quad(k=0,\pm1,\pm2,\cdots)$$

处不连续,因此$f(x)$的傅里叶级数在点$x=(2k+1)\pi$处收敛于

$$\frac{f(\pi-0)+f(-\pi+0)}{2}=\frac{\pi+(-\pi)}{2}=0,$$

在连续点 $x(x\neq(2k+1)\pi)$ 处收敛于 $f(x)$，和函数的图形如图 10-6 所示.

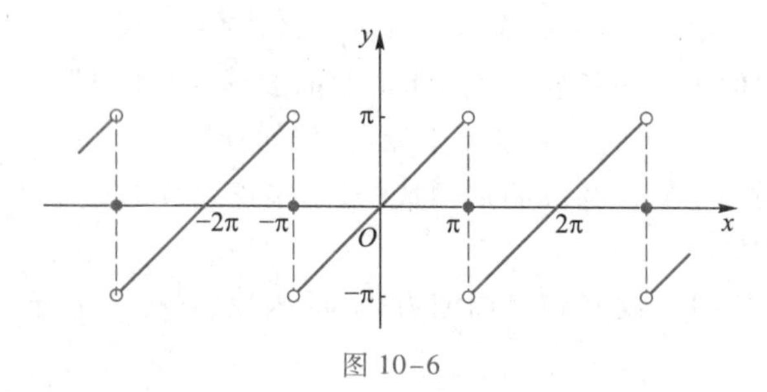

图 10-6

其次，若不计 $x=(2k+1)\pi(k=0,\pm1,\pm2,\cdots)$，则 $f(x)$ 是周期为 2π 的奇函数，所以有 $a_n=0(n=0,1,2,3,\cdots)$，

$$b_n=\frac{2}{\pi}\int_0^{\pi}f(x)\sin nx\mathrm{d}x=\frac{2}{\pi}\int_0^{\pi}x\sin nx\mathrm{d}x$$

$$=\frac{2}{\pi}\left[-\frac{x\cos nx}{n}+\frac{\sin nx}{n^2}\right]_0^{\pi}=-\frac{2}{n}\cos n\pi=(-1)^{n+1}\frac{2}{n}\quad(n=1,2,3,\cdots).$$

将求得的 b_n 代入正弦级数，得 $f(x)$ 的博里叶级数展开式

$$f(x)=2\left(\sin x-\frac{1}{2}\sin 2x+\frac{1}{3}\sin 3x-\cdots+\frac{(-1)^{n+1}}{n}\sin nx+\cdots\right)$$

$$(-\infty<x<+\infty,x\neq\pm\pi,\pm3\pi,\cdots).$$

【练 2☆☆】 设一单向矩形波 $f(x)$ 周期为 2π，它在 $[-\pi,\pi)$ 上的表达式为

$$f(x)=\begin{cases}1, & -\frac{\pi}{2}\leqslant x<\frac{\pi}{2},\\ 0, & \text{其他},\end{cases}$$

将 $f(x)$ 展开成傅里叶级数.

四、周期为 $2l$ 的函数展开成傅里叶级数

到现在为止，我们所讨论的都是以 2π 为周期的周期函数，但是实际问题中所遇到的周期函数，它的周期不一定是 2π. 因此，下面我们讨论以 $2l$ 为周期的周期函数的傅里叶级数，根据前面讨论的结果，经过自变量的变量代换，可得下面的定理：

定理 10.19 设周期为 $2l$ 的周期函数 $f(x)$ 满足收敛定理的条件，则它的傅里叶级数展开式为

$$f(x)=\frac{a_0}{2}+\sum_{n=1}^{\infty}\left(a_n\cos\frac{n\pi x}{l}+b_n\sin\frac{n\pi x}{l}\right),$$

其中系数 a_n,b_n 为：$a_n=\frac{1}{l}\int_{-l}^{l}f(x)\cos\frac{n\pi x}{l}\mathrm{d}x\quad(n=0,1,2,3,\cdots)$，

$$b_n=\frac{1}{l}\int_{-l}^{l}f(x)\sin\frac{n\pi x}{l}\mathrm{d}x\quad(n=1,2,3,\cdots).$$

当 $f(x)$ 为奇函数时 $f(x)=\sum_{n=1}^{\infty}b_n\sin\frac{n\pi x}{l}$,

其中
$$b_n=\frac{2}{l}\int_{0}^{l}f(x)\sin\frac{n\pi x}{l}\mathrm{d}x\quad(n=1,2,3,\cdots);$$

当 $f(x)$ 为偶函数时 $f(x)=\frac{a_0}{2}+\sum_{n=1}^{\infty}a_n\cos\frac{n\pi x}{l}$,

其中
$$a_n=\frac{2}{l}\int_{0}^{l}f(x)\cos\frac{n\pi x}{l}\mathrm{d}x\quad(n=0,1,2,3,\cdots).$$

【例 3 ☆☆☆】 设 $f(x)$ 是周期为 4 的周期函数,它在 $[-2,2)$ 上的表达式为

$$f(x)=\begin{cases}0,-2\leqslant x<0,\\ k,0\leqslant x<2,\end{cases}k\neq 0,$$

将 $f(x)$ 展开成傅里叶级数.

解:这时 $l=2$,由公式有

$$a_0=\frac{1}{2}\int_{-2}^{0}0\mathrm{d}x+\frac{1}{2}\int_{0}^{2}k\mathrm{d}x=k,$$

$$a_n=\frac{1}{2}\int_{0}^{2}k\cos\frac{n\pi x}{2}\mathrm{d}x=\left[\frac{k}{n\pi}\sin\frac{n\pi x}{2}\right]_0^2=0,n\neq 0,$$

$$b_n=\frac{1}{2}\int_{0}^{2}k\sin\frac{n\pi x}{2}\mathrm{d}x=\left[-\frac{k}{n\pi}\cos\frac{n\pi x}{2}\right]_0^2$$

$$=\frac{k}{n\pi}(1-\cos n\pi)=\begin{cases}\frac{2k}{n\pi}, & n=1,3,5,\cdots,\\ 0, & n=2,4,6,\cdots.\end{cases}$$

将求得的系数 a_n,b_n 代入公式得

$$f(x)=\frac{k}{2}+\frac{2k}{\pi}\left(\sin\frac{\pi x}{2}+\frac{1}{3}\sin\frac{3\pi x}{2}+\frac{1}{5}\sin\frac{5\pi x}{2}+\cdots\right)$$

$$(-\infty<x<+\infty,x\neq\pm 2,\pm 4,\cdots),$$

在 $x=0,\pm 2,\pm 4,\cdots$ 时,收敛于 $\frac{0+k}{2}=\frac{k}{2}$.

$f(x)$ 的傅里叶级数的和函数的图形如图 10-7 所示.

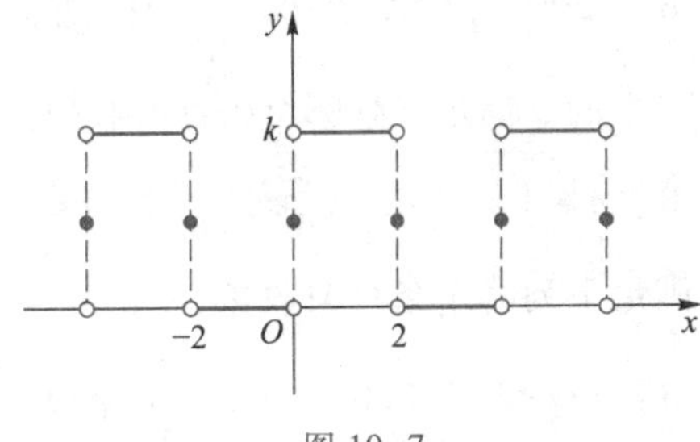

图 10-7

教师寄语

所谓“千里之行，始于足下”，再远的路需要一步一步去走才能到达，再大的困难，只要一点一点地认真去做就一定可以解决. 再复杂的机器都是由一个个零件组装起来；再厚的书也是由一个个字写出来的；再高的楼也是由一块块砖砌起来的. 翻开历史，我们看到，每一位成功人士，无不是吃尽千辛万苦，经历无数次的失败考验，一点一滴的积累才品尝到成功的喜悦. 李时珍花了 27 年编出了《本草纲目》，马克思用了 40 年才写出《资本论》，大发明家爱迪生在寻找灯丝时尝试了一千多种材料. 他们无不具有坚强的毅力、踏实的作风，无不是从最小的事做起，从第一步做起，才取得了辉煌的成就.

习题拓展

【基础过关☆】

设周期为 2π，振幅为 E 的双向矩形波，它在 $[-\pi,\pi)$ 上的表达式为

$$f(x)=\begin{cases}-E, & -\pi\leqslant x<0,\\ E, & 0\leqslant x<\pi,\end{cases}$$

试将其展开成傅里叶级数 .

10. 13 项目五习题拓展答案

【能力达标☆☆】

$f(x)=\begin{cases}-2, & -1\leqslant x<0,\\ 2, & 0\leqslant x<1,\end{cases}$ 将 $f(x)$ 展开成傅里叶级数 .

习题十

一、选择题(单选)

1. 若 $\sum\limits_{n=1}^{\infty}u_n$ 收敛，则 $\lim\limits_{n\to\infty}u_n=($　　$)$.

A. ∞　　B. -1　　C. 0　　D. 1

2. 部分和数列 $\{S_n\}$ 有极限是正项级数 $\sum\limits_{n=1}^{\infty}u_n$ 收敛的(　　)条件 .

A. 充分必要　B. 必要　C. 充分　D. 既非充分也非必要

3. 级数 $\sum\limits_{n=1}^{\infty}aq^{n-1}$ 中的 q 满足下列哪个条件时收敛(　　).

A. $|q|\leqslant1$　　B. $|q|<1$　　C. $|q|\geqslant1$　　D. $q<1$

4. 级数 $\sum\limits_{n=1}^{\infty}\dfrac{1}{n^p}$ 满足下列哪个条件时收敛(　　).

A. $p\leqslant1$　　B. $-1<p<1$　　C. $0<p<1$　　D. $p>1$

5. 下列级数收敛的是(　　).

A. $\sum_{n=1}^{\infty}\frac{1}{3n}$　　B. $\sum_{n=1}^{\infty}\frac{1}{(n+1)(n+2)}$

C. $\sum_{n=1}^{\infty}3\cdot\left(\frac{7}{2}\right)^{n-1}$　　D. $\sum_{n=1}^{\infty}\frac{1}{\sqrt{n}}$

6. 下列级数发散的是(　　).

A. $\sum_{n=1}^{\infty}\left(\frac{1}{3^n}+\frac{8}{n}\right)$　　B. $\sum_{n=1}^{\infty}\frac{n^2}{3^n}$

C. $\sum_{n=1}^{\infty}\frac{1}{\sqrt{(n+1)^3}}$　　D. $\sum_{n=1}^{\infty}\sin\frac{\pi}{2^n}$

二、填空题

1. $\lim\limits_{n\to\infty}u_n=0$ 是级数 $\sum_{n=1}^{\infty}u_n$ 收敛的________条件.

2. 若级数 $\sum_{n=1}^{\infty}u_n$ 绝对收敛,则级数必定________.

3. 若级数 $\sum_{n=1}^{\infty}u_n$ 收敛,则级数 $\sum_{n=1}^{\infty}u_{n+10}$ 必定________.

4. 级数 $\sum_{n=1}^{\infty}\frac{2n+3}{n+1}$ 的敛散性为________.

5. 级数 $\sum_{n=1}^{\infty}\frac{n^2}{e^n}$ 的敛散性为________.

6. 幂级数 $\sum_{n=0}^{\infty}n!x^n$ 的收敛半径是________.

三、计算题

1. 判别级数 $\sum_{n=1}^{\infty}\frac{n+1}{n(n+2)}$ 的敛散性.

2. 判别级数 $\sum_{n=0}^{\infty}(-1)^n\frac{n^2}{3^n}$ 的敛散性.

3. 计算幂级数 $\sum_{n=1}^{\infty}(n+2)x^n$ 的收敛半径.

4. 计算幂级数 $\sum_{n=0}^{\infty}\frac{2^n}{n^2+1}x^n$ 的收敛域.

5. 计算幂级数 $\sum_{n=0}^{\infty}\frac{x^{4n+1}}{4n+1}$ 的和函数.

四、解答题

将函数 a^x 展开成幂级数.

10.14　模块十习题答案

参考文献

[1] JAMES STEWART. Single variable calculus. 7th ed. CA:Brooks/cole. CENGAGE leaning,2011.

[2] 郑玫,胡春健,胡先富. 高等数学(经管类). 2 版. 北京:高等教育出版社,2017.

[3] 郑玫,黄江. 高等数学(上册). 重庆:重庆出版社,2009.

[4] 郑玫,黄江. 高等数学(下册). 重庆:重庆出版社,2009.

[5] 吕同富. 高等数学及其应用. 3 版. 北京:高等教育出版社,2018.

[6] 侯风波. 高等数学. 上海:上海大学出版社,2009.

[7] 康永强,陈燕燕. 应用数学与数学文化. 2 版. 北京:高等教育出版社,2019.

[8] 骈俊生,黄国建,蔡鸣晶. 高等数学(上册). 2 版. 北京:高等教育出版社,2018.

[9] 骈俊生,冯晨,王罡. 高等数学(下册). 2 版. 北京:高等教育出版社,2019.

[10] 同济大学,天津大学,浙江大学,重庆大学. 高等数学(上册). 5 版. 北京:高等教育出版社,2020.

[11] 同济大学,天津大学,浙江大学,重庆大学. 高等数学(下册). 5 版. 北京:高等教育出版社,2021.